2nd Edition

스토리텔링 BIM

BIM(Building Information Modeling)이란 다양한 분야의 건설사업 참여자들 간 협업을 기반으로 디자인, 공간, 에너지 등 여러 측면에서 설계안을 최적화하고, 시공에 앞서 가상공간에서 여러 가지 리스크를 확인하고 해소함으로써 최적화된 시공 프로세스를 구현하며, 유지관리 단계 동안 에너지, 비용, 관리 등 다양한 측면에서 시설물 활용을 최적화하는 것에 목적을 둔 개념이다.

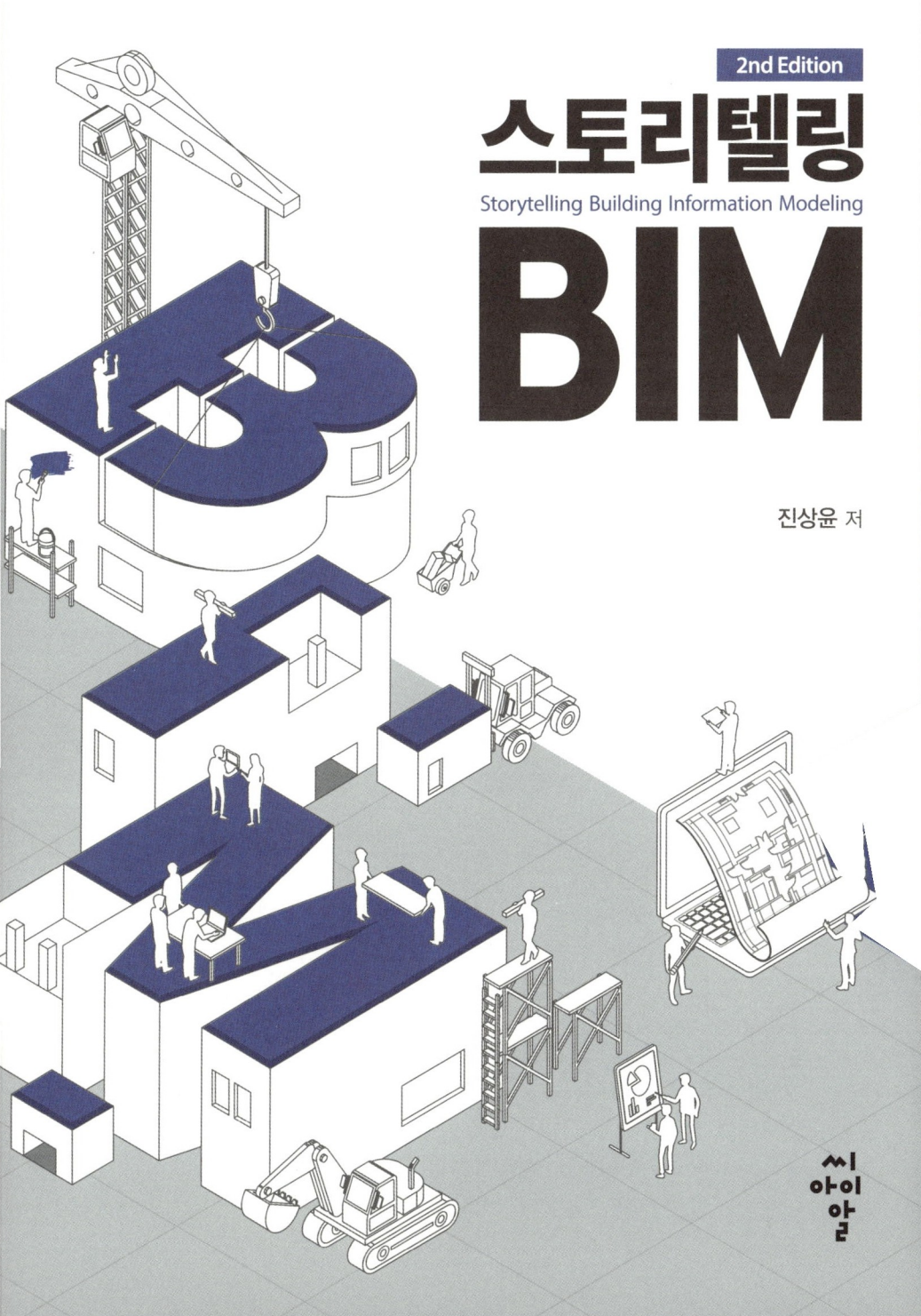

2nd Edition

스토리텔링

Storytelling Building Information Modeling

BIM

진상윤 저

씨아이알

지금의 나를 만들어준 아내에게 이 책을 바칩니다.

들어가는 글

스토리텔링 BIM의 목표

모든 산업이 디지털 전환과 인공지능의 물결 속에서 새로운 일상 New Normal을 맞이하고 있다. 건설산업 역시 그 예외가 아니다. 이 책은 이러한 변화에 건설산업이 효과적으로 대응할 수 있도록 기술 중심의 접근을 넘어, 프로세스와 사람이라는 요소까지 아우르는 융복합적인 관점에서 내용을 구성하였다.

특히 BIM과 스마트화를 중심으로 변화의 흐름을 풀어내고, 이를 바탕으로 재직자, 발주자, 정책 입안자, 그리고 학부생과 대학원생 등 다양한 독자층이 이해할 수 있도록 전문성과 대중성을 동시에 갖춘 교양형 도서를 지향하였다.

전공서로서의 기능뿐만 아니라, 누구나 쉽고 친근하게 읽으며 BIM에 한 걸음 더 다가설 수 있도록 돕는 것이 이 책의 목표이다. 또한 딱딱한 설명을 넘어서 생생하고 흥미롭게 전달하기 위해 '스토리텔링Storytelling'이라는 표현을 제목에 담았다.

이 책을 읽는 방법

이 책은 장별, 절(섹션)별 제목 외에도 주요 내용에 소제목을 달았다. 이는 독자가 제목만 보더라도 BIM을 어렴풋이 이해할 수 있으면서 관심 있는 부분부터 읽고자 하는 경우에도 도움이 되도록 하기 위함이다. 또한 내용 면에서도 인용과 출처를 충실히 표기하여 독자가 더 상세한 정보에 접근할 수 있도록 최선을 다했다.

이 책을 만들게 된 계기

나는 1998년부터 대학 외에도 여러 기관에서 건설산업 분야 재직자를 대상으로 강의를 해왔다. BIM은 물론 여러 가지 건설정보화 사례와 동향을 이해시키고 건설산업의 정보화 또는 스마트화에 능동적으로 대응할 수 있는 소양을 갖도록 하는 것이 목적이었다.

사실 BIM과 정보화 분야는 계속해서 기술과 사례가 진화하기 때문에 지속적인 연구와 산학협력교류를 수행하고 이를 기반으로 강의 자료를 수정하고 보완해야 하는 매우 까다로운 과목이다. 하지만 이 강의를 통해서 산업계 실무자들과 정보화 또는 BIM에 관해 소통할 수 있었고, 때로는 새로운 사례에 대한 정보를 얻을 수 있었으며, 이는 산학협동연구와 대학에서의 교육 차원에서도 나에게 좋은 피드백을 제공하였다. 고맙게도 많은 분들이 내 강의를 좋아하였고 또 강의 자료에 대해서도 많은 요청이 있어 이 책을 쓰게 되었다.

이 책에 반영된 연구 결과

이 책은 내가 그간 강의하고 연구해왔던 BIM 관련 모든 주제들을 쉽게 설명하며 관련 이미지와 함께 소개하고 있다. 나는 가상건설연구단, 개방형 BIM연구단, BIM기반 인공지능설계연구단 등을 포함하여 BIM과 건설IT 분야에 관련된 많은 연구를 30여 년간 지속적으로 해왔다. 또한 2022년부터 2025년까지 한국토지주택공사, 경기주택공사의 건축 분야 BIM 적용지침 개발을 총괄책임자로 수행하였다. 이번 2nd Edition(개정판)은 앞서 언급한 연구개발 내용과 성과물 그리고 그 배경 철학에 대해서도 설명하고 있다.

감사의 말씀

본 저서의 많은 자료는 여러 관련 연구자 및 기업들과의 협업을 통해 나온 것임을 밝히며, 이를 공유하도록 수락해주신 관련사 분들께 깊은 감사의 말씀을 드린다. 이 책의 내용에 포함된 연구를 같이 수행하고 내용 검토를 도와준 여러분에게도 감사의 말씀을 드린다. 마지막으로 주말이나 새벽에 갑자기 일어나서 작업하는 나에게 따뜻한 커피를 말없이 건네주고 간 아내에게도 심심한 감사와 사랑의 말씀을 전한다.

2025년 7월

진상윤

CONTETNS

CHAPTER 03
BIM 비즈니스 & 케이스

CHAPTER 06
건설산업 BIM 기본지침, 시행지침, 그리고 적용지침

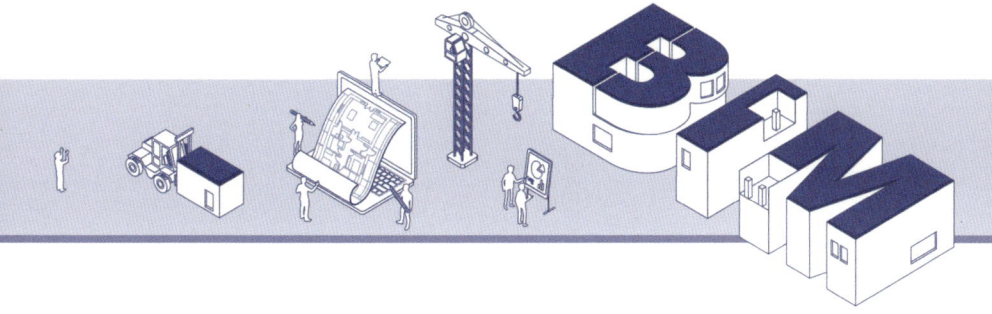

CHAPTER 07
건설사업관리자와 BIM

CHAPTER 08

BIM은 사람, 프로세스, 기술의 융복합체

CHAPTER 09
BIM 도입 성공 전략: Reset A.P.P.L.E.

CHAPTER 01

BIM이란?

01
BIM 역사 살펴보기

▌BIM 개념은 오래전부터 있었다

BIM Building Information Modeling이란 다양한 분야의 건설사업 참여자들 간 협업을 기반으로 디자인, 공간, 에너지 등 여러 측면에서 설계안을 최적화하고, 시공에 앞서 가상공간에서 여러 가지 리스크를 확인하고 해소함으로써 최적화된 시공 프로세스를 구현하며, 유지관리 단계 동안 에너지, 비용, 관리 등 다양한 측면에서 시설물 활용을 최적화하는 것에 목적을 둔 개념이다.

BIM이라는 단어 자체는 2000년대 초반부터 미국 건축설계사무소를 중심으로 태어났지만, 그 개념은 사실 컴퓨터가 처음 등장하는 1950년대부터 있었다. 건설 분야의 설계자들이나 엔지니어들은 컴퓨터를 이용하여 설계하고 시공에 활용하고자 하는 요구가 지속적으로 있었으며, 1980~90년대에는 CIC Computer Integrated Construction라는 용어로 학계는 물론 건설사에서도 많은 연구와 개발을 이끌어왔다. 하지만 그 당시에는 하드웨어 메모리 용량의 한계, 소프트웨어 기술의 한계, 고가의 비용 등으로 4D CAD나 시뮬레이션 등 매우 제한적 범위에서만 활용될 수밖에 없었다.

2000년 이후 컴퓨터 메모리 용량이 크게 늘어나고 소프트웨어가 급속도로 발전하면서 과거 연구소나 학계의 연구 개발 사례에 국한되었던 것들이 실무에서 안정적으로 활용할 수 있는 기반이 구축되어 BIM이라는 이름으로 다시 탄생하게 된 것이다.

그뿐만 아니라 항공, 자동차, 조선산업 등 타 산업에서 3차원 기반 설계 및 생산 프로세스가 구현되면서 건설산업에도 이런 개념을 도입해야 한다는 요구가 발생하였다. 건설산업 내적으로도 공업화 건축Prefabrication에 대한 적용 범위와 수요가 늘어나고, 2D 기반 설계도서 작성 과정에서 발생하는 설계도면 간 상이, 누락, 설계 미흡 등의 오류 발생과 이로 인해 야기되는 높은 리스크에 대하여 효과적인 대응 방안을 필요로 했다. 또한 독창성 있는 디자인 개발, 설계도서에 대한 정확도 및 품질 향상, 도서 작성에 대한 생산성 향상 등 다양한 요구 사항이 발생하면서 관련 소프트웨어 개발이 가속화되고 2000년대 초반 미국 건축설계사무소를 중심으로 BIM이라는 새로운 이름으로 재탄생하게 되었다.

BIM이란 용어가 국내에 소개된 때는 2006년 무렵으로 기억한다. 벌써 20년이 다 된 지금 어떤 이들은 "BIM이 아직도 확산이 안 되고 있느냐?"라고 말할지 모르겠지만 내가 보는 BIM은 2006년과 비교해보면 상당히 많은 변화를 가져왔고 지금 이 순간에도 그 변화가 가랑비에 옷 젖듯이 건설산업 전반에 걸쳐 퍼져가고 있다.

BIM 도입은 수작업으로 도면을 그리던 방식에서 CAD로 도면을 만드는 방식으로 바뀔 때보다 훨씬 혁신적이고 광범위하다. 건설산업의 언어, 즉 표현하고 의사소통하고 일하고 협업하는 방식이 바뀌는 것이다.

나는 이를 자동차 발전사와 비교하고 싶다. 1800년대 말 최초로 자동차가 개발된 후 1900년 초반 마차와 자동차가 혼재한 시대를 거쳐 도로와 교통 시스템도 개발되고 각종 법과 제도가 만들어졌다. 교통 문화라는 것도 생겼다. 120년이 지난 지금도 자동차와 교통 시스템은 새로운 개념으로 진화하고 있다.

BIM도 우리 산업에 제대로 자리를 잡으려면 아직도 많은 시행착오와 노력이 필요하다. 설계안을 표현하고 소통하며 일하는 방식이 바뀌는 것이기 때문에 건설산업 실무자들이 얼마나 효과적으로 BIM 프로세스를 받아들이느냐가 BIM 도입에서 매우 중요한 요인이다.

▍디지털 전환과 BIM

모든 산업에서 디지털 전환Digital Transformation이 가속화되고 있다. 디지털 전환은 단순히 프로세스의 디지털화에 그치지 않고, 관련된 사람들의 인식과 문화까지 새로운 방식으로 진화하여 정착하는 것을 의미한다(Newman 2017).

사실 디지털 전환은 컴퓨터가 처음 등장하면서 시작되었다. 예를 들어, 현재 우리는 문서를 주고받을 때 이메일과 전자 문서에 크게 의존하지만, 20년 전만 해도 우편물이나 종이 문서에 대한 의존도가 매우 높았다. 또한, 전화 통화 대신 카카오톡과 같은 메신저나 SNSSocial Network Service를 통해 소통하는 것 역시 일상생활 속 디지털 전환의 한 예라 할 수 있다.

건설산업에서도 디지털 전환이 필수적이다. 사업별로 고객의 요구 사항이 복잡해지고, 생산성과 품질 향상에 대한 요구가 증가하고 있다. 동시에 숙련공 부족, 안전 문제, 환경 이슈 등 다양한 리스크를 해소하기 위해 디지털 전환의 범위와 수준이 확대되고 있으며, 이에 따라 건설 패러다임도 변화하고 있다.

건설의 생산 방식은 점점 제조업화Industrialization로 전환되고 있으며, 탈현장Off-Site Construction 건설 정책을 통해 가속화되고 있다. 많은 부재가 프리패브화Prefabrication되고 있으며, 이를 모듈 단위로 제작하는 모듈러Modular 공법도 활발히 활용되고 있다.

▌BIM과 DfMA

이러한 제조업화에서는 정확한 부재 설계가 필수적이다. BIM Building Information Modeling을 통해 부재의 모든 면(앞·뒤·좌·우·위·아래)이 정확히 맞아떨어지도록 설계해야 하며, 규격화된 부재를 중심으로 프리패브화하고 시공 현장에서 조립이 가능하도록 설계 단계부터 이를 고려해야 한다. 이는 마치 레고 블록을 이용해 다양한 형태의 모형을 만드는 것과 유사하다. 이러한 접근 방식을 Design for Manufacture & AssemblyDfMA라 한다.

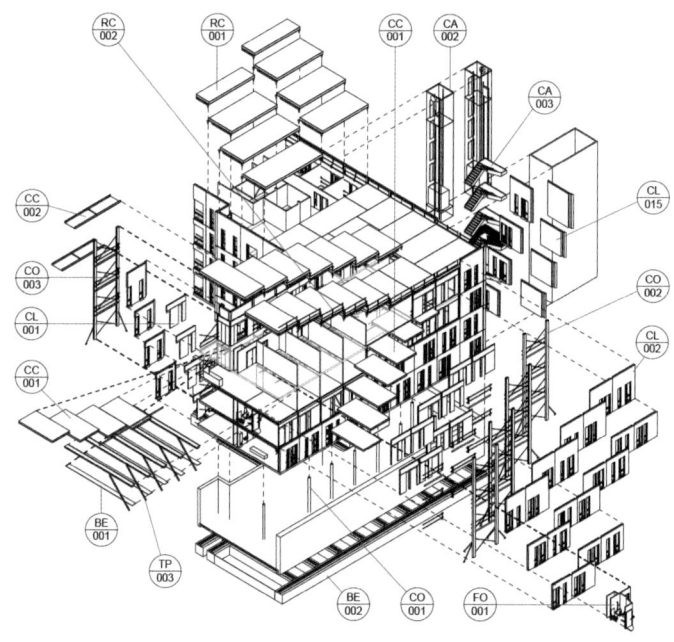

BIM 라이브러리로 구현한 DfMA 예시(BridenWood 2017)

DfMA는 건물 부재의 공장 생산과 현장 조립을 염두에 둔 설계 프로세스 최적화 방법으로, 프리패브화 및 탈현장 건설 개념에 기반하고 있다. 이 과정에서 BIM의 활용은 필수적이다. 영국 BridenWood의 보고서(2017)에 따르면, 공항 터미널, 학교, 병원, 공장 건물 등 다양한 사업에서 DfMA를 통해 공사 기간 단축, 노동력 절감, 폐기물 감소 등의 효과를 입증하였다.

이처럼 디지털 전환은 건설 프로세스 전반에 걸쳐 이루어지고 있으며, 시공 프로세스의 제조업화로 인해 탈현장화가 가속화되고 있다. 특히, 설계 단계에서부터 생산, 유통, 조립을 통합적으로 고려한 프로세스인 DfMA로 발전하고 있으며, 그 기반은 바로 BIM이라 할 수 있다.

▌McKinsey의 "The Next Normal in Construction" 보고서

2020년 McKinsey는 "The Next Normal in Construction"이라는 제목의 보고서를 통해 건설산업이 디지털화, 산업화, 지속가능성을 중심으로 급격한 전환기를 맞이하고 있다고 진단하였다. 특히 COVID-19 팬데믹은 이러한 변화들을 가속화시키는 촉매제로 작용하였으며, 건설산업의 모든 이해당사자들이 이전과는 전혀 다른 새로운 일상에 대비해야 한다고 강조하였다.

이 보고서는 건설산업의 구조적 변화의 원인으로 다음과 같은 요인을 들고 있다. 첫째, 사업비용 압박이 심화되고 있으며, 둘째, 고객의 요구가 점점 더 복잡하고 맞춤화되면서 이를 충족시켜야 할 필요성이 커지고 있다. 셋째, 숙련된 노동력의 부족은 산업 전반의 생산성과 품질에 직접적인 영향을 미치고 있으며, 넷째로는 디지털 기술과 자동화의 도입이 가속화되고 있다. 이 외에도 프리패브 및 모듈러 방식으로 대표되는 산업화 추세와 함께, 환경·안전 관련 규제의 강화가 전방위적으로 영향을 미치고 있다고 분석하였다.

McKinsey는 이러한 흐름 속에서 건설산업이 나아가야 할 방향으로 아홉 가지 전환 요소를 제시하였다. 첫째, 프로젝트 기반 방식에서 벗어나 표준화된 제품과 부재 중심의 '제품 기반 접근Product-based Approach'이 필요하며, 둘째, 특정 시장이나 기술 분야에 집중하는 '전문화Specialization'가 경쟁력 강화를 위한 핵심 전략이 될 수 있다. 셋째로는 설계, 조달, 시공 등 가치사슬Value Chain 전반의 통합 운영을 통해 효율을 극대화해야 하며, 넷째로 규모의 경제를 실현하기 위한 수직·수평 통합 또는 협업 구조의 확산이 필요하다고 보았다.

이와 함께, 고객의 기대에 부응하는 브랜드 가치를 높이기 위한 고객 중심 전략Customer-Centricity과 브랜딩, 기술과 설비에 대한 적극적인 투자, 디지털 및 기술 전문 인재의 육성, 글로벌 표준 기반의 국제화 추진, 그리고 지속가능성과 회복력을 고려한 친환경적 전환이 필수적인 변화 방향으로 제시되었다.

이 보고서의 핵심 메시지는 단순한 기술 도입이나 개별적 변화가 아니라, 건설산업 전반이 제조업과 유사한 반복 가능하고 통제 가능한 체계로 재편되어야 한다는 것이다. McKinsey는 특히 항공산업이나 자동차산업처럼, 표준화된 생산체계를 통해 생산성, 품질, 비용의 삼박자를 동시에 개선할 수 있는 구조로 나아가야 한다고 강조한다. 이에 따라 변화에 빠르게 적응하는 기업은 시장에서 경쟁 우위를 확보할 가능성이 높으며, 그렇지 못한 기업은 도태될 수밖에 없다고 경고하고 있다.

이러한 변화 흐름 속에서 BIM은 단순한 설계 도구를 넘어, 디지털 전환과 산업화, 가치사슬 통합이라는 구조적 변화의 핵심 인프라로 기능하고 있다. BIM은 디지털 기반의 협업 환경을 구축할 뿐 아니라, 부재 단위의 제품화와 시공 효율화를 가능케 하며, 설계부터 운영까지 전 생애주기에서 데이터 중심의 의사결정을 가능하게 한다. 따라서 BIM은 건설산업의 전략적 전환을 이끄는 핵심 기술인 것이다. McKinsey는 이러한 관점에서 모든 건설 관련 조직들이 BIM을 단순히 기술 수준에서가 아니라 조직 전략의 핵심 축으로 삼아야 할 필요가 있다고 강조하였다.

▎국토교통부의 BIM과 스마트 건설 활성화

국토교통부는 2018년 제6차 건설기술진흥 기본계획에서 BIM과 4차 산업혁명 기술의 융합을 통해 건설산업의 국가 경쟁력을 강화하겠다는 목표를 발표하고 이를 위해 다각적인 노력을 기울이고 있다. 2020년 12월에 발표된 건축 BIM 활성화 로드맵에서는 '디지털 전환을 통한 건축산업 경쟁력 제고'라는 비전을 기반으로 BIM 관련 기준 및 제도 개선, 기술 개발, 인력 양성 및 교육, 산업 활성화를 위한 국가 BIM 통합관리 체계 구축, 성공 사례 공유 등의 전략을 제시하며, 2030년까지 'BIM 기반 디지털 건축 서비스의 완전 구현'을 목표로 설정하였다.

이러한 방향성은 스마트 건설 활성화 방안 추진 계획(국토교통부 2022d)과 제7차 건설기술진흥 기본계획(국토교통부 2023)에서 더욱 구체화되었다. 건축뿐만 아니라 도로, 철도, 하천, 항만 등 전 분야로 BIM 적용을 확대하겠다는 계획 아래, 2025년까지 1,000억 원 이상의 신규 공공사업에 BIM을 적용하고, 2028년까지 이를 300억 원 이상의 공공사업으로 확대하겠다고 발표하였다. 또한 기술인 법정 교육 과정에 BIM 관련 교육을 의무적으로 포함하도록 규정하였다.

아울러, 국토교통부는 건설산업 BIM 활성화와 적용을 위한 기본 원칙과 표준을 제시하는 최상위 공통 지침인 건설산업 BIM 기본지침(2020)을 발간하였으며, BIM 활용 방법과 절차를 다루는 세부 기준인 건설산업 BIM 시행지침(2022)도 함께 마련하였다. 이를 기반으로 공공 및 민간 발주처들이 각 사업 특성에 맞는 BIM 적용지침을 마련할 수 있도록 지원하고 있다.

| 비전: 디지털 기반 전환을 통한 글로벌 건설 시장 선도 |
| 목표: 2030 건설 전 과정 디지털화·자동화 |

건설산업 디지털화	생산 시스템 선진화	스마트 건설 산업 육성
• BIM 전면 도입을 위한 제도 정비 • 공공 중심으로 전 과정 BIM 도입 • 전문 인력 양성 • 민간 부문 확산을 위한 지원 강화	• 건설 기계 자동화 및 로봇 도입 • 탈현장 건설(OSC) 활성화 • 스마트 안전 장비 확산	• 기업 성장 지원 • 기술 중심 평가 강화 • 민관 협력 강화 등 거버넌스 구축

스마트 건설 활성화 방안(국토교통부 2022d)

한국토지주택공사(LH)는 공동주택 및 단지 분야에 특화된 LH 공동주택 BIM 적용지침(2024a)과 LH 건설산업 BIM 적용지침서(단지분야 토목부문)(2022)를 제정하여 적용하고 있다. 경기주택도시공사(GH) 또한 국토교통부의 시행지침을 바탕으로 건축 BIM 적용지침(2024)과 토목 BIM 적용지침(2024)을 수립하고 이를 활용하고 있으며, 여러 공공 발주기관들 또한 각 기관 및 사업 특성에 맞춘 BIM 적용지침을 개발하여 운영 중이다. 건설산업 BIM 지침에 대한 보다 자세한 내용은 이 책의 후반부에서 심도 있게 다루고 있다.

▌해외 BIM 추진 현황

우리나라뿐만 아니라 많은 나라에서 공공사업에 BIM 사용을 의무화하거나 독려하고 있다.

영국의 경우 NBS(National Building Specification)를 통해 국가적 차원에서 BIM 도입을 적극적으로 추진하고 있다(NBS 2020).

이들은 BIM 성숙도 수준을 Level 0에서 Level 3까지 나누고 Level 0은 CAD 중심의 기존 방식, Level 1은 2D와 3D가 공존하는 방식, Level 2는 모든 분야에서 BIM을 활용하는 수준, Level 3은 통합된 하나의 모델에서 여러 참여자들이 협업할 수 있는 수준으로 정의하고 있다. 2011년 5월에 발표한 건설 전략에서 공공사업의 사업비를 2016년까지 20% 절감하겠다고 선언하였으며, 이를 달성하기 위해서 계약자들이 BIM Level 2에서 사업을 수행할 것을 요구하고 있다.

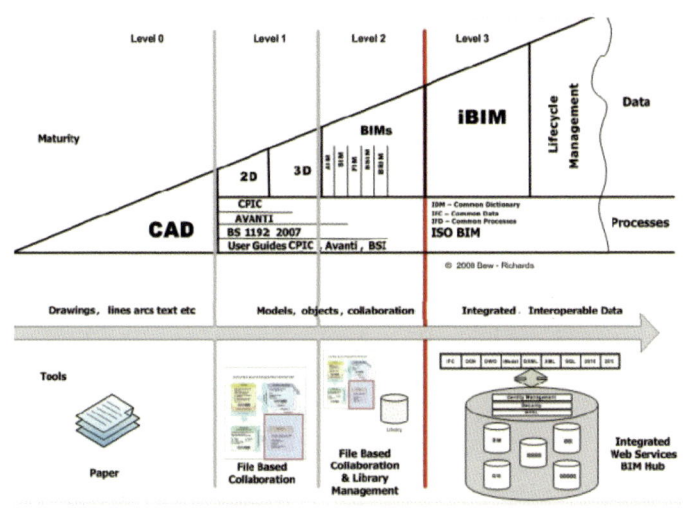

BIM Maturity Level(Hamil 2014)

Level 2에서는 사업에 대한 모든 정보와 문서가 전자화되고 3D BIM을 중심으로 협업을 수행할 수 있어야 한다. 또한 이러한 기준으로 공공사업에서 BIM 도입을 선도함으로써 민간 부문에도 자연스럽게 파급시키고자 하고 있다.

이러한 움직임은 영국 정부가 발간한 "Rethinking Construction" 보고서(1998)와 밀접한 관계가 있다. 총괄 책임자인 John Egan 경의 이름을 따서 Egan Report라고도 불리는 이 보고서는 1998년 영국의 건설산업을 개혁하고 현대화하기 위한 목적으로 작성되었는데 여기서 자동차 산업 같은 타 산업에서 성공적으로 활용된 Lean 생산 개념을 건설산업에 도입할 것을 권장하였다.

또한 Egan Report는 영국 건설산업에 상당한 영향을 미쳤으며 전 세계 건설산업에서 공기 단축, 비용 절감, 결함 감소, 생산성 향상, 안전 개선 등의 효율성을 높이기 위한 방향을 제시하였다. 이것이 BIM 성숙도 Level 2와 Level 3에서 BIM 기반 이해당사자들의 협업 프로세스 개념을 제시하게 된 계기가 되었다고 판단된다.

미국은 아직 국가적인 차원에서 단일화된 형태로 BIM 도입을 의무화하고 있지는 않지만, 민간 차원에서 그리고 각 주정부 및 연방 정부 부처별로 다양하게 BIM을 도입하고 있다.

물론 국가 차원의 BIM 표준인 National BIM Standard-United States NBIMS-US(www.nationalbimstandard.org)가 있다. 또한 미연방정부에 조달을 담당하는 GSA General Services Administration의 BIM Guide(GSA 2020), 보훈처에 해당하는 VA Department of Veterans Affairs도 The VA BIM Guide(VA 2010)를 통해 BIM 도입을 추진 중이다.

미국 건축사협회(www.aia.org)에서는 여러 가지 BIM 사례와 관련된 새로운 조달 방식 등을 소개한다. 미국건설협회(www.agc.org)가 주관한 BIM Forum(bimforum.org)에서는 매년 BIM 사례 세미나를 개최하고 BIM 상세수준Level of Development에 대한 정의 및 가이드도 발행하고 있다.

싱가포르도 국가적 차원에서 BIM을 강력히 도입하고 있다. 특히 싱가포르는 중장기 단계별 로드맵을 통해 비전과 미션을 설정하고 BIM에서 협업과 원도급사 및 전문건설사 등 참여자의 범위 확대에 기반한 VDC Virtual Design and Construction로 ─ VDC에 대한 정의는 국가마다 약간씩 다르다 ─ 확대하고, 요즘에는 전체 생애주기에 걸쳐 BIM, VDC 및 4차 산업혁명 기술 등을 활용하여 프로젝트의 가치를 극대화하는 것에 목적을 둔 IDD Integrated Digital Delivery(이 책 제4장 2절 'Smart 건설 비전 사례' 참조)라는 개념을 정의하고 이를 목표로 추진하고 있다(BCA 2020).

▎BIM 관련 국제표준인증 ISO 19650

ISO 19650은 전 세계적으로 확산되고 있는 BIM 기반 프로젝트 수행 방식의 국제 표준으로, 점차 글로벌 건설산업에서 필수적인 기준으로 자리 잡아가고 있다. 이 표준은 단순히 BIM을 도입했는지 여부를 판단하는 것이 아니라, BIM을 중심으로 한 체계적이고 통합된 정보 관리 프로세스가 실제 프로젝트에서 어떻게 구현되고 있는지를 평가하는 프레임워크다.

구체적으로 ISO 19650은 발주자와 수급자 간의 협업 체계를 정립하고, 프로젝트 전 과정에서 필요한 정보 요구 사항의 정의, 이를 반영한 BIM 수행계획의 수립, 계획에 따른 실행 및 정보 제출에 이르기까지 일련의 절차와 체계가 잘 수립되어 있는지를 평가한다. 즉, BIM이 단순한 모델링 도구가 아니라, 조직과 프로젝트를 운영하는 기준이자 핵심 프로세스로서 기능하고 있는지를 인증한다.

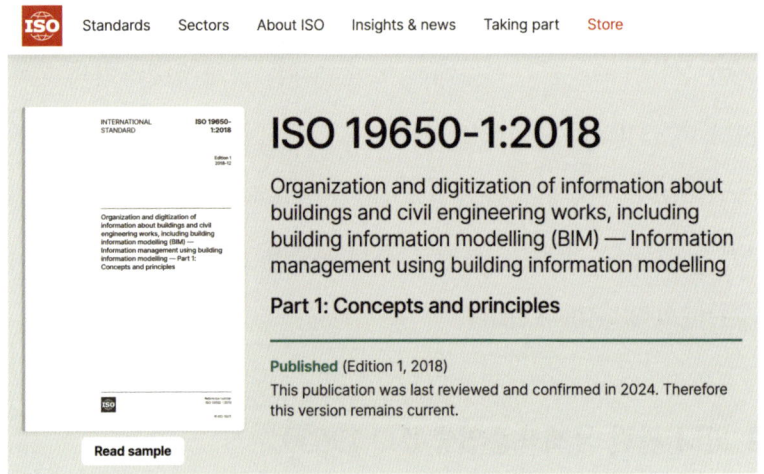

ISO 19650 웹 사이트
(https://www.iso.org/standard/68078.html#lifecycle)

영국은 ISO 19650을 선도적으로 도입한 국가 중 하나로, 2019년부터 이를 기반으로 한 BIM 프레임워크를 적용하고 있다. UK BIM Framework에 따르면, ISO 19650은 정보의 일관성과 품질 확보를 위한 글로벌 표준으로, 공공 프로젝트를 포함한 다양한 분야에서 요구 사항으로 명시되고 있다(UK BIM 2019, 2020).

해외의 여러 주요 프로젝트에서는 ISO 19650 인증을 수급자의 입찰 자격 요건으로 명시하고 있다. 예를 들어, 유럽의 대규모 인프라 사업이나 싱가포르, 중동 일부 지역의 공공 프로젝트에서는 ISO 19650 인증 여부가 참여 자격 판단의 기준으로 사용되고 있으며, 이를 통해 BIM 기반 협업과 정보 관리가 일정 수준 이상으로 수행될 수 있도록 유도하고 있다.

국내에서도 이러한 흐름에 맞추어 ISO 19650에 대한 관심이 높아지고 있다. 한국공항공사는 국내 공공기관 중 최초로 이 인증을 발급받은 기관으로, 공항시설의 설계 및 시공, 유지관리 과정에 BIM 기반의 통합 정보 관리 체계를 구축하고 이를 국제 인증 수준으로 운영하기 위한 기반을 마련하였다(한국공항공사 2020). 이 외에도 다수의 대형 건설사와 엔지니어링 기업들이 ISO 19650 인증을 취득하거나 준비 중이며, 발주기관들 또한 입찰이나 과업 발주 단계에서 ISO 19650을 고려하기 시작하는 등 점차 그 중요성이 부각되고 있다.

결과적으로, ISO 19650은 BIM 기술 도입을 넘어서, 정보 관리와 협업 체계를 표준화하고 이를 글로벌 수준으로 끌어올리는 핵심 수단이다. 앞으로 BIM이 단순한 기술이 아닌 산업 전반의 프로세스를 이끄는 중심축으로 자리 잡기 위해서는, ISO 19650과 같은 국제 인증 체계에 대한 이해와 도입이 필수적일 것이다.

02

BIM과 CAD의 차이

그렇다면 BIM은 CAD Computer Aided Design, 즉 2D CAD나 3D CAD 와 어떻게 다를까? 정답부터 이야기하면 BIM의 'I'는 Information, 즉 우리가 다루는 건설 컨텍스트Context에 대한 정보를 담고 있다는 점 이 CAD와 가장 근본적인 차이점이다. 여기서 컨텍스트란 '상황정 보'로 정의되는데, 우리가 짓고자 하는 시설물의 부재, 프로세스 등 프로젝트에 관련된 모든 정보의 집합이라고 생각할 수 있다.

▌2D CAD

먼저 2D CAD의 특징을 살펴보자. 전통적인 2D CAD 방식에서 건축사는 머릿속에서는 3차원 모델로 디자인하지만 평면, 입면, 단면 등 2차원 도면을 통해 설계안을 표현한다. 다른 참여자들은 그렇게 만들어진 도면들을 보고 조합하여 머릿속에 다시 3차원 모델을 만듦으로써 설계를 이해하고 각자의 업무를 수행한다. 설계가 진행되는 동안에도 지속적으로 변경이 발생하는데, 이를 일관성 있게 여러 가지 도면에 반영하기 어렵다 보니 설계도면 간 상이, 누락 등 설계도면의 오류가 다수 발생한다.

- 사람에 의한 해석 의존
- 높은 오류 발생 가능성

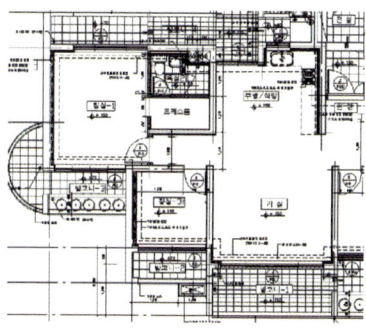

- Line, Arc, Circle 등으로 명령어 실행
- 좌표, 선 길이, 두께, 색깔 등의 정보
- 건설 Context는 없음

2D CAD

또한 CAD 프로그램은 설계 정보를 선, 원, 호, 글자 등의 형상 정보(좌표, 길이, 두께, 색깔 등)나 텍스트로만 담을 수 있는 한계를 가지고 있다. 사람은 2D 도면의 선을 보고 무엇이 구조벽인지, 무엇이 마감부재인지 이해하지만, CAD 프로그램은 무엇이 벽인지 마감부재인지 자동으로 구분할 수 없다. 그렇다 보니 2D CAD로부터 자동으로 얻을 수 있는 정보는 거의 없고 철저히 사람에 의해 해석되어야 한다.

2D 도면 기반 프로세스에서는 건축 프로젝트가 진행되는 동안 관련자들은 설계안을 이해하기 위해 추가 도면을 요청하고, 시공 단계에서 설계도서 상이, 누락, 미흡 등의 설계 오류들이 발견된다. 발견된 오류들을 해결하기 위하여 질의서가 발생하고 설계 보완과 설계상 이슈Issue 해결을 위해 건축사는 또다시 시간과 인력을 투입해야 한다. 이로 인해 발주자에게는 공기가 지연되거나 재시공으로 인해 공사비가 추가될 가능성도 많으며, 디자인이 복잡해지고 규모가 커질수록 그 문제는 더 심각해질 수 있다.

▌3D CAD

오래전부터 건축설계에 대한 조감도나 대표 이미지를 만들기 위해 3D CAD가 활용되었다. Autodesk의 3Ds Max, Rhinoceros의 Rhino, Trimble의 SketchUp 등이 대표적인 예이다. 3차원 모델을 이용한 설계 정보 표현은 형상에 대한 정보를 보다 수월하게 표현할 수 있다는 장점은 있다. 하지만 일반적인 3D CAD는 Wireframe Model, Surface Model, Solid Model을 기반으로 박스, 원기둥, 원뿔, 구 등 3차원 형상 정보를 이용하여 표현하기 때문에 역시 건설 과정에서 다루어지는 컨텍스트가 담길 수 없다.

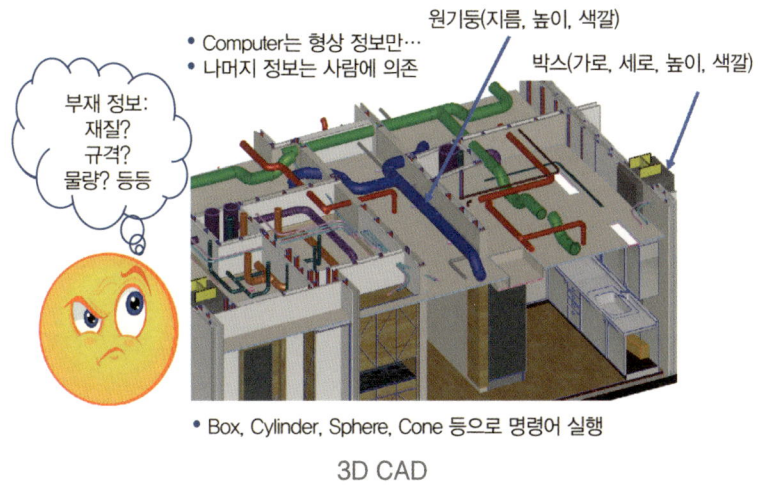

3D CAD

기존 3D CAD의 예를 든 위 그림은 각종 배관들이 배열된 한 건축물의 천정 내 공간을 보여주고 있다. 그러나 3D CAD 프로그램은 배관들을 배관이 아닌 파란색 원기둥, 녹색 원기둥 등으로 인식하기 때문에 색깔, 원기둥의 길이, 반지름 등 형상 정보만 알 수 있을 뿐이지, 색깔별 배관의 의미를 프로그램 자체는 전혀 알 수 없다.

또 기둥을 표현해도 3D CAD는 기둥으로 인식하지 않고 원기둥이나 솔리드 박스Solid Box로만 인지할 뿐이다. 결국 부재, 재료, 성능 등 관련된 정보가 별도로 관리되어야 하는 한계가 있기 때문에 3D CAD는 디자인 과정뿐만 아니라 전체 건축 프로젝트 과정에서도 대체 업무가 아닌 추가 업무가 될 수밖에 없다.

하지만 요즘은 BIM 도입이 전 세계적으로 활성화되면서 앞에서 언급된 프로그램들도 점점 BIM과 연계되거나 BIM화되고 있다. 특히 초기 설계 단계에서 Rhino나 SketchUp 같은 도구들을 활용하고 이를 Revit이나 ArchiCAD 같은 BIM 소프트웨어와 연계하는 방향으로 발전하고 있다.

▎ BIM

그럼 BIM은 어떻게 다른 것일까? BIM의 가장 큰 특징은 기둥, 보, 슬래브, 벽, 창호, 문 등 부재 정보를 중심으로 3차원 모델을 구축하면서 해당 부재와 관련된 정보를 추가하고 관리할 수 있다는 점이다.

예컨대 3차원 모델에서는 소프트웨어 자체는 창문이 몇 개인지, 어떤 것이 기둥인지 알 수 없다. 단지 솔리드 박스가 몇 개 있는지, 빨간색 원기둥이 몇 개 있는지 등의 정보밖에 얻을 수 없다.

그러나 BIM 소프트웨어를 활용하면 부재 정보를 인지하고 관리하기 때문에 어떤 부재인지 또 그것이 얼마만큼 있는지 등을 포함하여 여러 가지 정보와 컨텍스트를 얻어낼 수 있다는 점이 기본적으로 가장 큰 차이점이다.

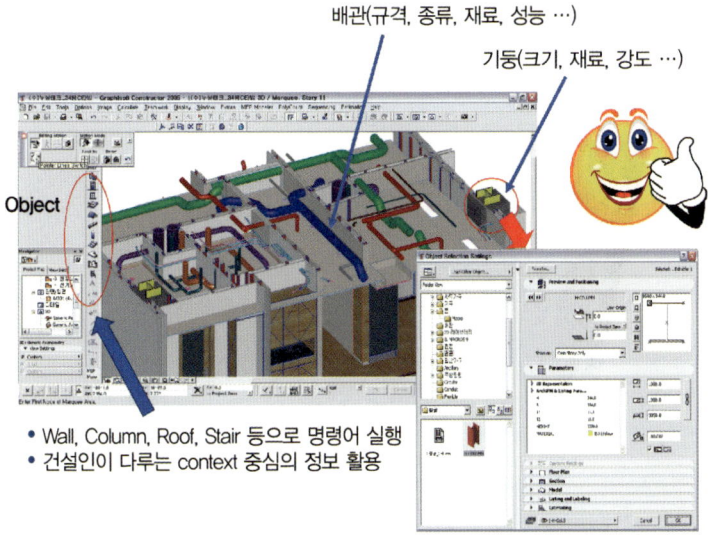

배관(규격, 종류, 재료, 성능 …)

기둥(크기, 재료, 강도 …)

Object

- Wall, Column, Roof, Stair 등으로 명령어 실행
- 건설인이 다루는 context 중심의 정보 활용

BIM

　그림에서 보듯 BIM에는 3차원으로 건축물을 모델링할 수 있는 기본 객체가 있다. 벽, 문, 창, 기둥, 슬래브, 계단, 지붕, 커튼월 등 다양한 객체가 있으며, 필요하면 기본 객체를 이용하여 다른 종류의 객체를 만들어 모든 건축물 구성 요소를 표현할 수 있다. 또 벽도 내력벽인지 마감벽인지 그 구성은 어떻게 되는지를 객체의 속성 정보를 통해 다양하게 지정할 수 있다. 위 그림은 구조 벽체의 형상과 그 속성 정보(높이, 두께, 재료, 부재코드 등)를 보여준다. 같은 벽 객체를 이용하더라도 이 속성 정보의 재료와 부재코드 등의 정보를 변경함으로써 비내력벽, 벽지, 모르타르, 방수층 같은 마감, 심지어는 걸레받이까지 수많은 건축 요소를 모델링할 수 있다.

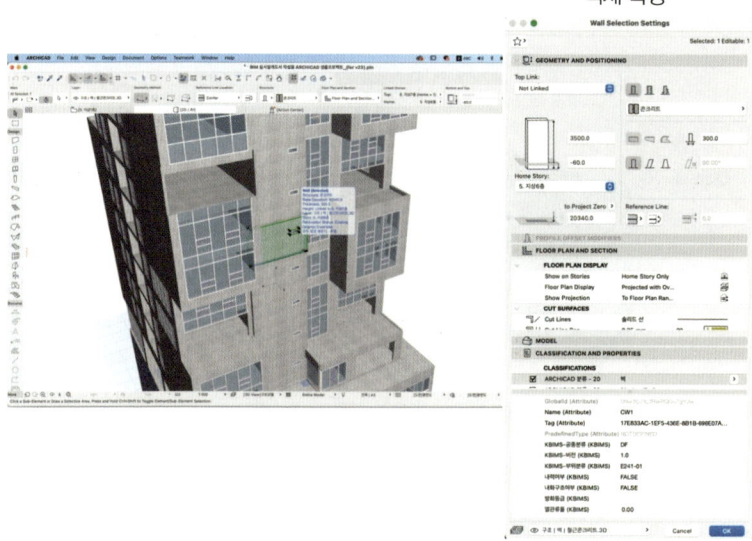

객체 속성

3차원 형상과 속성 정보 기반 BIM

그 밖에 재료나 색깔은 기본이고 창호의 경우 프레임 두께나 설치 방법까지 조정할 수 있기 때문에 기본 설계에서 실시설계까지 다양한 상세수준으로 모델 구축이 가능하고 도면까지 추출할 수 있다.

예를 들면, 위 그림은 BIM 프로그램 내부의 창호와 가구에 관련된 라이브러리를 보여주고 있다. 여기서 설계자는 창호의 형태를 선택하고 창호 프레임 두께를 비롯한 세부 사항을 설정할 수 있으며, 창호 모델번호나 제조사 등의 정보도 넣을 수 있기 때문에 향후 유지관리 단계에서도 활용될 수 있다.

▮ BIM 도입은 CAD 도입 때와 근본적으로 다르다

1980년대 중반부터 도입된 CAD와 지금 진행되고 있는 BIM 도입은 그 근본 자체가 다르다. CAD의 도입으로 도면 작성 자체에 대한 생산성은 매우 향상되었지만, 수작업으로 그리던 도면을 컴퓨터를 이용하여 그리는 것으로 도구가 바뀌는 현상이었다.

2D 도면 중심의 설계 표현 방식은 건축사를 포함하여 각 분야별 설계자에게 최적화된 방법이다. 모든 것을 표현하지 않아도 되고 그 도면을 받아보는 자가 해석하고 더 필요한 정보가 있거나 문제점이 있다고 판단되면 다시 묻는 방식이다. 나쁘게 말하면 시간에 쫓기거나 좀 복잡해도 일단 2D 도면으로 내고 나서 나중에 문제해결을 할 수 있는 여지가 있는 것이다.

▮ BIM 전환설계

만약 여러분이 기존 2D 설계 프로세스에서 벗어나지 못하고 BIM과 기존 프로세스를 동시에 수행하고 있다면 BIM 외주 용역업체한테 좋은 일만 시킨다고 생각해야 한다. 우리는 그 과정을 'BIM 전환설계'라 부른다.

BIM 전환설계에서는 설계팀은 기존 방식대로 2D CAD 기반 설계안을 만들어 BIM팀에게 주면 그것을 바탕으로 BIM을 구축한다. 그러다 보니 BIM 기반 설계가 아니라 BIM 구축이 설계안을 뒤따르기 때문에 지속적으로 변경되는 설계안을 바로바로 BIM에 반영할 수 없다. 그 결과 실시설계 100% 도면과 제출된 BIM 성과물이 일치할 수 없는 상황이 발생하는 것이다.

이러한 도면과 BIM의 불일치는 설계 이후 단계에서 BIM을 무용지물로 만든다. BIM 전환설계에서는 실시설계 100% 도면과 BIM 데이터의 정합성을 검증하지 않는 한 시공이나 유지관리 단계 등 후속 단계에서 BIM 활용가치는 매우 떨어지는 것이다.

이러한 이유로 특히 시공 단계에서는 공기도 촉박한데 BIM을 수정할 시간과 인력은 없고, 기존 방식대로 2D 도면에 의존하여 시공 프로세스가 진행될 수밖에 없는 것이다. 그 결과 BIM에 대한 부정적 시각이 발생한다. 이는 BIM 탓이 아니라, 설계 프로세스가 잘못 운영되었고 또 설계 단계 성과물에 대한 검증이 제대로 이루어지지 못한 탓이다.

▎BIM 라이브러리

BIM에서 라이브러리Library는 매우 중요한 구성 요소인데, 이는 3차원 형상 객체와 다양한 정보로 미리 만들어져 있어 약간의 속성값 수정을 통해 원하는 BIM 객체를 보다 쉽게 구축할 수 있도록 하고 있다. 만약 라이브러리가 없다면 모든 부재의 3차원 객체를 일일이 만들어야 하기 때문에 BIM 프로세스를 아무도 받아들이지 않을 것이다. 다행히도 BIM에서는 기본적인 건축설계를 효과적으로 할 수 있을 만큼의 창호, 문, 계단, 기계 장비, 가구, 위생설비 등 매우 다양한 라이브러리 객체들이 제공된다.

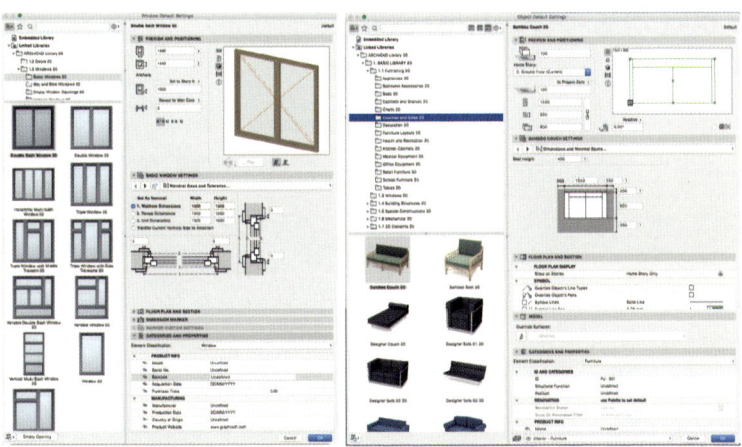

창호와 가구 라이브러리 예시

국내에서는 빌딩스마트협회를 통해 BIM 연구단이 만든 KBIM 라이브러리를 제공하고 있으며(www.kbims.or.kr 참조), 한국토지주택공사의 경우 공동주택설계에 적용할 수 있는 라이브러리를 자사 홈페이지(www.lh.or.kr)를 통해 배포하고 있다.

이미 유럽에서는 건축자재 회사들이 라이브러리 구축과 유통에 대한 비용을 지불하는 비즈니스 모델을 기반으로 BIM 라이브러리 유통 전문 회사가 생겨 다양한 라이브러리를 무료로 제공하고 있다. 대표적인 예로는 bimobject.com을 들 수 있다. 건축자재 회사들은 라이브러리 제공을 통해 자사 제품이 설계에 반영되고 실제 구매로 연결되기 위한 가능성을 높이기 위해서라도 BIM 라이브러리 제공에 적극적으로 참여해가고 있다.

▌BIM 정보 추출(Information Extraction)

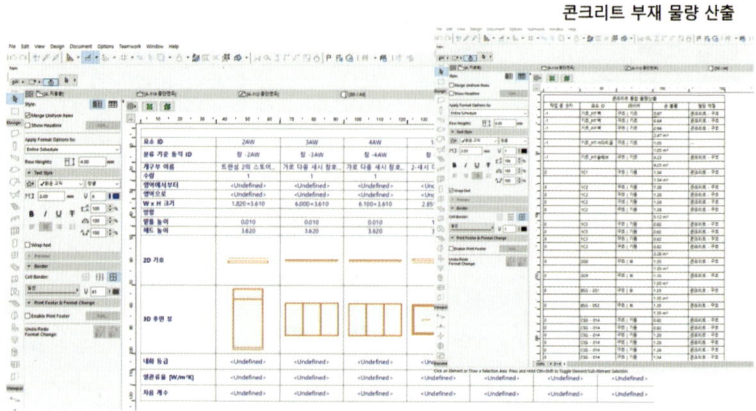

콘크리트 부재 물량 산출

창호 일람표

BIM에서 추출된 물량 산출 및 일람표 생성

더 나아가 이런 BIM 객체의 속성 정보들을 활용하여 매우 다양한 응용이 가능하다. 기본적으로 BIM 부재 정보를 중심으로 형상 정보뿐만 아니라 여러 가지 정보가 연계된 형태로 관리될 수 있기 때문에 BIM에 구축된 각종 부재의 리스트를 뽑거나 물량 산출, 창호목록, 도어목록, 자재목록 등 일람표 자동 생성, 그리고 각종 시뮬레이션 등 다양한 목적의 응용 프로그램들과 연계도 가능하다. AI와 연계도 이러한 정보 추출을 바탕으로 이루어지는 것이다.

▌BIM에서 2D View를 무한대로 추출할 수 있다

BIM 설계 프로세스에서는 3차원 부재 모델과 그것을 구성하는 속성 정보를 기반으로 2D View를 무한대로 추출할 수 있다. 이러한 View를 조합하거나 배치하여 도면을 생성하는 것이다. BIM에서 2D 도면은 3차원 모델을 어느 방향에서 봤느냐에 대한 결과물에 지나지 않는 것이다.

또한 3차원 모델에서 변경된 내용은 2D 도면에 자동으로 반영되고 2D 입면 View 상에서 수정한 설계 변경이 3차원 모델은 물론 다른 2D 도면에도 즉각적으로 자동 반영된다. 즉, 2D CAD 설계 프로세스에서 발생하는 설계도서 상이(Drawing Discrepancy)라는 문제점이 사라지는 것이다.

하지만 국내에서는 건축사들이 BIM 설계에 익숙하지 않기 때문에 일단 설계를 2D CAD로 하고, 이를 가지고 BIM을 구축하는 소위 BIM 전환설계로 진행된 경우가 많이 있다. 하지만 이는 기존 설계 방식에 투입되는 인력과 BIM에 투입되는 인력으로 따로따로 수행되고, BIM에서 도면을 생성하는 것이 아니라 기존 방식에서 만든 도면으로 BIM을 만들기 때문에 정상적인 BIM 프로세스가 아닌 이중적이고 낭비가 많은 프로세스이다.

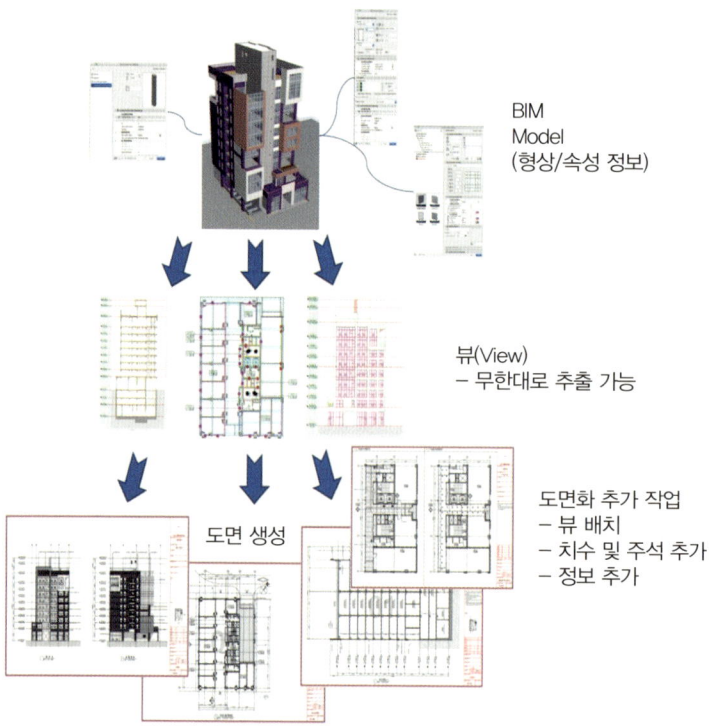

BIM
Model
(형상/속성 정보)

뷰(View)
- 무한대로 추출 가능

도면화 추가 작업
- 뷰 배치
- 치수 및 주석 추가
- 정보 추가

도면 생성

BIM, 뷰, 그리고 도면 생성 과정 개요

BIM에서는 2차원이나 3차원 상에서 평면, 입면, 단면선을 임의로 설정하여 2D View를 무제한으로 생성할 수 있다. BIM을 통해 객체와 데이터를 적절하게 구축한다면 이를 통해 얻을 수 있는 정보의 종류와 양은 무궁무진한 것이다. 건축사 입장에서 보면 디자인 시간의 상당 부분을 설계도면 생성이 아닌 디자인 개발에 더 많은 시간을 투자할 수 있다.

▌모바일 기기로 들어간 BIM과 도면집

또한 이렇게 생성된 2D 도면은 BIM 데이터와 더불어 가벼운 모델의 형태로 내보내져 모바일 기기에서 활용될 수 있다. 3차원 모델과 연계된 설계도면까지 만들 수 있어서 설계도서에 대한 가독력도 매우 향상되고 있다.

아래 그림은 ArchiCAD에서 구축된 모델과 생성된 2D 도면을 BIMx라는 프로그램을 이용해 가벼운 Virtual Reality^{VR} 모델로 내보냄으로써 모바일 기기에서도 BIM과 도면을 연계하여 볼 수 있는 사례를 보여주고 있다. 이런 기능은 BIM 툴이 없는 발주자나 시공자도 별도로 BIM을 구매하지 않고도 사용할 수 있고, 건축 구성 요소별 주요 정보도 볼 수 있어 설계안 검토에서 현장관리에 이르기까지 다양한 용도로 활용될 수 있다.

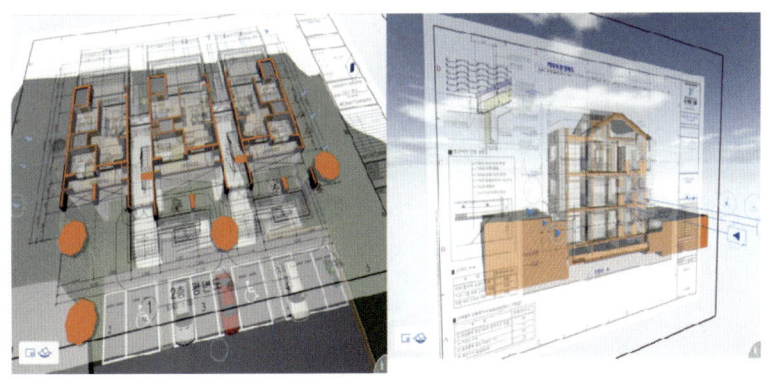

모바일 기기에서 활용하는 BIM 추출 도면과 BIM
(이미지 제공 : 한양 · 세림 박상헌 소장)

이제 도면 세트를 들고 다니지 않고 핸드폰이나 모바일 기기에서 BIM을 통해 도면도 보고 특정 부재의 정보도 조회할 수 있다. 이는 시공사나 건설 근로자들에게, 특히 외국인 근로자들에게는 설계안을 보다 쉽게 이해시킴으로써 시공 오류 검토와 안전시공 유도 등 시공관리 차원에서도 효과적으로 활용될 수 있다.

▌BIM의 강력한 파워, 단면 생성

BIM의 강력한 기능 중의 하나가 단면을 생성하는 것이다. 단면선을 설정하면 그에 따라 단면이 자동으로 만들어지고, 심지어는 3D 모델을 원하는 방향에서 절단하여 단면을 볼 수 있다. 단면을 자유롭게 볼 수 있도록 하는 점은 시공 단계에서도 매우 유용하다. 예를 들면, 복잡한 배관과 덕트가 지나가는 공간의 높이와 폭이 충분히 확보되었는지 확인할 수 있고, 레벨 차이가 많이 나는 대지에 지하 주차장이 건설되는 경우 기초 부위와 바닥 슬래브의 단 차이가 복잡하게 발생하기 때문에 BIM을 통해 공사를 직접 수행하는 협력업체들이 설계안을 정확히 이해하고 문제점을 효과적으로 파악하며 이를 바탕으로 정확한 시공 계획과 샵드로잉Shop Drawing을 만들 수 있기 때문이다.

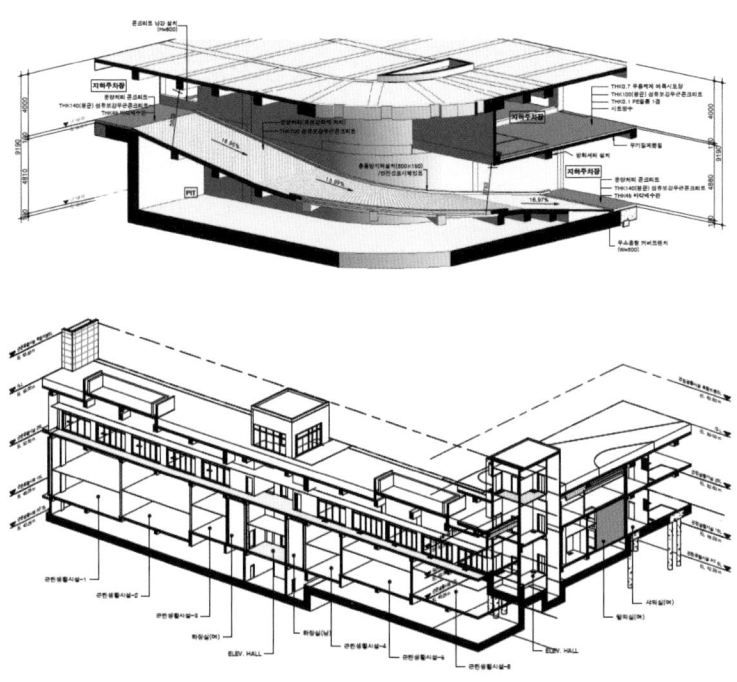

3D 단면 View 예시(한국토지주택공사 2024b)

❙ BIM 데이터 공유

　사실 BIM을 잘 활용하는 몇몇 건축사의 경우, BIM 데이터를 외부로 유출하지 않는 건축사들도 있다. 그들의 공유하지 않는 이유는 다양하다. "BIM 데이터를 공유하는 순간부터 이것저것 요구 사항이 많아져 일이 더 많아진다", "데이터를 시공사나 다른 업체와 공유하면 내가 구축한 라이브러리가 외부에 유출될 수 있고, 또 추후 BIM 데이터를 기반으로 나에게 클레임이 올 수 있는 것이 두렵다"라고 이야기하는 경우도 있다.

이런 건축사들의 이유도 나름 논리가 있지만, BIM이 다른 분야나 참여자들과 공유되지 않는다면 BIM의 효과는 건축사에게만 적용될 뿐이다. 발주자가 느끼는 건축 서비스의 향상이나 다른 참여자들이 협업을 통한 여러 가지 혜택을 볼 수 없기 때문에 건축사는 어쩔 수 없이 BIM을 공유할 수밖에 없는 상황이 되고 있다.

외국에서도 계약 요구 조건이나 여러 가지 규정을 통하여 BIM 데이터 공유로 인한 건축사의 책임을 보호하고 있다. 미국의 EFTAElectronic File Transfer Agreement 표준규정은 건축사가 제공하는 전자데이터Electronic Data를 근거로 클레임이나 보증을 요구하지 않는다는 조항을 권장하고 있다. 향후 BIM 기술이 성숙화하여 2D 도면이 아닌 BIM이 법적 성과물의 중심이 되는 시대가 될 때까지 이런 조항이 유효할 것이라 판단된다.

또한 중동 지역에서 나온 입찰안내서를 분석해보면 하나같이 설계 단계에서 건축사가 구축한 BIM은 Design model로, 또 시공 단계에서 시공사가 주관이 되어 구축한 BIM은 Construction model로 정의하여 이원화하고, 시공자 선정 시 Design BIM은 참고용이며, 향후 부재 제작이나 시공에 필요한 샵드로잉을 위해서는 시공사 책임으로 Construction BIM을 구축할 것을 요구하고 있다.

이는 발주자 관점에서 설계 단계에서 BIM의 완성도를 확신할 수 있는 방법이 명확하지 않기 때문에 BIM으로부터 시공 단계에서 발생할 수 있는 리스크를 사전에 차단하기 위한 방법이라 판단된다. 이는 현재 BIM이 협업에 충분히 활용할 만한 수준에 왔음에도 불구하고 법적인 근거로 활용될 만큼의 신뢰도 또는 성숙도가 검증되지 못한 부분도 있기 때문이다.

2D 도면은 표현되지 않은 부분에 대하여 해석에 의존하는 부분이 있는데, BIM에서는 별도의 해석이 없고 거의 100% 다 표현되어야 하기 때문이다. 어쨌든 현재 법적 기준이 되고 있는 2D 도면을 완전히 대체할 수 있는 현실은 아니기 때문에 BIM에 대해 설계 이후 단계에서 분쟁으로 인한 혼란을 피해가기 위함도 있는 것으로 생각된다.

허락받지 않은 복제와 재활용을 불가능하게 하는 것이 기술적으로 가능하고 그런 장치가 개발되고 있다. 또한 저작권과 관련해서는 BIM과 라이브러리 등 구성물에 대한 지적재산권은 건축사 또는 설계자가 가지되, 발주자는 해당 프로젝트에 대해서 소유권 및 사용권을 가지는 것이 바람직하다. 최근에 제정된 공기업의 BIM 적용지침에서도 이와 동일하게 정의되어 있다(경기주택도시공사 2024, 한국토지주택공사 2024a).

발주자가 과거 프로젝트에 활용된 라이브러리를 타 프로젝트에서 재활용하고자 한다면 음원에 대한 비용을 지불하듯이 라이브러리에 대한 비용 지불이 따라야 할 것이다. 그런 의미에서 본다면 BIM 라이브러리 유통 체계에서 더 나아가 BIM과 관련된 모든 콘텐

츠와 서비스, 라이브러리 등을 유통할 수 있는 체계가 만들어지는 것도 매우 바람직하다고 판단된다. 잘 만든 BIM 라이브러리로 짭짤한 수익을 낼 수 있는 BIM 생태계 시대가 오고 있는 것이다.

▍협업이 가능한 BIM

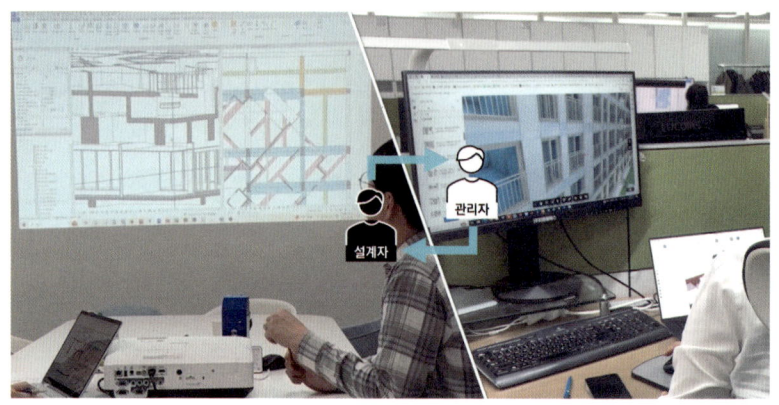

서울-진주 간 BIM 협업 예시(한국토지주택공사 2024b)

BIM과 2D 도면 방식 간 가장 큰 차이 중 하나가 참여자 간 실질적인 협업이 가능하다는 것이다. 2D 도면 방식에서는 참여자들이 문제 해결을 위한 협업을 하기 위해 기본적으로 평면, 입면, 단면 등 여러 2D 도면을 종합적으로 이해해야 한다. 같은 공간에 있더라도 참여자들 각자 간 도면에 대한 이해 정도가 다를 수 있기 때문에 실질적인 협업이 불가능하다. 그러나 BIM에서는 참여자들이 동일한 3차원 모델과 정보를 보면서 소통하기 때문에 협업이 수월해진다.

더 나아가 클라우드 환경의 발전으로 인터넷을 통해 원격지에 있는 참여자들과도 실시간 협업이 가능하게 되었다.

▌공통데이터환경(CDE, Common Data Environment)

BIM 협업을 얘기하면 따라 나오는 용어가 있다. 바로 CDE^{Common Data Environement}이다. 우리말로는 공통데이터환경이라고도 하지만, 일반적으로 CDE라고 칭한다. CDE는 프로젝트에 참여하는 모든 이해당사자들이 필요한 정보를 공동 작업하고 수정하고 공유할 수 있도록 구축한 프로세스이자 시스템을 통칭한다.

CDE의 목적은 다음과 같다. 1) 모든 데이터를 한 곳에서 종합적

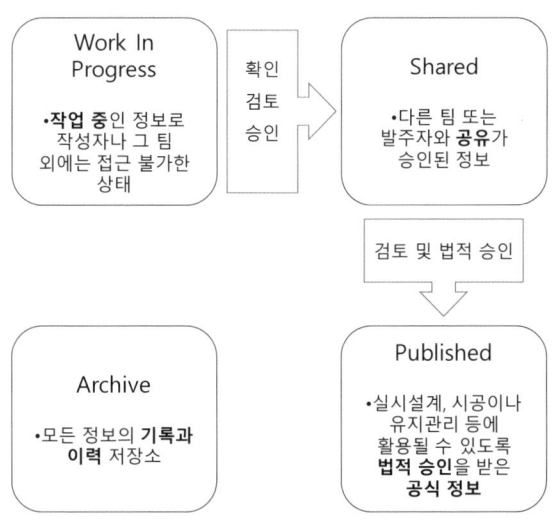

ISO 19650에 정의된 CDE 개념(UKBIM 2020b)

으로 관리할 수 있다. 2) 변경 내용에 대한 추적과 버전Version 관리를 할 수 있다. 3) 작성된 정보에 대한 검토, 승인, 배포 등의 프로세스를 관리할 수 있다. 4) 관련자 간 실시간 협업을 지원할 수 있다. 5) 모든 데이터에 대한 기록과 이력을 관리할 수 있다.

ISO 19650에서도 인증 취득을 위해서는 이러한 목적을 달성하는 것에 초점을 두고 크게 네 가지 관점에서 절차를 갖추고 있는지를 보고 있다(UKBIM 2020b). 첫 번째가 Work In ProgressWIP로 작성자 중심으로 정보 접근이 제한되는 상태, 두 번째가 Shared로 확인/검토/승인을 통해 다른 팀 또는 발주자와 공유되는 상태, 세 번째가 Published로 공식 승인을 받은 법적 효력이 있는 정보, 마지막으로 네 번째가 모든 정보 기록과 이력이 저장된 곳Archive으로 구성되어 있다.

❘ BIM과 PMIS가 통합된 형태로 진화한 CDE

이러한 CDE 역할을 수행하는 상용화 소프트웨어로는 Autodesk의 BIM Collaboration Pro, Graphsoft BIMCloud, Trimble Connect, Bexel Manager 등을 들 수 있으며 이것들은 여러 참여자 간 협업을 위해 클라우드 환경 기반의 서버를 중심으로 운영된다. CDE는 기존 PMIS(Project Management Information System, 사업관리정보시스템)에서 다루어지는 문서관리 절차를 포함하고 있는데, 그 문서관리의 대상이 3차원 모델뿐만 아니라 그로부터 생성된 또는 추출된 정

Bexel Manager CDE 사례(BexelManager 2025)

보와 도면까지 포함된다. 또한 설계 단계부터 시공 단계에 이르기까지 BIM 데이터 운영관리뿐만 아니라 사업에 관련된 문서관리 등의 기능까지 포함하고 있다. PMIS가 BIM과 통합된 형태로 진화한 것이다.

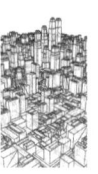

03
BIM의 정의

▎ BIM의 세 가지 정의

BIM 소프트웨어는 전산학적 관점에서 보면 객체지향 방법Object-Oriented Method과 패러메트릭 모델링Parametric Modeling을 기반으로 개발되었다(Eastman et al. 2011). 이러한 방법을 통해 건설 부재를 객체로 나타내고 객체의 속성을 이용하여 형상 정보는 물론 비형상적 정보까지 나타낼 수 있다.

예를 들면, 사람을 객체로 표현하면 그 객체의 속성에는 이 사람에 대한 신체적 특징뿐만 아니라 사진, 이름, 주민번호, 주소, 성별 등 수많은 데이터를 통해 사람에 대한 다양한 정보를 나타낼 수 있다.

같은 개념으로 건축물의 부재를 중심으로 부재의 높이, 너비, 두

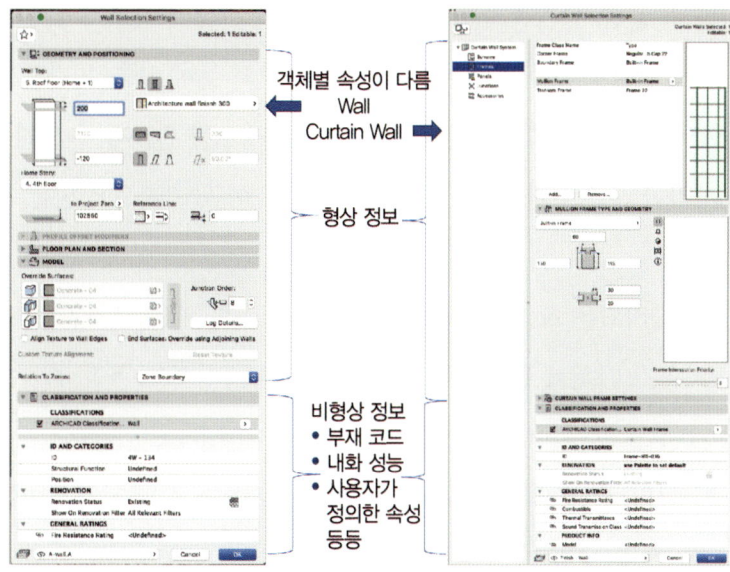

BIM의 객체의 속성 구성

께 등의 형상적 정보는 물론 그 부재의 재료, 성능, 규격, 제품, 모델 번호, 설치일자, 최근 점검일자 등의 비형상적인 정보까지 포함할 수 있으며, 사용자가 원하는 속성을 정의하여 추가할 수도 있다.

BIM 단어의 가운데 'I'가 Information이라는 점을 다시 상기할 필요가 있다. 이 정보는 바로 건축물 구성 요소를 포함한 프로젝트에 관련된 수많은 속성 정보를 정의하고 활용할 수 있다는 것을 의미한다. 위 그림은 벽과 커튼월 부재 두 가지 객체에 대한 속성 Parameter들을 보여주고 있다. 이것들을 조정하여 부재의 크기, 높이, 두께 등을 조정할 수 있으며 그림의 아래 부분에 열거된 여러 가지 속성을 이용하여 부재 코드, 재료, 성능, 규격, 제조사, 모델번호,

시공사, 공법, 유지관리 단계에 필요한 이력 관리에 이르기까지 다양한 정보를 활용하거나 추가로 정의해가면서 설계, 시공, 유지관리 단계에 걸쳐 BIM 객체를 중심으로 다양한 정보를 관리할 수 있다.

이러한 개념을 기반으로 BIM은 다음과 같이 세 가지로 정의할 수 있다.

첫째, BIM은 Building Information Model이다. 이는 3차원 객체 Model와 그 객체를 관련하여 생애주기 동안 생성하고 관리되는 여러 가지 정보Information의 집합체를 의미한다(Kymmell 2008).

둘째, BIM은 Building Information Modeling이다. 끝에 현재진행형인 'ing'가 붙어 있다. 이는 첫 번째 정의보다 더 넓은 의미로 모델링하는 행위, 즉 프로세스와 협업 그리고 BIM을 공유하는 행위를 포함한다. 즉, 3차원 객체Model와 그 객체를 나타내는 여러 가지 정보 집합체를 활용하여 프로젝트 참여자들 간 협업하고 BIM을 공유하는 행위와 프로세스Modeling를 의미하는 것이다(Jernigan 2008, Kymmell 2008).

셋째, BIM은 Building Information Management이다. 첫 번째와 두 번째 정의를 바탕으로 설계, 시공, 유지관리 단계 등 생애주기에 걸쳐 객체와 정보를 생성하고 더 상세한 정보를 추가하며 공유하는 행위와 프로세스 그리고 이 과정을 관리하는 것Management을 의미한다(Churcher 2019).

현재는 Building Information Modeling이라는 말이 BIM을 가장 대

표하는 의미로 활용하고 있지만, 앞의 세 가지를 모두 보면 첫 번째 정의에서 세 번째 정의로 갈수록 그 해석 범위가 점점 더 확대되고 있음을 느낄 수 있을 것이다.

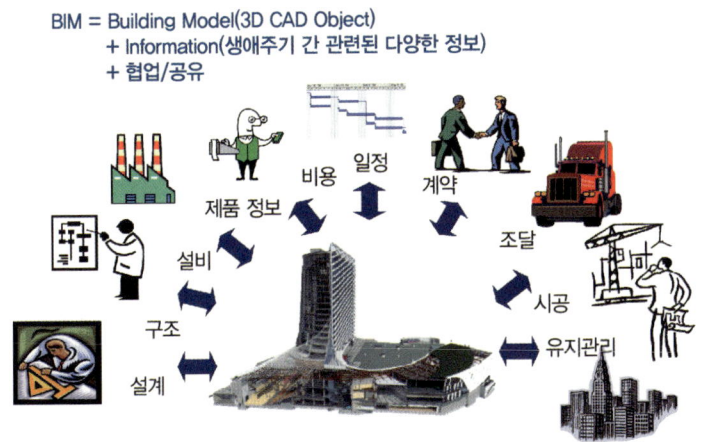

BIM의 정의

┃ BIM, 무엇이 좋은가?

그렇다면 BIM을 사용하면 어떤 점이 좋을까? 일단 3차원 모델과 관련된 정보를 가지고 표현하기 때문에 발주자, 설계자, 시공자 등 이해당사자들 간 요구 사항을 이해하고 의사소통하기 용이하다.

특히 발주자는 2D 도면보다 BIM을 통해 자신의 요구 사항이 설계안에 제대로 반영되었는지를 보다 쉽게 이해할 수 있고 건축사와 의사소통하기도 더 수월하다. 이를 통해 고객의 만족도가 높아져 건축사에게는 더 많은 수주 기회가 발생할 수 있으며, BIM 기반 도면 생성체계를 갖춘다면 도면 작성에 드는 시간을 줄이고 더 많은 시간을 디자인에 투자할 수 있다.

BIM 프로세스에서 설계도면 오류는 최소화되어 재작업이 없어지게 되고 시공자는 공사 전에 시공성을 검토할 수 있어 시공 리스크를 최소화할 수 있다. 또한 보다 신속하고 빠른 물량 산출을 통해 예산 검토도 더 효율화된다. 빠듯한 발주자의 예산 내에서 여러 가지 대안을 검토하고 예산에 맞는 설계 대안을 도출하는 것도 더욱 용이해진다.

시공 단계에 참여하는 전문 업체들은 복잡한 설계안도 BIM을 통해 보다 쉽고 효과적으로 이해할 수 있으며, 문제점 파악과 해결책 모색에도 효과적이다. 이를 통해 정확한 시공계획과 샵드로잉을 생성함으로써 부재 제작의 정밀도도 향상시키고 현장 시공 시 피팅 Fitting 작업이 최소화되어 공기단축과 자재손실 절감에도 기여한다. 더불어 건설현장에서 시공 방법이 점점 더 건식화 그리고 프리패브화Prefabrication되고 있어 이제는 현장에서 만드는 것보다 조립하는 부재가 점점 더 많아지는 추세이며, BIM 사용은 필수적인 요인이 되고 있다.

반도체나 디스플레이 생산시설 등 하이테크 분야에서 BIM의 활용 또한 필수가 되고 있다. 설계 및 시공 단계는 물론이고 이후 생산설비 설치와 배관 연결에 대한 설계와 작업관리, 디지털트윈 기반 유지관리, 이후 생산 장비 교체 및 신세대 제품 생산라인을 위한 리모델링 등에 있어서 필수 정보가 되었기 때문이다.

발주자들은 BIM의 효과로 디자인을 더 잘 이해할 수 있으며, 공사 비용이나 공기 검토 및 조절이 용이하고, 합리적인 디자인 도출을 위한 분석 및 시뮬레이션이 가능하며, 설계도서 오류나 간섭으로 인한 이슈 발생이 줄어드는 점을 장점으로 들고 있다.

3D 프린터, 스마트공장 등 4차 산업혁명으로 로봇에 의한 고객 맞춤형 생산이 가능해지기 때문에 앞으로 건축사들은 표준에서 탈피한 창의적인 디자인이 더 수월해지고 시공사나 협력업체들은 건축사들에게 스마트 생산체계와 연계 가능한 BIM 데이터를 요구하게 될 것이다.

이렇게 BIM은 공기, 비용, 품질 등 모든 관점에서 리스크를 최소화하는 데 기여할 수 있기 때문에 단순히 건축가만을 위한 설계 도구가 아니라 모든 참여자와 프로젝트를 위한 전략적 도구이자 프로세스인 것이고 또 그런 방향으로 산업이 진화하고 있다.

04
개방형 BIM 표준

▍다양한 분야의 BIM Software

이 책에서도 여러 가지 BIM 활용 분야와 사례가 소개된 바와 같이 한 가지 명심해야 할 것은 이것들이 한 가지 특정 BIM 소프트웨어에서 다 되는 것이 아니라 분야별로 사용하는 소프트웨어가 다르다는 것이다. 아마도 전체 제품을 모아보면 백여 가지, 아니 수백여 가지가 될지도 모르겠다. 각 분야별로 가장 뛰어나다고 인정받는 제품도 다르고, 또 시간이 흐르면서 새로운 제품이 최강자가 되기도 한다. 그렇기 때문에 특정사의 제품군들로만 BIM 프로세스를 수행한다는 것은 현실적으로 불가능하다.

결국 분야별로 또는 역할에 따라 또 시기적으로 사용하는 BIM 소프트웨어가 달라질 수밖에 없다. 건축사는 A사 제품으로 BIM 설계를 했지만, 구조기술사는 B사 제품으로, 또 기계나 전기 분야는 C사 제품으로 수행하고 간섭 체크와 룰(Rule) 체크는 D사 제품, 물량 산출과 견적은 E사 제품 등으로 수행되는 것은 매우 일반적이기 때문이다.

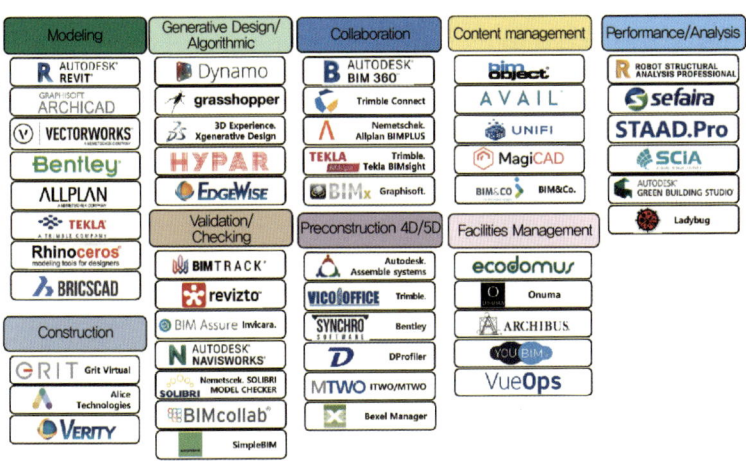

전 세계적으로 BIM 소프트웨어들은 거대 기업을 중심으로 재편성되고 있는데, 이들은 새롭게 등장한 BIM 관련 소프트웨어사를 계열사로 편입시켜 거대한 제품군을 형성하고 있다. Autodesk, Bentley Systems, Dassault Systems, Nemetschek Group, Trimble 등 5개사가 BIM과 관련된 모든 소프트웨어와 관련 기술을 거의 다 장악하고 있다고 해도 과언이 아니다.

▎개방형 BIM 표준, IFC

하지만 같은 그룹에 있다고 해서 데이터 형식이 동일한 것은 아니다. 같은 그룹사 여부를 떠나서 서로 다른 소프트웨어를 사용하는 경우 이들 간 데이터 호환성Interoperability에 문제가 발생한다. 이를 해결하기 위해 마련된 기준이 바로 개방형 BIM 표준(Open BIM Standard, www.buildingsmart.org 참조)이다. 즉, BIM 프로세스에서 어떤 소프트웨어를 사용하더라도 서로 데이터 호환이 가능하도록 중립화된 표준 형식인 것이다.

모든 BIM 소프트웨어는 개방형 BIM 표준인 IFC Industry Foundation Classes를 지원한다. 즉, IFC에 맞는 형식으로 데이터를 내보내고 또 읽어들일 수 있는 기능을 가지고 있다. BIM 소프트웨어들은 IFC 형식으로 데이터를 내보내기Export 하거나 들여오기Import 할 수 있는 기능을 제공하고 있다.

물론 BIM 프로세스에서 이 형식만 활용하는 것은 아니다. 현실적으로 많은 BIM 소프트웨어는 IFC 외에도 DWG, DXF 또는 PDF 등 다양한 형식으로 데이터를 내보내거나 들여올 수 있는 기능을 지원함으로써 서로 다른 소프트웨어 간 호환성을 지원하고 있다.

첫 번째 버전의 IFC는 1996년에 발표되었는데(Eastman 2011) 이제는 꽤 안정된 수준에서 BIM 소프트웨어 간 호환성을 지원하고 있다. 또한 BIM 데이터 사이즈가 일반적으로 크기 때문에 필요한 데이터를 선별적으로 내보낼 수 있는 기능도 제공하고 있다.

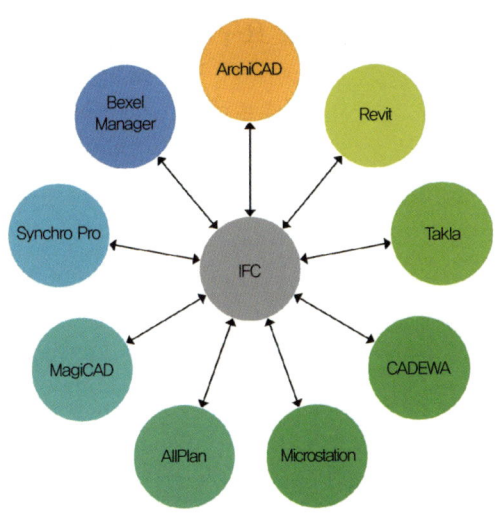

IFC를 이용한 호환성 확보

　예를 들면, 유지관리 단계에서 활용하기 위해서 관련된 부재와 정보만 선별적으로 내보내기 할 수 있는 기능도 있다. 특정 사용 목적을 가지고 부분적인 데이터만 선별적으로 내보낼 수 있는 IFC 표준도 있는데, 이것을 MVDModel View Definition라고 한다. 현재 MVD에는 설계 조정 목적의 Coordination View, FMFacility Management 관련 Application으로 BIM 데이터를 보내기 위한 Basic FM Handover View, 구조해석 프로그램으로 데이터를 보내기 위한 Structural Analysis View 등 다양한 MVD가 있으며 그 외에도 여러 가지 다양한 MVD 표준이 개발되고 있다.

▌공공사업의 성과물에서도 요구되는 IFC 형식 데이터

공공사업에서도 설계 또는 시공 단계 성과물에서 IFC 형식 데이터를 BIM 원본 데이터와 더불어 제출하도록 요구하고 있다. 여기에는 크게 두 가지 이유가 있다.

첫째는 수급자가 활용한 BIM 소프트웨어가 아닌 IFC Viewer 형태로 성과물을 검토할 수 있기 때문이다. BIM 저작도구는 고성능 사양의 컴퓨터를 갖추고 있어야 하기 때문에 발주자 측면에서 BIM 원본 데이터를 열어서 활용하기가 쉽지 않다. 반면 IFC 형식으로 되어 있으면 무료 또는 저렴한 IFC Viewer를 활용하여 데이터를 확인할 수 있는 이점이 있다.

둘째는, IFC 형식의 데이터는 영구적이기 때문이다. 사용화된 BIM 소프트웨어는 그 지속성을 보장할 수 없다. 10년 후에 가장 일반화된 BIM 소프트웨어가 현재의 소프트웨어와 동일하다는 보장도 없고. 반면 IFC 데이터를 성과물로 확보해놓으면 10년 후에도, 20년 후 또는 50년 후에도 IFC 데이터는 IFC Viewer나 아니면 그 시점에서 가장 많이 활용되는 소프트웨어에서 불러들여 활용할 수 있기 때문이다.

▌무료로 BIM을 볼 수 있는 IFC Viewer

일반적으로 BIM 프로젝트에서는 참여자 간 정보 공유를 위해 또는 발주자에게 성과물 제출을 위해 BIM 원본 데이터 외에도 IFC 형식의 파일을 사용한다. 따라서 BIM 소프트웨어가 없는 사람도 IFC Viewer를 이용하여 IFC 포맷으로 된 BIM 파일을 열어볼 수 있다.

현재 매우 다양한 IFC Viewer가 존재한다. 인터넷에서 'IFC Viewer'라고 검색해보자. 상당히 많은 종류의 IFC Viewer를 볼 수 있을 것이다. 물론 각자에게 제일 적합하다고 생각하는 도구를 이용하여 BIM 데이터를 볼 수 있다. 이 중에는 물론 무료로 사용할 수 있는 것들도 있다.

IFC Viewer는 BIM 데이터의 형상 정보뿐만 아니라 비형상 정보도 볼 수 있다. 크기도 측정할 수 있고, 재료, 부재 코드, 그 밖에 사용자가 정의한 속성 정보도 볼 수 있다.

개방형 표준 IFC Viewer는 장기적으로는 발주자에게 매우 유용

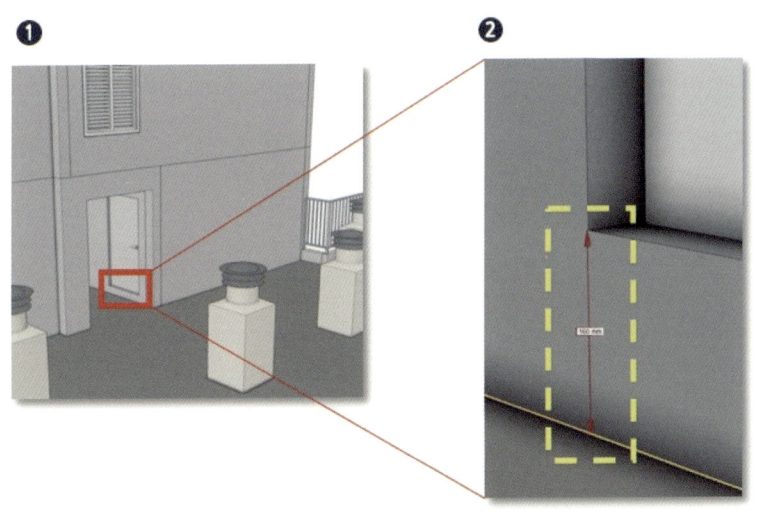

IFC Viewer(Trimble Connect)를 활용한 방수턱 계획 확인
(한국토지주택공사 2024c)

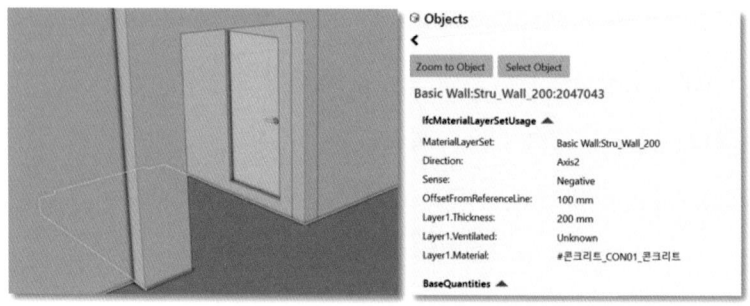

슬래브를 클릭한 후 '속성' 탭에서 슬래브의 두께 정보 확인
(한국토지주택공사 2024c)

한 도구가 될 수 있다. IFC 형식으로 제출된 성과물 정보를 바탕으로 법규에 부합하는지, 발주자의 요구 사항에 맞춰 필요한 정보가 포함되었는지를 확인할 수 있다. 물량 산출도 구조부재 간 중첩되는 부피나 면적이 공제되지 않아 정확성을 100% 확보할 수 없는 단점이 있지만 이런 점은 곧 보완될 것으로 기대된다.

또한 IFC Viewer의 활용은 발주자에게는 특정 BIM 소프트웨어에 종속되지 않아도 된다는 장점이 있다. 건설사업을 지속적으로 발주하는 공공기관의 경우 특정 소프트웨어를 지정할 필요도 없으며, 프로젝트마다 설계자가 다르기 때문에 소프트웨어에 구애받지 않고 BIM 데이터를 확인하고 관리할 수 있다.

▎ 샘플 BIM 데이터를 얻을 수 있는 IFC 저장소(Repository)

또한 BIM 데이터를 별도로 구축하기 어려운 분들은 IFC 샘플 데이터를 무료로 얻을 수 있는 사이트가 있다. 바로 뉴질랜드의 오클랜드 대학이 운영하는 'Open IFC Model Repository – 개방된 IFC 저장소(openifcmodel.cs.auckland.ac.nz)'이다.

이 사이트에서 다양한 IFC 파일을 다운로드하여 IFC Viewer로 확인해보자. 또는 여러분이 가지고 있는 BIM 소프트웨어로 들여와서 Import 사용해보고, 어떤 데이터들이 있는지 확인해보며, 어떤 것이 좋고 나쁜지 비교해보는 것도 매우 흥미로울 것이다. 이런 체험이 BIM의 시작이다.

▌IFC 데이터 공유를 통해 스마트화 교육에 활용하자

IFC 형식의 데이터는 Revit이나 ArchiCAD 등 BIM 저작도구에서 생성되지만, 생성된 이후 디자인을 수정하기보다는 해당 설계안을 이해하고 몇 가지 속성정보를 수정하거나 추가하는 목적으로 활용된다. BIM을 구축한 저작권자 입장에서도 공유에 대한 거부감이나 두려움도 없기 때문에 실무에서도 서로 다른 분야 간 IFC 형식으로 데이터 공유는 보편화되어 있다.

국내에서도 그동안 공공건축물을 중심으로 BIM이 많은 사업에 적용되어왔다. BIM 적용사례의 성공 또는 실패 여부를 떠나서 구축된 BIM 데이터는 학계뿐만 아니라 산업계의 스마트화에도 크게 기여할 수 있다. 공공사업의 경우 성과물로 제출할 때는 BIM 원본 데이터와 IFC 형식의 데이터를 함께 제출하도록 요구하고 있다. 기

본 설계 단계 성과물 정도 수준의 BIM 데이터만 있어도 대학이나
재직자 등을 대상으로 한 교육에 아주 크게 기여할 수 있을 것이다.

CHAPTER 02

생애주기 동안
BIM 활용 분야

01
생애주기 BIM 활용

그동안 BIM 활용은 여러 가지 측면에서 진화되었다. 2000년대 초까지만 해도 BIM은 설계 검토, 간섭 검토, 4D 시뮬레이션 등 특정 업무를 중심으로 수행되어 그 활용 범위가 매우 제한적이었다. 특정 업무를 위해 별도로 BIM 모델을 구축하고 그 업무에 한하여 활용하는 수준이었기 때문에 BIM은 특정 문제를 해결하기 위한 도구였다.

이후 설계 단계에서 BIM을 설계 검토, 구조설계, 간섭 검토, 물량 산출, 친환경 분석 등 다양하게 활용할 수 있게 되면서 공공사업을 시작으로 발주지침에 BIM 요구 사항이 명시되기 시작했고, 이에 대한 BIM 수행계획 수립과 그것에 의한 운영 및 관리체계가 도입되었으며, 설계 단계뿐만 아니라 시공 단계까지 범위가 확장되고 있다. 소위 BIM으로 설계하고 시공 관리하는 프로세스로 발전한 것

BIM 협업, 데이터 공유 및 교환

설계 BIM (기본/실시)	→ 시공 BIM	→ 준공 BIM	→ 유지관리 BIM

Design Authoring(BIM 저작)
Design Reviews(설계 검토)
Drawing Generation(도면 생성)
Spatial Program(공간 프로그램)
3D Coordination(3차원 설계조정)
Energy Analysis(에너지 분석)
Sun Light Analysis(일조분석)
Site Layout(배치계획)
Freeform Optimization(비정형 최적화)
Sustainability(LEED)
Evaluation(LEED 평가)
Code Validation(법규 검토)
Disaster Planning(재난대응계획)
4D Modeling(4D 모델 구축)
Quantity Take-off(물량 산출)
Cost Estimation(견적)
5D Modeling(5D 모델 구축)

Site Utilization Planning(현장배치계획)
Safety Planning(안전계획)
Virtual Mockup(가상 목업)
Digital Fabricatio (디지털 제작)
As-Built BIM(준공 BIM 구축)

Building Maintenance
 Scheduling(관리계획)
Asset Management(자산관리)
Space Management and
 Tracking(공간관리)
Existing Conditions Modeling
 (기존 시설 모델 구축)
Remodeling Planning
 (리모델링 계획)
Demolition Planning(철거계획)

생애주기 간 BIM 활용 분야 - Life-Cycle BIM Uses

이다. 이 수준에서는 수행 계획을 수립하고 프로세스를 운영하는 것이 중요하다. 무턱대고 3차원 모델을 만들면 설계 및 시공 과정에 있는 다양한 업무에 활용할 수가 없기 때문이다.

발주자 관점에서 보면 BIM을 설계나 시공뿐만 아니라 유지관리 단계에서도 유용하게 활용할 수 있다. 공간에 대한 정보, 장비나 시설에 대한 설계, 제품, 제조사, 보증 등 유지관리 단계에 필요한 정보가 BIM과 연계되어 시설물 관리 목적으로도 활용할 수 있다. 또한 BIM을 활용하여 리모델링 계획을 세운다면 어떤 부분을 철거하고 변경하면 되는지도 효과적으로 분석할 수 있다.

이처럼 BIM 프로세스의 범위도 설계에서 시공 그리고 유지관리 단계 등 전체 생애주기로 확장된 것이다.

02
설계 단계 BIM

설계 단계에서 수행되는 BIM을 설계 BIM이라 한다. 건축설계 초기안을 바탕으로 각 분야별 도면을 만들듯이 설계 BIM 프로세스에서는 건축설계 초기 BIM 데이터를 기반으로 구조, 토목, 기계, 전기, 조경 등 각 분야별 BIM을 만든다. 이렇게 BIM 모델과 데이터를 만드는 과정을 BIM Authoring(저작과정)이라고 부른다. 하지만 설계 BIM은 여기서 그치지 않고 구축된 분야별 BIM을 통합된 형태 또는 독립적인 형태로 여러 가지 분석에 활용함으로써 최적화된 설계안을 개발하는 과정을 거치게 된다. 이런 과정을 거친 모든 BIM 데이터의 집합이 설계 BIM의 성과물이 되는 것이다. 그럼 BIM 설계 프로세스가 어떻게 진행되는지 살펴보자.

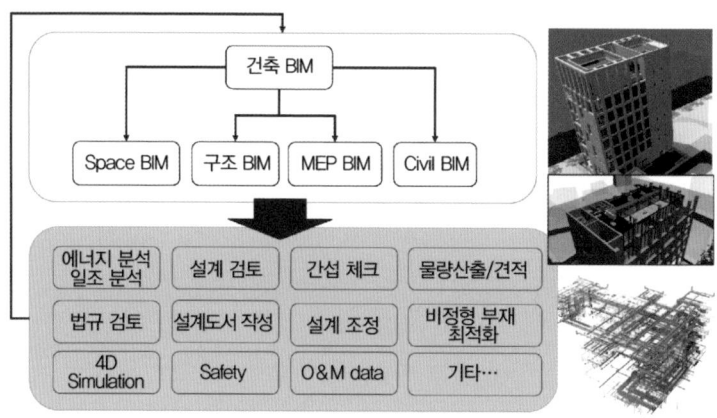

설계 BIM 구성 및 활용 분야

▍건축설계 초기 단계 BIM 활용

건축설계 초기 단계부터 BIM을 활용할 수 있다. BIM 소프트웨어에는 3차원 매스 모델Mass Model을 구축할 수 있는 객체들이 있기 때문에 이를 이용하여 면적 검토, 스페이스 프로그램Space Program 분석, 사업성 분석 등을 수행할 수 있다. 물론 간단한 매스 중심의 면적이나 스페이스 프로그램 등은 상대적으로 가벼운 디지털 도구인 Rhino나 SketchUp 등을 통해서도 활용 가능하다.

주어진 대지에서 건폐율, 용적률, 사선제한 등을 고려한 법규 검토를 통해 건축설계가 가능한 공간을 도출할 수 있다. 또 그 공간 내에서 공간 배치와 분석을 통해 사업성 분석을 실시할 수 있다.

면적 검토

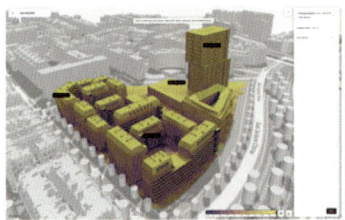

일조 시간 검토

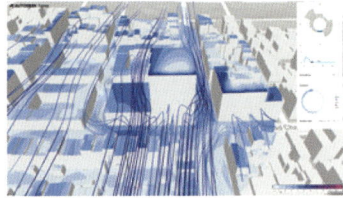

기류 검토

- 건축 법규 검토
- AI 기반 사업성 분석
- AI 기반 공간 설계 자동화

기획 단계 BIM 활용 예시(Autodesk 2025)

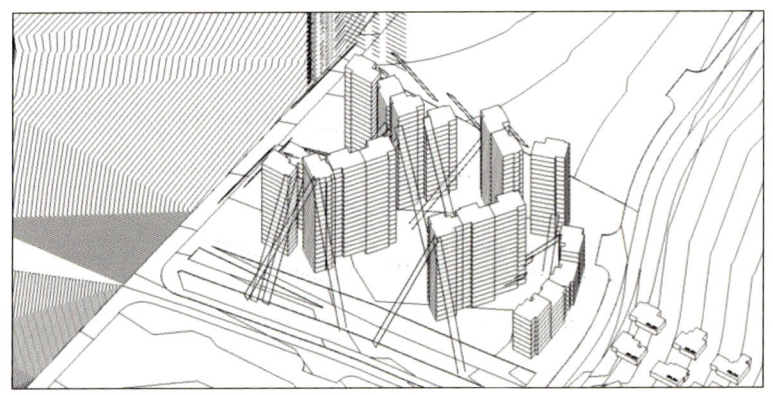

일조 간격 및 이격 거리 확인 예시(어반플롯건축사사무소 제공)

이런 상세수준이 낮은 형태의 객체들을 기반으로 발주자의 요구

사항을 충족하는지 여부를 BIM 객체의 속성 정보를 활용하여 확인

이 가능하다. 예를 들면, 일조 등 확보를 위한 건축물 높이 제한, 인동 간격, 경계선 침범 및 이격 거리 준수, 주차 대수, 공간 및 실면적, 공동주택 세대수 및 타입별 전용면적 등등의 충족 여부를 BIM 객체를 통해 수월하게 검증할 수 있다.

▌공간 모델(Space Model)을 이용한 실/구역별 면적 검토

BIM에서 공간 모델은 설계 초기 단계의 공간 프로그래밍부터 유지관리 단계의 공간임대관리에 이르기까지 매우 활용도가 높다. 공간 모델은 건축 공간을 3차원 모델과 정보를 통해 나타내는데, 공간 또는 실 종류별로 서로 다른 색깔을 부여하여 나타낼 수 있고, 각 공간 종류별로 면적 산출을 통해 발주자가 요구하는 면적 기준에 부합하는지를 바로바로 파악할 수 있다.

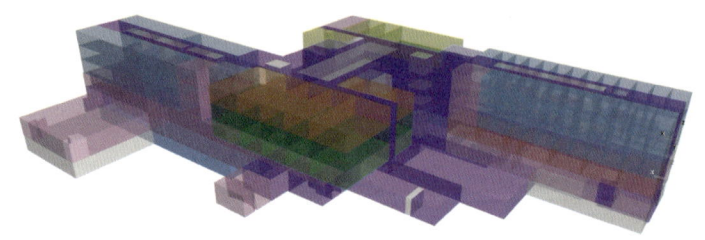

실 종류별로 구분된 공간 모델 예시

BIM 소프트웨어에서 제공하는 공간객체와 일람표 기능을 활용하면 효과적으로 확인할 수 있다. 설계 지침에서 요구하는 면적을 충족시키고 있는지를 설계자가 확인해가면서 설계안을 만들고, 발주자는 BIM 데이터를 통해 이를 바로 검증할 수 있는 것이다.

또한 공간 모델을 통해 주요 실내 마감재의 물량 산출도 가능하다. 공간 모델은 건축물 형태에 따라 중심선, 안목치수, 외벽선 중심 등 다양하게 만들 수 있다. 안목치수 중심의 공간 모델을 통해 각 공간별 바닥, 벽, 천정의 면적, 둘레 등을 추출할 수 있어서 바닥판, 벽지, 페인트, 천정 타일 등의 면적을 바로 산출하고 이를 기반으로 마감재 물량을 산출할 수 있다(차유나 외 2014).

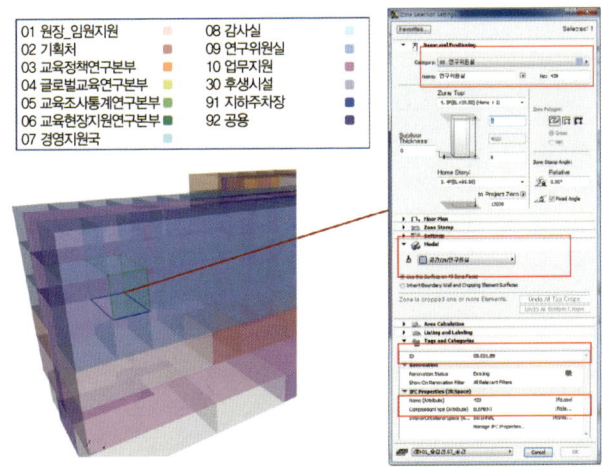

속성 정보 정의를 통한 공간 모델 구축

더 나아가 4D BIM을 만들 때 공간 모델은 BIM으로 구현되지 않은 건축물의 공정 현황을 나타내는 데에도 효과적으로 활용할 수 있다. 예를 들면, 50층짜리 주상복합빌딩에 대한 4D BIM을 만든다면 층별 또는 구역별로 공간 모델을 만들고 색깔 변화를 통해 각 층별로 어떤 공사가 진행 중인지를 효과적으로 나타낼 수 있다.

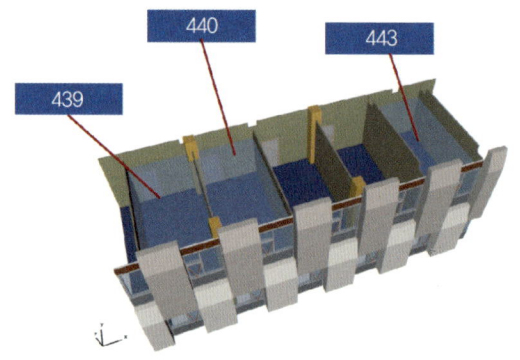

Home Story	Zone Name	ID	Zone Number	Height	Number of Doors	Number Surface Area	Number of Windows	Windows Surface Area	Windows Widht	Walls Surface Area
4F (EL+95.50)	연구실	09.001.89	439	2.7	1	2.31	1	5.04	1.8	43.55
4F (EL+95.50)	연구실	09.001.90	440	2.7	1	2.31	1	5.04	1.8	43.07
4F (EL+95.50)	연구실	09.001.93	443	2.7	1	2.31	1	5.04	1.8	47.58

연구실 예시

공간 모델로부터 물량 정보 도출

유지관리 단계에서는 공간임대계약이나 공간관리, 보안관리, BEMS Building Energy Management System 연계 등 여러 가지 목적으로 BIM 데이터와 연계하여 활용할 수 있다. 이렇게 공간 모델은 설계, 시공, 유지관리 단계에 이르기까지 매우 유용하게 활용할 수 있는 BIM 데이터이다.

공간 모델을 활용한 4D BIM 사례

▎BIM 기반 친환경 분석

일조량, 냉난방 에너지, 기류, 일영 등 건축 환경과 관련하여 매우 다양하게 BIM을 활용할 수 있다. 실제 BIM을 도입한 건축사들이 도면 생성 외의 가장 큰 장점으로 꼽는 것 중 하나가 친환경 분석을 통해 발주자에게 더 발전된 서비스를 제공할 수 있다는 것이다.

직관이나 경험에 의존하기보다는 BIM과 연계된 분석을 통해 보다 객관적이고 정량적으로 분석된 결과를 활용해 친환경적이고 에너지절감형의 건축 디자인을 도출할 수 있다. 이런 차별화된 서비스는 수주 가능성은 물론 발주자에게 친환경설계에 대한 추가적인 대가를 보다 정당하게 요구할 수 있는 부분이기도 하다.

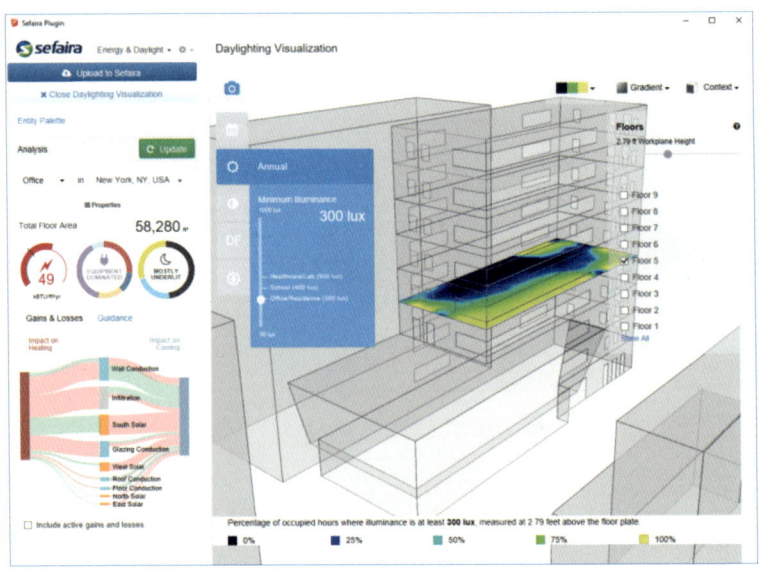

일조 분석(Corney 2018)

BIM 기반 친환경설계는 프로젝트 초기 단계부터 매스설계Mass Design에서부터 전체적인 매스 형태에 따라 일조량과 그로 인한 난방이나 전기 등의 에너지 비용까지 분석하여 최적화된 설계안 개발 방향을 보다 객관적으로 도출할 수 있다.

일조 분석을 위해서 대상 프로젝트에 대한 지역과 좌표를 입력하면 계절별로 태양의 위치와 각도를 반영하여 일조 시뮬레이션을 수행하고 대상 건축물에 대한 일조량을 층 단위로도 확인할 수 있다.

국내의 한 건설사의 경우 2,000세대가 넘는 단지의 아파트 프로젝트에서 일조 분석을 통해 각 세대별 일조 시간을 계산하고 이를 분양가에 반영할 수 있는 프로그램을 개발한 사례도 있다.

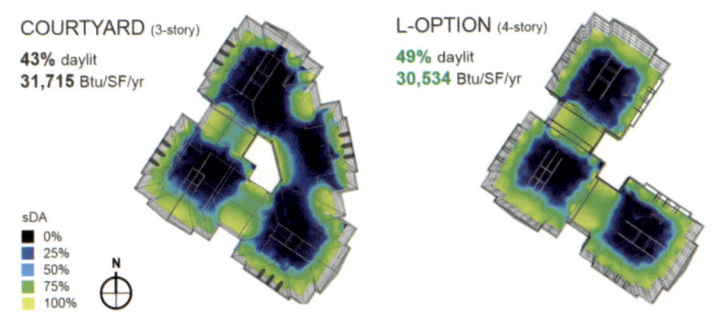

일조 및 에너지 분석을 통한 디자인 대안 검토 사례(Sterner 2018)

위 그림은 Moseley Architect의 사례로, 프로젝트 초기 단계에서 매스스터디와 함께 일조량 및 에너지 소모량을 분석한 것이다. 그림의 두 가지 대안 중 가운데 작은 Courtyard(중정)가 들어간 3층 건물의 매스 형태에 비해 4층 건물의 L자형 안이 일조 및 에너지 관점에서 더 효율적이라는 분석된 결과를 가시화하여 보여주고 있다.

더 나아가 아직 보완할 점은 많지만 LEED Leadership in Energy and Environmental Design, 녹색건축물 또는 에너지효율등급 인증을 위한 목적으로도 BIM을 활용할 수 있다. 다른 분야도 마찬가지겠지만, 특히 친환경 분석은 BIM 구축에서 부재와 자재에 대한 정확한 표현과 정보 입력이 필수적이다.

친환경 분석에서 BIM은 일종의 데이터 전처리 Preprocessing 단계로, 여기서 추출된 부재와 자재의 정보를 바탕으로 관련 분석 프로그램과 연계하여 시뮬레이션과 분석이 수행된다. 따라서 정확한 데이터가 BIM에 반영되어야 유효성 있는 결과가 나오는 것임을 유념할 필요가 있다. 하지만 이런 서비스를 통해 건축물 생애주기 비용을 낮출 수 있기 때문에 건축사의 서비스 향상과 부가가치 발생으로 이어질 수 있는 것이다.

▌구조 BIM

설계 단계에서 건축사가 만든 초기 설계 BIM을 바탕으로 구조, 기계, 전기 등 타 분야의 BIM 모델이 구축된다. 설계도면이 건축, 구조, 기계, 전기, 정보통신, 소화설비, 조경, 토목 등으로 분류되듯이 각 분야별 엔지니어에 의해 분야별로 BIM 모델을 구축하는 것이다. 물론 각 분야별로 전문화된 BIM 소프트웨어가 존재한다. 예를 들면 Tekla나 Allplan 같은 프로그램들은 구조 분야에 더 특화된 것들이다.

Revit이나 ArchiCAD 같은 건축설계용 BIM 저작도구로는 구조 해석을 위한 데이터 구축 및 부재 표현의 한계가 있기 때문에 ─ 예를 들면, 철골부재 접합부에 대한 표현의 한계가 있다 ─ 건축설계용 BIM으로 만든 데이터를 받아서 구조 설계를 BIM으로 수행하고 그 데이터를 다시 받아 통합 모델을 구축하는 것으로 설계 BIM이 구축된다.

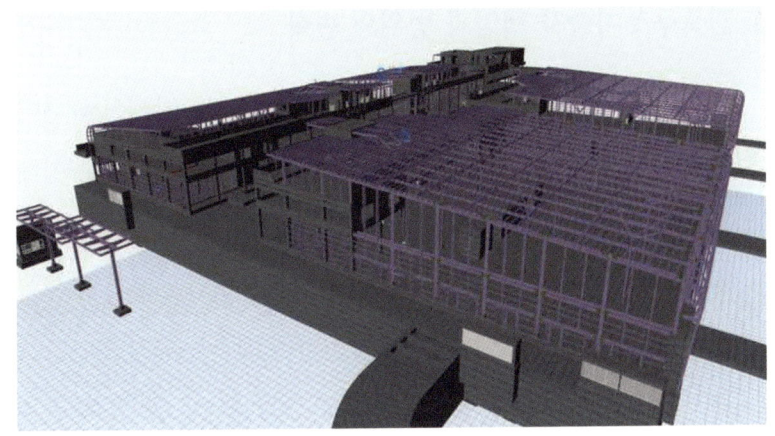

A 프로젝트 구조 BIM 사례

구조기술사는 건축 BIM의 구조부재를 바탕으로 구조 해석과 설계를 수행하고 시공 단계에서 필요로 하는 상세수준의 철근 또는 철골 모델까지 구축할 수 있다. 철골 분야의 경우 샵드로잉은 물론 철골 전문 업체의 공장 제작 단계까지 연계하여 CNC Computer Numerical Control 가공을 하고 레이저를 이용하여 정확한 용접 위치를 표시함으로써 정확한 부재 제작까지 지원하고 있다.

철근 또한 상세 철근 모델링과 부재의 커팅 플랜Cutting Plan까지 지원하여 철근 선조립 공정에 활용할 수 있다. 이러한 프로세스와 연계하면 구조 BIM 수행과정을 통해서도 콘크리트 부재, 철골부재, 거푸집, 철근 등에 대한 정확한 물량 산출도 가능하다.

▌건축구조기술사 책임과 범위의 변화

이와 같은 구조 BIM 프로세스가 기술적으로 가능함에도 국내에서는 아직 그렇게 진행되지 못하고 있다. 현실적으로는 낮은 설계 용역비 등으로 설계하도급을 받는 구조, 설비 등의 분야에서는 BIM 기반 설계 성과물을 납품하는 것이 불가능하다고 주장하고 있다. 그렇다 보니 건축구조설계사무소는 구조계산 보고서를 납품하고 구조도면은 대부분 설계 수급자인 건축종합설계사무소가 만든 후 확인받는 프로세스로 진행된다.

기술적으로는 구조 해석과 설계 과정을 통해 구조 BIM이 구축되고 이로부터 구조도면 그리고 물량까지 나올 수 있지만, 앞서와 같은 이중화된 프로세스가 가로막고 있다. 결국 구조 계산을 바탕으로 2D 구조도면을 만들고 이를 바탕으로 건축설계사무소에 고용된 BIM 전문 업체가 구조 BIM을 구축하고 있는 것이 국내 현실이다.

2024년 12월 31일 개정된 건축물의 설계도서 작성기준(국토교통부 2024)에는 "11.4 「건축법 시행령」 제91조의3 제1항에 따라 구조의 안전을 확인하는 건축물의 구조 분야 도서는 건축구조기술사의 책임 하에 작성되어야 하며, 설계자는 구조 분야 도서와 그 외의 설계도서와의 정합성 여부 등을 확인하여 필요시 건축구조기술사에게 수정 또는 검증을 요청할 수 있다."가 신설되었다.

이는 건축구조기술사의 책임과 업무 범위를 더 명확히 하는 것을 의미한다. 즉, 건축구조기술사는 BIM 기반 구조설계 프로세스를 통해 누락 없는 정확한 구조도서 작성의 책임을 져야 함을 의미한다. 계산서 중심의 구조설계 프로세스가 아니라 구조 BIM 데이터 구축과 이로부터 생성된 정보와 도서를 작성하는 것이 구조기술사의 책임이자 범위인 것이다.

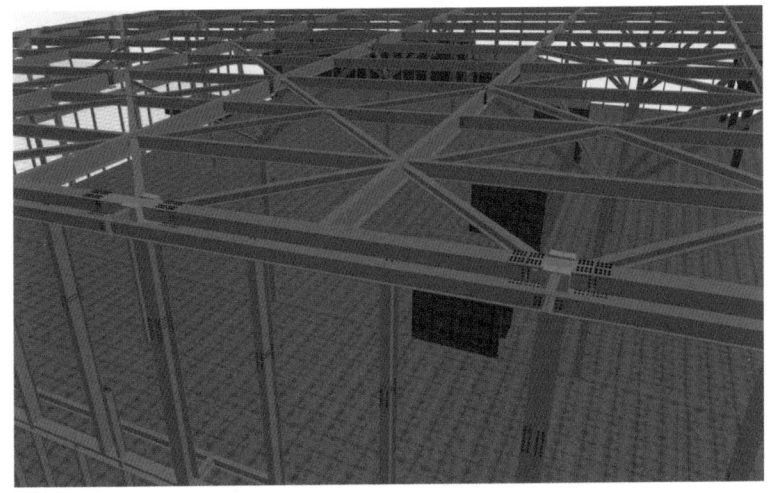

A 프로젝트 구조 BIM 사례

▎MEP BIM

기계Mechanical, 전기Electrical, 배관Plumbing 분야를 통칭하여 MEP라 한다. 건축 BIM의 외피와 골조 정도의 정보만으로 주요 장비, 배관, 덕트 등에 대한 MEP 분야 BIM 설계를 진행할 수 있다.

MEP 분야에 전문화된 BIM 프로그램에서는 부재나 장비에 대한 라이브러리를 통해 부재의 루트를 설정하고 장비 배치를 통해 어렵지 않게 BIM 데이터를 구축할 수 있으며, 부재에 대한 보온재까지 BIM으로 구축할 수 있는 등 기존 단선과 기호 중심의 2D 도면을 완전히 대체할 수 있을 정도의 수준까지 발전하였다.

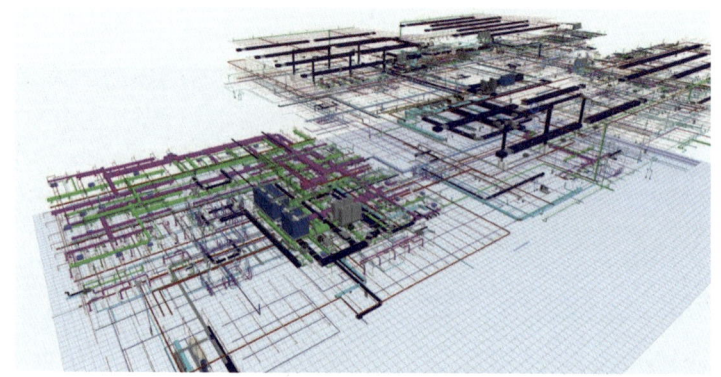

A 프로젝트 MEP BIM 사례

MEP BIM에서는 그림에서와 같이 평면, 단면, 3차원 뷰를 동시에 보면서 MEP 부재의 루트와 배치를 설정할 수 있다. 동시에 프로그램이 간섭을 발생하는 부위를 알려주고 높이 값이나 루트 변경을 통해 부재 간 간섭을 바로바로 해소할 수 있다.

MEP BIM은 기존 2D 프로세스에 비해 정확한 설계 정보를 제공하기 때문에 물량 산출이 훨씬 더 정확해질 수 있다. 2D에서는 간섭이나 현장 피팅fitting 작업 등을 고려하여 산출식과 할증률 등이 반영되는데, BIM을 활용하면서 디지털 기술을 이용한 시공오차 관리('시공 BIM' 참조)를 하게 되면 자재 낭비를 최소화할 수 있기 때문

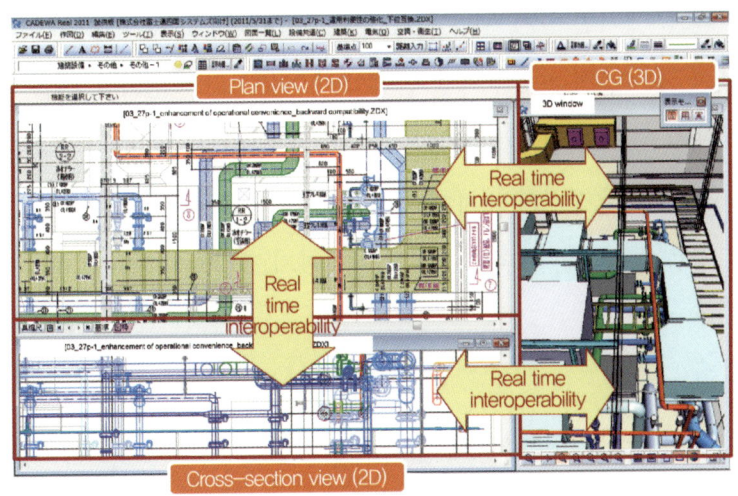

CADEWA 예시(이미지 제공 : (주)두올테크)

이다. 더불어 프리패브화Prefabrication, 모듈화Modular를 위해서도 필수적이다.

건축설계 프로세스에서 MEP BIM은 기본 설계에서는 주요 장치나 부재 배치를 위한 공간 확보 등에 초점을 두고 있다. 입상배관을 위한 공간이나 주요 장치를 매스 모델 형태로 객체화하여 필요한 공간을 확보하였는지 여부를 확인하는 데 목적을 두고 설계한다. 실시설계 단계에서는 MEP 주요 부위를 대상으로 낮은 상세수준에서 BIM이 구축되지만, 이 또한 건축과 구조 분야의 설계가 지속적으로 변경되다 보니 설계가 어느 정도 완성되고 이후에, MEP 장비 및 부재 배치 등을 통해 설계가 진행된다.

아직까지 국내에서 MEP BIM이 가장 활성화된 단계는 시공 단계이다. 구체적인 설계, MEP 관련 장치 및 장비에 대한 결정, 그리고 관련 전문 업체 선정이 시공 단계에서 이루지기 때문이다. 시공 단계에서 MEP 관련 참여자들은 설계안을 이해하고 주어진 공간에 MEP 장치 및 장비가 배치 가능한지 여부를, MEP BIM을 통해 모듈화에 대한 대상과 범위도 결정하는 것까지 포함하여 정확히 파악할 수 있다.

▌여러 사람이 같이 하는 BIM 설계 협업

나는 BIM 프로세스의 가장 큰 특징과 혁신 중 하나가 바로 협업 Collaboration이라고 생각한다. BIM은 3차원 기반 가시화Visualization를 통해 2D 기반에서는 꿈도 꾸지 못했던 협업을 매우 효과적이고 수월하게 지원할 수 있다. 그뿐 아니라 BIM 서버를 이용하여 하나의 모델에 여러 건축사들 또는 타 분야의 엔지니어들까지도 참여하여 공동으로 작업할 수 있다.

1장에서 언급한 공통데이터환경 CDE가 BIM 설계 협업도 지원하는 것이다. 상용 소프트웨어들은 클라우드 서비스Cloud Service를 통해 협업의 효용성을 극대화하고 있는데, 대표적인 사례로 그래피소프트Graphisoft의 BIMCloud나 오토데스크Autodesk의 BIM Colloboration Pro, Trimble의 Connect 등이 있다.

이런 클라우드 서비스는 인터넷을 통해 다른 건축사사무소의 건축사들뿐만 아니라 해외 건축사사무소 또는 프로젝트의 모든 이해당사자들과 협업도 가능하게 하고 있다.

예를 들면, 하나의 건축물을 대상으로 여러 명의 건축사들이 구역별로 또는 충별로 아니면 외장과 골조 부분을 분리하여 동시에 작업할 수 있다. 이런 환경에서는 어느 건축사가 작업하고 있는 구역 또는 모델은 다른 건축사가 볼 수는 있지만 수정은 할 수 없다. 하지만 다른 사람이 맡은 부분에 대한 설계 변경을 즉각 파악하고 자신의 설계에 반영할 수 있는 것이다.

또한 보안체계까지 더해 별도의 허가 없이는 협업 참여자가 모델을 따로 저장할 수 없도록 보안 설정을 조정할 수 있다. 이러한 환경은 건축사들 간의 협업뿐만 아니라 구조, 기계, 전기 등 타 분야의 엔지니어들과 협업까지 가능하게 한다. 설계 변경이 즉각 반영될 수 있기 때문에 그야말로 동시작업Concurrent Work이 기술적으로는 가

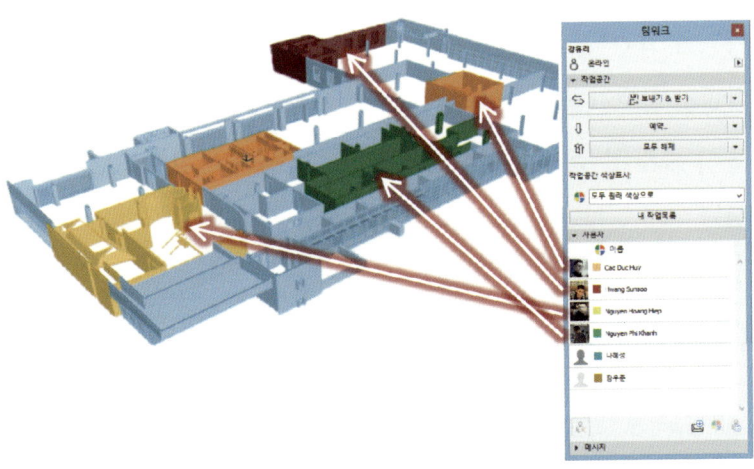

ArchiCAD의 Teamwork를 이용한 협업(이미지 제공 : 한국그래픽소프트)

능해진 것이다.

이러한 사례들은 유튜브(youtube.com)에서도 'BIM Collaboration' 또는 'BIM CDE'로 검색하면 쉽게 찾아볼 수 있다.

이러한 협업 환경은 시공 단계까지 확대되고 있다. 건설사가 주관하는 BIM 모델에 각 협력사가 클라우드 서버를 통해 접속하여 각 회사가 맡은 부분에 대한 시공도 또는 시공 상세를 BIM으로 작성하는 프로세스를 구축할 수 있다.

한 예로 일본의 가지마 건설은 건축 프로젝트에 대하여 전사적으로 BIM을 도입하고 있으며, 일본 국내는 물론, 한국, 필리핀, 멕시코, 세르비아 등 전 세계의 건축사사무소 또는 BIM 서비스 전문 업체와 BIMCloud를 이용하여 시공도를 BIM으로 구축하는 프로세스를 운영하고 있다.

이러한 협업을 통해 건축사가 BIM 작업을 하고 난 뒤에 별도로 파일을 넘겨주면 그다음 작업을 수행하는 프로세스가 아니라, 그야말로 실시간 동시작업을 기반으로 한 협업으로 중간에 설계 변경을 그 즉시 알 수 있어 설계 조정이 동시에 이루어지고 간섭도 줄며 설계 기간도 단축할 수 있다.

❙ 기술적으로만 가능한 실시간 설계 협업

기술적으로는 클라우드 환경을 통해 설계 단계부터 실시간 협업을 통해 건축, 구조 분야 등의 설계와 병행할 수 있지만 설계 하도급 용역의 대가나 책임 관계를 보면 BIM으로 수행하고 또 실시간 설계 협업에 참여하는 것이 불가능하다는 것이 업계의 주장이다. 이렇게 기술적으로는 가능할지라도 계약, 프로세스, 관련 업체 선정 시점 등 산업생태계가 기술 발전에 맞추어 변화하지 못하면 기술 발전으로 인한 혜택을 볼 수 없다는 점을 간과하지 말아야 한다. 이와 관련해서는 이 책의 마지막 부분인 도입 전략 부분에서 보다 자세히 논하겠다.

▌간섭 체크 및 설계 조정

간섭 체크는 서로 다른 부재 간 겹치는 부분이 발생하거나 너무 가까이 위치해 시공하기 어려운 부위를 찾아내는 것을 의미한다. 영어로는 Clash Detection 또는 Interference Checking이라 한다.

이렇게 찾은 간섭 부위는 관련 분야의 설계자들이 협의하여 설계를 조정하게 되는데, 이를 설계 조정Design Coordination, 또는 간섭 체크와 설계 조정 개념을 합쳐서 3D Coordination이라고 한다.

간섭 체크를 하기 위해서는 각 분야에서 생성된 BIM을 받아서 하나로 통합한 통합 BIMFederated BIM을 만들고 이것을 이용하여 간섭을 찾아낸다. 여기서 통합Federated이라는 의미는 여러 분야별로 각기 만들어진 BIM 데이터를 통합한 것을 의미한다.

주요 부분에 대한 간섭 검토는 설계 단계에서 수행해야 할 매우 중요한 부분이다. 구조와 기계 그리고 전기 등 여러 분야에서 구축

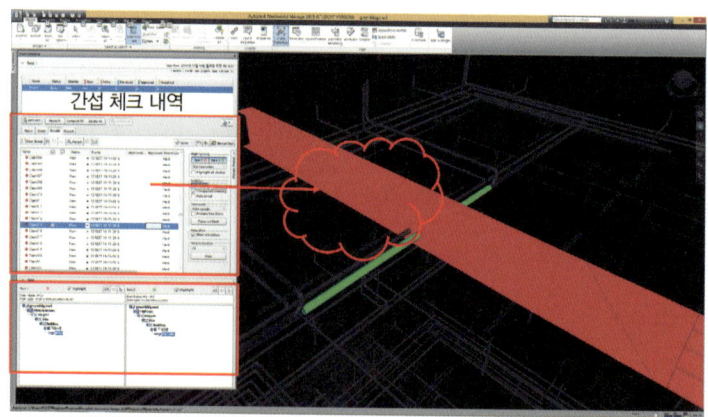

Navisworks를 이용한 간섭 체크

된 BIM은 통합되어 서로 다른 부재 간 간섭을 찾아내고 각 분야 간
설계 조정 과정을 거치게 된다. 시공 단계에서 발견된 간섭 문제는
재시공이나 과도한 설계 변경으로 인한 비용 발생을 수반할 수 있
기 때문에 설계 단계에서 미리 찾아내고 해결하는 것이 바람직하
다. 이 통합 모델을 가지고 간섭 체크 기능이 내재된 BIM 툴을 이용
하여 통합 BIM을 만들어 간섭을 찾아내고 이에 대한 해결책을 모색
할 수 있는 것이다.

　예를 들어, 위 그림을 보면 '간섭 체크 내역'이라고 표시된 부분이
있는데, 구조부재와 기계설비 관련 부재 간 간섭 체크를 통해 발견
된 간섭 리스트이다. 간섭 체크 내역의 각 항목을 클릭하면 그림에
서와 같이 어느 부재들이 간섭이 발생하는지 – 보와 파이프 간 간섭
발생 – 쉽게 파악할 수 있다. 기둥과 덕트가 겹치거나 오프닝이 계

No.	Check List No.00		MEP	No.	Check List No.00		MEP
유형	정보 누락	위치	1층 복도	유형	기계 간섭	위치	1층 강당

천정형 분배기 상세 사이즈 정보 누락	천정 내공간 부족으로 덕트/배관 상호 간섭

간섭 검토 보고서 예시

획되지 않은 보와 배관이 겹치는 것, 이런 것들이 간섭이다. 또 배관 통과가 집중된 내력벽 부위에 대한 오프닝이 계획되어 있는지도 확인할 수 있다.

이렇게 발견된 간섭들은 관련 공종의 실무자들이 모여 배관 루트를 변경하거나 어떤 부재의 높이 조정 등을 통해 해당 부위에 대한 해결책을 논의하고 해결 방안과 그 결과를 간섭 내역과 함께 관리할 수 있다. 간섭 내역 리스트를 보면 현재 발견된 간섭과 해결된 간섭 그리고 협의가 진행 중인 간섭 등을 관리하고 파악할 수 있으며, 그 현황을 보고서로 발행할 수 있기 때문에 간섭 체크에 활용되는 BIM 프로그램들은 매우 효과적인 설계관리 도구이기도 하다.

하지만 현실적으로 실시설계 단계에서는 실제로 시공을 수행하는 전문 업체들이 참여하지 않기 때문에 기계나 전기 분야의 구체적인 부재 루트가 확정되지 않아 BIM을 활용하여 합리적으로 해결하는 것에 한계가 있고, 그 밖에 다른 분야에서도 시공성 검토에 한계가 있을 수밖에 없다.

따라서 설계 단계에서의 간섭 검토도 중요하지만, 시공 단계에서 공사 일정에 어느 정도 리드타임Lead Time을 가지고 시공 상세수준에서 간섭 검토와 시공성 검토를 수행하는 것이 필요하다. 또는 주요 공종에 대한 전문건설사가 실시설계 단계부터 참여하는 방식(프리콘 서비스)을 통해 이러한 문제를 더욱 효과적으로 해결할 수 있다. 이 부분은 3장에서 새로운 건설 비즈니스 방식과 BIM을 이야기하면서 다루도록 하겠다.

▌4D BIM을 이용한 공정계획 및 관리

4D BIM이란 3차원 BIM 데이터에 시간이라는 개념이 추가된 것을 의미한다. 즉, BIM과 공정계획에 대한 정보를 연계하여 가시화함으로써 공정 정보를 일관성 있고 쉽게 이해하고 공기 준수를 위한 대안 검토를 더욱 효과적으로 수행할 수 있다. 수천 개의 액티비티Activity를 보는 것보다 3차원 모델을 통해 공사 과정과 일정을 보다 쉽게 또 효과적으로 전달할 수 있는 것이다.

BIM을 이용한 4D 공정 시뮬레이션은 이미 1990년대부터 활용되었다. Microsoft Project나 Primavera P6 같은 공정관리 프로그램을 통해 만들어진 스케줄을 4D BIM으로 Import(들여오기)하고 액티비티와 BIM 객체를 매핑Mapping하여 공사 일정에 따른 4D BIM 시뮬레이션을 손쉽게 구축할 수 있다.

요즘 4D BIM 툴은 더 발전하여 Bexel Manager, Synchro Pro 같은 소프트웨어들은 그 내부에 스케줄링 기능을 포함하고 있어서 별도의 공정관리 프로그램이 필요치 않다.

4D BIM 프로세스에서는 BIM 데이터 분석을 통해 WBSWork Breakdown Structure를 구축하고 객체를 그룹화할 수 있다. 필요시 건설장비나 가설재 등을 추가할 수도 있고, 콘크리트 타설 계획에 따라 Zoning 계획을 세우고 이에 따라 객체를 쪼갤Splitting 수 있다.

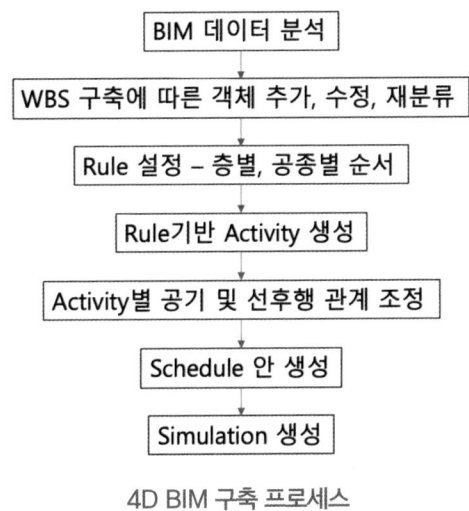

4D BIM 구축 프로세스

더 나아가 층별 또는 공종 간 선후행 관계 등의 로직Logic을 설정하면 BIM 객체 정보와 연계하여 액티비티가 자동으로 생성되고 그

Exterior Brick과 Exterior Wall at Level 5 매핑

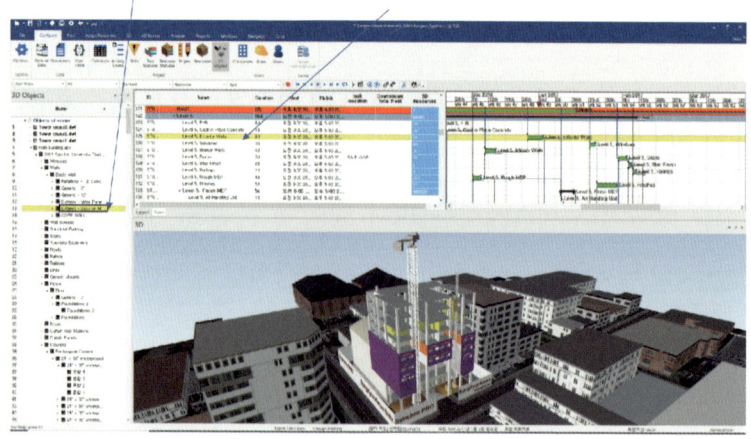

Synchro Pro를 이용한 4D BIM 예시

들 간 선후행 관계까지 연결된다. 이렇게 생성된 액티비티의 공기와 선후행 관계 확인과 조정을 통해 여러 가지 schedule 대안을 만들고 각 대안별로 시뮬레이션을 생성할 수 있다.

4D BIM에서는 각 액티비티의 시작일과 종료일을 기준으로 해당 객체가 나타나고 진도율에 따라 색깔이 바뀌기 때문에 공사 과정이나 순서를 쉽게 파악할 수 있다. 따라서 공사 과정에 대한 시뮬레이션 동영상도 만들고, 일, 주 또는 월별로 원하는 시간 프레임에 맞춰 공정계획을 3차원 모델로 표현할 수 있다. 가시화Visualization를 통해 공정계획의 타당성을 검토하고, 다른 참여자들에게도 일정에 대한 이해를 돕고, 또 뒤처진 공기를 어떻게 만회할 것인가에 대한 검토도 효과적으로 수행할 수 있는 것이다.

Main View를 통한 외부 공사 및 Section View를 통한 실내 공사 계획 검토

발주자가 무리한 공기단축을 요구할 경우, 가시화된 공정계획을 통해 요구하는 공기단축이 가능한 것인지 아니면 무리가 있는 것인 지를 보다 객관적으로 파악할 수도 있다.

최근에는 크레인, 비계, 어스앵커, 스트럿, 흙막이와 같은 가설 또 는 시공부재까지 BIM 데이터에 추가할 수 있기 때문에 구체화된 시 공계획에 대한 4D 시뮬레이션까지 어렵지 않게 구축할 수 있다. 이 뿐만 아니라 안전계획 수립 및 교육은 물론 매일매일 진행될 공정 을 중심으로 안전을 유의해야 하는 지역이나 공사 과정을 사전에 안내함으로써 건설현장 안전관리 등까지 그 활용 범위가 확대되고 있다. 이렇다 보니 미국이나 유럽의 대형 건설사들은 사내 공정관 리 표준 도구를 4D BIM으로 바꾸는 사례도 늘어나고 있다.

▌공정과 견적이 포함된 5D BIM

4D BIM이 3차원 BIM 데이터에 시간이라는 정보를 더한 것이라면, 5D BIM은 4D BIM에 비용이란 정보를 더한 개념이다. 즉, BIM으로부터 4D는 물론 물량 산출과 견적까지 수행한다는 것이다. 이 부분은 BIM을 접할 때 발주자나 시공사가 가장 관심 있게 보는 부분 중의 하나이기도 하다. BIM 모델로부터 주요 부재에 대한 물량 산출이 가능하기 때문에 현재 설계안이 발주자의 예산에 맞춰 개발되고 있는지, 또 다른 설계안과 비교해서 어느 안이 더 경제적인지 판단할 수 있기 때문이다. 이 부분의 대표적인 툴로는 Vico Office와 Bexel Manager 등을 들 수 있다.

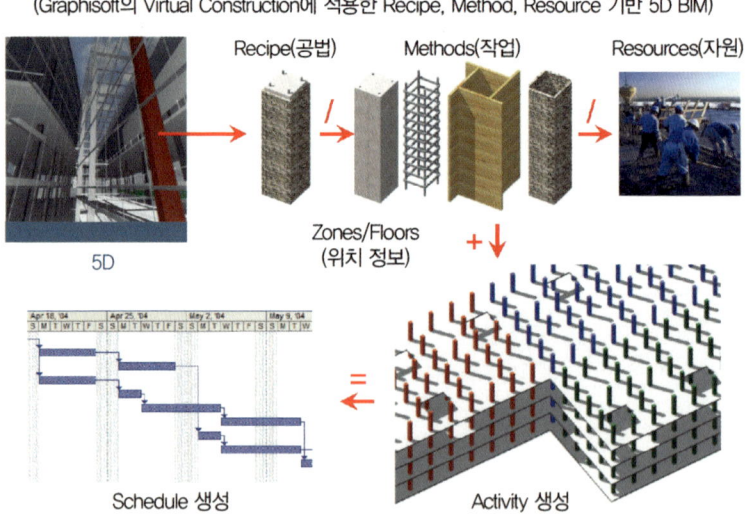

5D BIM 개념도(이미지 제공 : 한국그래프소프트)

5D BIM은 BIM 부재와 그 부재에 대한 공법의 관계 설정에서 시작된다. 앞의 그림에서 Recipe로 표현된 것이 일반적으로는 요리 방법이지만 건설 분야에서는 공법이란 말로도 통한다. 사실 두 의미가 일맥상통한다. 요리법이라는 것이 식재료를 가지고 음식을 만드는 방법이니 건설에서는 공법과 같은 개념인 것이다.

공법Recipe은 다시 공법을 구성하는 작업Method들로 구분된다. 예를 들면, 그림에서와 같이 기둥이라는 부재를 철근콘크리트 기둥으로 할 것인지 아니면 철골기둥으로 할 것인지에 대한 공법 대안 검토를 할 수 있다. 철근콘크리트의 경우 거푸집 작업, 철근 배근 작업, 콘크리트 타설 작업, 기둥 마감 작업 등으로 구분되고 각 작업의 물량은 BIM으로부터 부피, 면적, 길이, 단면적 등의 정보로 추출된다. 이렇게 추출된 작업 물량은 공사비 단가 정보와 연계되어 재료비, 노무비, 장비비 등 직접공사비를 추출할 수 있다.

이렇게 연관된 작업 정보와 작업 간 선후행 관계를 통해 BIM과 연계되면 자연스럽게 공정Activity이 생성되는 것이다. 이때 작업 정보에서는 공종을, BIM에서는 위치 정보와 부재 정보를 가져오기 때문에 이들을 조합하여 액티비티의 명칭을 위치, 부재, 작업 정보의 조합을 통해 효과적으로 생성할 수 있다. 즉, 1층 기둥이라는 부재 정보와 거푸집 조립이라는 작업의 조합을 통해 1층 기둥 거푸집 조립이라는 액티비티를 생성할 수 있는 것이다.

▌BIM에서 모든 물량이 100%가 나오는 것은 아니다

BIM만 있으면 100% 정확한 견적이 가능하다거나 모든 물량이 BIM으로부터 산출된다는 상상은 아직 이르다. 왜냐하면 현실적으로 BIM 모델 자체가 건축물의 모든 구성 요소를 모델링할 수도 없고, 건축물 공사에 들어가는 세세한 부재까지 모델링하는 것은 오히려 인력과 시간 낭비이기 때문이다. 볼트나 너트 같은 부재들은 좀처럼 모델링하지 않는다. 실내 마감 부분도 미장, 방수, 페인팅, 도배, 석고보드 등 모든 마감재를 모델링하는 것은 아니다. 또한 전체 부재들을 다 모델링하는 것은 BIM 데이터 사이즈가 너무 커져서 BIM을 활용하는 것 자체가 불가능해질 수도 있다.

그래서 나는 BIM에서는 대표 부재를 모델링하는 것이라고 말한다. 실제 BIM 데이터를 구축하기 이전에 BIM 수행계획 수립을 통해 어느 정도 상세수준으로 어떤 부재들을 BIM 데이터로 구축할 것인지를 결정해야 한다. 설계안을 효과적으로 나타내고 공사에 도움이 되는 수준에서 BIM을 구축하는 것이 중요한 것이지, 모든 부재를 모델로 나타내는 것이 목적이 아니기 때문이다.

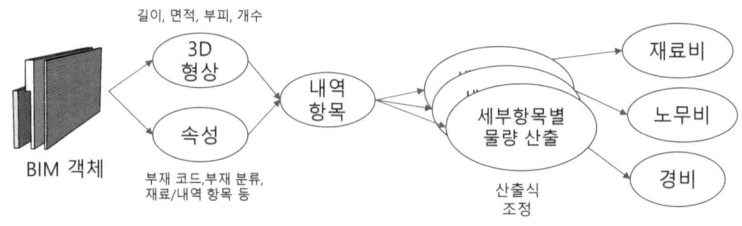

BIM 기반 물량 산출과 견적 개요

이렇게 BIM은 대표 부재 중심의 3차원 모델과 그 모델에 연계된 정보로 구성되기 때문에 비형상 정보와 함께 처리되어야 한다. 따라서 물량을 산출할 경우 어떤 물량을 BIM으로부터 직접 산출하고, 또 간접적으로 산출하며, 어떤 정보는 기존 방식으로 산출할 것인가에 대한 전략이 필요하다. 물량이 산출과 더불어 어떤 내역 항목과 연계할 것인가도 매우 중요한 단계이다. 이는 견적에 대한 지식이 있어야 하며, BIM 기반 견적에 대한 경험과 시행착오가 필요한 부분이기도 하다.

이와 관련해서 BIM 연동률이라는 용어가 사용되고 있다. BIM 연동률이란 총 공사비 대비 BIM으로부터 직간접적으로 산출할 수 있는 공사비의 비율을 뜻하는데, 현실적으로 약 70% 수준을 최대치로 보고 있다. 나머지 30% 이상은 기존 방식에 의존한다는 것이다. 그럼에도 BIM 견적 전문가들은 아파트 공사의 경우 BIM 연동률 60~70% 정도로도 견적 정확성에 오차율 ±3% 이내에서 견적이 가능하다고 한다. 하지만 이것이 자동화된 것이 아니라는 점을 명심해야 한다.

❙ 5D BIM의 함정을 주의하라

이 같은 특징으로 5D BIM에 대한 관심들이 매우 크다. 특히나 발주자나 건설사 임원들은 BIM에 관심을 보이면서 BIM 기반 기성관리나 진도관리까지 하고 싶어 한다. 하지만 나는 5D BIM을 기성관리나 진도관리에 활용하는 것은 매우 힘들고 성공하기 어려운 것이라고 말리고 있다. 그 이유는 다음과 같다. BIM 기반 물량 산출과 견적은 설계 단계에서 설계 대안에 대한 비용 검토 측면에서 효과적이지만, 시공 단계에서 기성관리와 연계된 5D BIM 활용은 매우 어렵다. 대표 부재 중심의 모델링에 기반을 두다 보니 BIM에서 표현되는 부재의 물량이 실제 공사 물량과 동일할 수 없다. 설계 단계에서 BIM 기반 견적을 했어도 이를 기반으로 발주자와 협상을 하고 도급내역이 만들어졌을 때는 BIM 데이터와 도급내역서 정보와의 연계성이 상당히 깨져버린 상태이기 때문이다.

BIM 기반 물량 산출과 견적은 계약과 연계되지 않은 참고 정보로 또는 설계 단계에서 여러 가지 설계 대안에 대한 비용 검토를 목적으로 활용하는 것이 바람직하다.

❙ BIM 견적은 세심한 계획이 선행되어야 한다

또한 나는 개인적으로 BIM 기반 견적은 맨 나중에 배워야 할 부분이라고 이야기한다. 즉, 많은 시행착오와 경험이 필요한 부분이라는 것이다. 물론 몇 가지 대표 부재의 물량 산출 정도는 쉽게 할 수 있지만 전체 견적을 BIM과 더불어 하고자 하면 어떤 부분을 BIM에서 추출하고 또 다른 정보를 활용할 것인가에 대한 노하우가 필요하기 때문이다.

BIM의 시작을 견적부터 하면 너무 어렵고 힘들어서 포기할 수도 있다. 이러한 이유로 시중에 BIM 기반 물량 산출 프로그램들이 개발되어 있어도 이것들이 보편화되기보다는 이 분야에 전문화된 업체에 의한 서비스 형태의 업역으로 자리 잡은 이유이기도 하다.

5D BIM을 시공 단계에 활용하고자 하는 사람들에게 나는 항상 시공 단계에서 가장 근본적이고 중요한 BIM 활용의 목적이 무엇인지 고민해보라고 한다. 시공 단계에서 BIM 활용 목적은 공사를 실제로 수행하는 전문 업체들이 설계안을 효과적으로 이해하고 문제점을 조기에 파악하여 해결책을 모색하며, 시공계획과 샵드로잉을 정확하게 만들 수 있도록 지원하는 것이다. 누군가에게 보여주기 위해 BIM을 하는 것이 아니라 실질적으로 프로젝트에 도움이 되고 가치를 창출할 수 있는 데에 활용하는 것이 중요하다.

▎ BIM 모델 구축 방법에 따른 물량 차이

앞에서 BIM에는 대표 물량 중심으로 모델이 구축되기 때문에 모든 부재에 대한 물량을 산출하는 것이 어렵다고 했다. 하지만 그뿐만 아니라 더 나아가 3차원 객체 모델을 구축하더라도 어떤 상세수준과 모델링 방법으로 구축했느냐에 따라 물량이 달라질 수 있다는 것도 알아야 한다.

내 연구실에서는 김성아 박사를 비롯한 연구진과 이 부분에 대한 논문을 발표한 바 있다(이문규 2013, Kim et al. 2019). 이 연구에서는 건축물의 실내 마감 재료에 대해 하나의 객체 모델에 여러 가지 부재가 혼합된 복합 모델과 부재별로 독립적으로 구축된 모델을 구축하고 이들의 물량 산출의 차이가 어떻게 발생하는지 분석하였다. 아래 그림의 왼쪽 모델은 복합 모델로 하나의 객체 모델을 통해 여러 개의 부재를 표현하는 것이고, 오른쪽의 독립 모델은 부재별로 따로따로 모델링하는 것이다. 왼쪽의 복합부재의 경우 모델링하기는 편하지만 방수처리는 벽면 끝까지 하지 않기 때문에 복합 모델의 방수면적이 실제보다 더 크게 잡힌다는 것을 알 수 있다.

　이러한 이유로 복합부재로 구축된 BIM으로부터 산출된 물량은 독립부재로 구축된 모델로부터 산출된 물량보다 평균적으로는 6~9%, 일부에서는 20% 이상의 차이가 발생하는 것으로 나타났다.

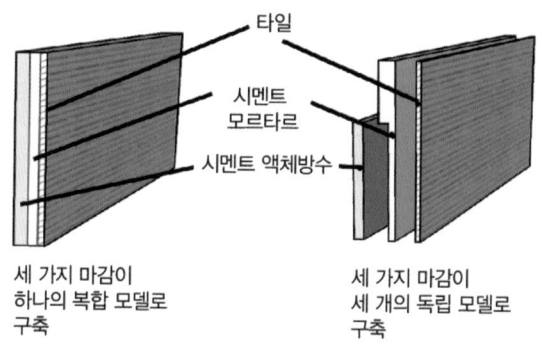

복합 모델과 독립 모델

이렇게 BIM으로부터 추출된 부정확한 물량을 충분한 검증 없이 입찰 전 또는 계약 프로세스 중에 기준으로 사용하는 경우 예산이 초과되거나 예산 부족으로 인한 시공 품질 불량 그리고 건설 분쟁 등 심각한 문제가 발생할 수 있다. 세부 사항이 다른 모델로 인한 수량 불일치가 하청 업체를 포함하여 프로젝트 참여자에게 의도하지 않은 결과를 야기할 수 있다는 것을 암시하는 것이다.

또한 다음 그림은 모델 내부 구성 요소별로 실제 시공 계획과 차이가 있는 부분을 식별하는 것이 중요하다는 것을 보여준다. 벽 부분과 바닥 부분의 마감재 시공 방법에 따라 약간의 물량 차이가 발생할 수 있고 이런 사항은 수천 세대의 공동주택 공사에서는 매우 큰 물량 차이로 나타나기 때문이다.

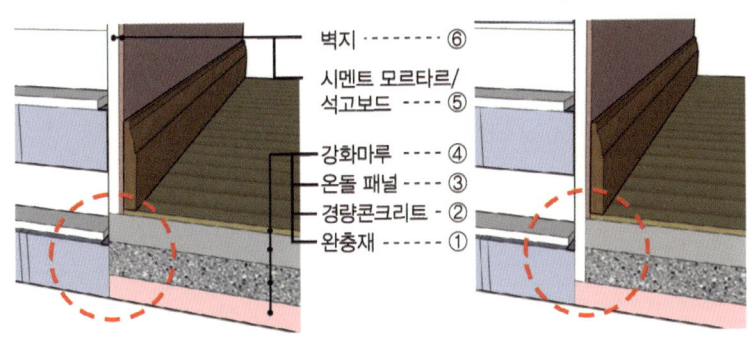

마감재 시공 방법으로 인한 물량 차이 예시

따라서 계약 또는 하청 계약 후에 감지할 수 있는 수량의 불일치로 인한 비용 변동 위험을 BIM을 통해 조기에 예측하는 것도 필요하다. 즉, BIM 수행 계획 수립 시부터 모델 구축에 대한 상세수준을 설정하고 결정된 상세수준에 따른 모델 구축이 물량 산출의 정확도에 어떤 영향을 미칠 수 있는가를 미리 고려해야 한다는 점이다.

BIM은 알아서 자동으로 해주는 인공지능이 아니다. 누가 어떻게 구축하느냐에 따라 가치 있는 정보가 될 수도 있고 쓰레기 정보가 될 수도 있는 것이다.

03
BIM 설계 프로세스 효과

▌ MacLeamy Curve와 비용/영향 곡선을 명심하자!

MacLeamy Curve와 비용/영향 곡선은 초기 단계부터 BIM 설계 프로세스를 구축하는 것이 매우 중요하다는 것을 두 가지 관점에서 뒷받침해주고 있다.

첫 번째는 생애주기 동안 의사결정의 영향력, 변경 비용, 그리고 설계자가 선택할 수 있는 대안이나 결정의 폭, 즉 설계 자유도가 어떻게 변화하는지이다. 이 비용/영향 곡선Cost Influence Curve(Paulson 1976)은 프로젝트 초기 단계에서 의사결정이 전체 비용에 미치는 영향이 크다는 점을 보여준다. 초기 설계 단계일수록 설계 자유도가 높고 그에 대한 비용은 적은 반면, 시공 이후로 갈수록 자유도는 급격히 감소하고 변경 비용은 기하급수적으로 늘어난다는 것을 의미하는 것이다. 초기 설계 단계부터 여러 대안을 검토하고 의사결정을 내리는 것이 중요함을 나타내는 것이다.

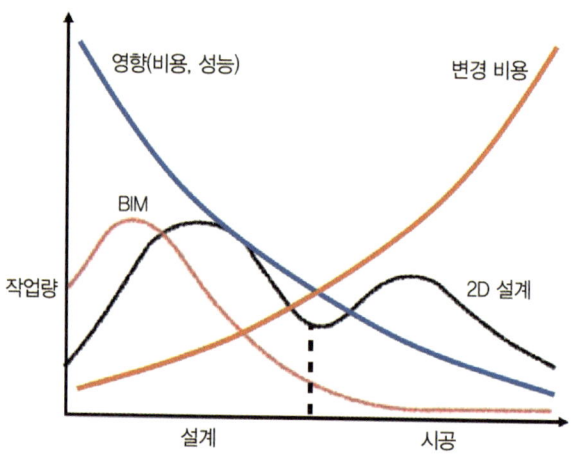

MacLeamy Curve와 비용/영향 곡선

두 번째는 Patrick MacLeamy가 제안한 MacLeamy Curve이다. 이 곡선은 BIM을 도입해 초기 설계 단계에 더 많은 정보와 자원을 투입하면, 전 과정에서 재작업과 변경을 줄일 수 있고, 품질 향상, 비용 절감, 공정 단축 등의 효과를 기대할 수 있다는 점을 강조한다 (Eastman et al. 2011). BIM을 통해 설계 프로세스를 전통적인 방식보다 앞당겨 집중시킴으로써, 설계 영향력을 극대화하고 프로젝트 효율성을 제고할 수 있다는 것이다.

결론적으로, 이 두 개념을 통합해보면, 초기 단계부터 BIM 기반 설계 프로세스를 구축하는 것은 설계 자유도를 최대한 활용하면서 동시에 최적의 설계안 도출, 재작업 최소화, 전반적인 프로젝트 성과 향상이라는 측면에서 매우 중요한 전략임을 알 수 있다.

BIM이 필수적인 사업에서 예산을 이유로 BIM 적용을 시공 단계부터로 넘기는 경우를 본 적이 있다. 이 사업의 부실하고 미흡한 설계 탓에, 설계 최적화는 고사하고 시공 단계 설계 변경으로 공기 및 공사비가 설계 단계 때 고려되었던 BIM 도입 비용에 비해 수십에서 수백 배가 발생하였다. 이렇게 오래된 철학과 이론이 존재함에도 불구하고 우리는 같은 의사결정 오류를 반복하고 있는 것이 너무나도 안타깝다.

▎BIM 전환설계의 한계

2D 기반 설계 프로세스가 기본이 되는 BIM 전환설계에서는 MacLeamy Curve 효과를 기대할 수 없다. 이 단계에서 설계는 애초부터 2D로 표현되고 참여자들은 여러 가지 2D를 바탕으로 머릿속에 3차원 모델을 만들어 이해하기 때문에 설계 오류 확인이 바로 이루어지지 않는다. 그렇다 보니 도면 성과물을 제출한 이후 (인허가나 시공 단계에서) 설계 오류가 발견되고 후속 단계에서 이에 대한 보완 작업에 상당히 많은 인건비가 소모되고 있다.

기존 방식에서 나온 설계안을 BIM으로 전환하고 이를 다시 확인하는 과정으로 진행하는 BIM 전환설계 방식은 지속적인 설계안 개발과 엇박자로 진행되어, BIM의 활용은 사후 확인 정도로 머물고 그 효과 또한 매우 제한적일 수밖에 없는 것이다.

기존 2D 기반 설계 방식이 주를 이루는 건축사사무소에서는 BIM 인력에 대한 교육과 양성도 제한적이고 BIM 인력은 디자인 핵심인력이 아닌 지원인력으로 간주될 수 있다 보니, 이로 인한 동기부여 저감은 다른 기업으로의 이직을 부추기는 결과를 보이고 있기도 하다.

설계 프로세스를 BIM 중심으로 바꾸지 않는 상황에서 BIM의 도입은 오히려 추가비용만 발생하고 교육받은 직원은 사기 저하로 이직해버리니 이러한 건축사사무소에 BIM은 독이 될 수 있는 것이다.

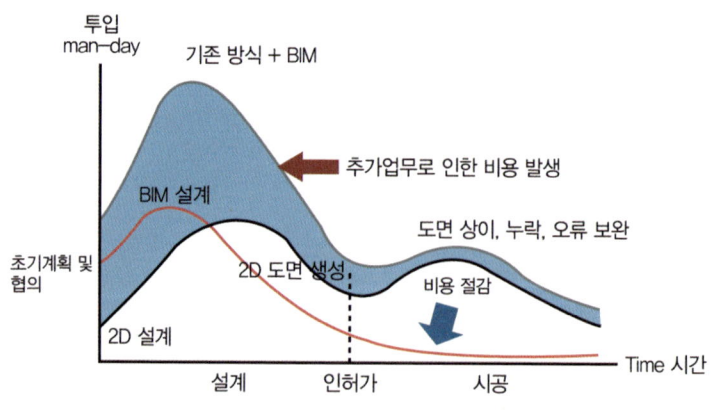

BIM 설계 프로세스와 기존 방식 고수의 차이(진상윤 2015)

이러한 과정에서 설계도서와 BIM 모델의 동기화는 당연히 불가능하고 이렇게 시공 단계로 넘어간 BIM 데이터는 현장소장이 신뢰하지 못하게 되어 사장되고 만다.

건축사사무소가 BIM을 통해 실질적 효과를 보기 위해서는 2D가 중심이 되는 생각을 버려야 한다. 2D 기반의 설계에서 BIM 기반 설계로 바꾸어야 건축사사무소도 설계 오류 감소로 불필요한 인력 투입을 막을 수 있고 발주자에게 더 나은 서비스를 제공하며 경쟁력을 높일 수 있다.

BIM 설계로의 전환은 수주 경쟁력은 물론 내부 프로세스에서 도면 생성과 인허가 이후 단계의 설계 보완 요청에 대한 인력 투입을 상당 부분 줄일 수 있는 것이다.

건축사사무소의 전사적인 BIM화는 디자인 핵심 인력의 BIM화로 이어져 타 건축사사무소와 차별화될 것이며, 건축사나 직원들도 도면이 아닌 디자인 개발에 더 많은 시간을 할애할 수 있을 것이다.

또한 BIM을 통해 개인 역량을 계발할 수 있어 건축사사무소의 인재 이탈을 막고 회사에 대한 충성도를 높이며, 인재 유입 현상까지 가져올 수 있을 것으로 예상된다. 이제 더 이상 수많은 도면을 그리고, 리스트와 목록을 만들며 수량을 세고 반복적인 작업을 하는 데 시간을 낭비하지 않아도 될 것이다. 저녁 시간이 여유로운 스마트 디자인 환경을 우리도 만들 수 있다.

04
BIM과 도면화

▎BIM을 해도 도면화는 필수적이다

BIM 활용에서 건축사에게는 정작 디자인 모델링뿐만 아니라 도면화 과정도 매우 중요하다. 왜냐하면 모델링과 도면화가 별도가 아니라, 이 두 가지가 하나의 BIM을 통해 이루어지고 최종 성과물로 도면이 BIM과 함께 제출되어야 하기 때문이다.

BIM을 한다고 해서 도면이 없어지는 것은 아니다. 3차원 모델만으로 설계 정보를 충분히 인식할 수 없다. 때로는 2D 단면, 입면, 평면으로 보는 것이 더 이해가 잘 간다. 그렇기 때문에 요즘 BIM 소프트웨어에서도 2D 도면 뷰에서 3차원 모델이 연동되어 2D와 3D를 오가며 설계안을 검토하는 것이 가능한 것이다.

제대로만 활용한다면 BIM을 이용한 도면화는 건축사가 BIM을 통해 얻을 수 있는 가장 큰 혜택 중 하나일 것이다. BIM으로부터 도면 생성체계가 갖추어진다면 인허가 도면은 물론, 실시설계도면, 착공도서까지 건축사사무소에서 설계도서 작성 부분을 외주 주지 않고도 처리가 가능하다. 외주비용이 절감되니 그것만으로도 BIM에 대한 투자 대비 회수가 발생할 수 있다. 또한 실시설계도서까지 처리할 수 있게 되니 자연히 디테일이나 기술에 대한 노하우도 축적될 것이다.

▌BIM을 제대로 구축하면 도면화도 더욱 수월하다

BIM을 도입하더라도 설계도면은 설계안 이해뿐만 아니라 평가, 인허가, 승인 등에 있어서 필수 성과물 중 하나이다. 그러나 도면 생성 요구 사항에 부합하는 정보를 BIM 모델 데이터가 확보하지 못한 경우, BIM 모델과 도면 간 정합성이 떨어지며 별도의 도면 작업 또는 이중 작업을 유도하여 설계 BIM 작업 생산성이 크게 저하된다. 이러한 원인으로 국내 건설 산업의 경우 2D CAD 도면을 통한 설계 후 BIM 모델을 구축하는 전환설계 형태의 BIM 프로세스를 적용하는 실정이다.

그러나 해외 선진 사례를 살펴보면 CAD 작업 없이 BIM에서 모든 설계와 도면 성과물 작성이 수행되는 것이 이제는 새로운 사실이 아니다. 설계 BIM을 통해 구축된 정보를 추출하고 효율적으로 배치함으로써 설계도면 작성 생산성도 높이고 있다. 심지어 같은 건물의 규모 사업에서도 투입 인력을 CAD 작업 때의 절반 이하 수준에서 수행할 수 있다는 점도 보고되어왔다(LH 공동주택 BIM 설계도면 작성 연구 공개 세미나 2024). 이러한 장점으로 해외 건축설계사무소들은 자발적으로 BIM 기반의 설계프로세스를 구축해왔다. 오히려 CAD 사용이 생산성을 물론 디자인 질도 저하시킨다는 인식이다.

나는 BIM 관련 연구에서 동일한 모델에 대해 BIM 데이터를 적합한 형상과 속성 정보 정의를 수반하여 구축할 경우, 도면 추출 및 작성에 소요되는 시간을 약 6분의 1 수준으로 단축할 수 있었음을 파

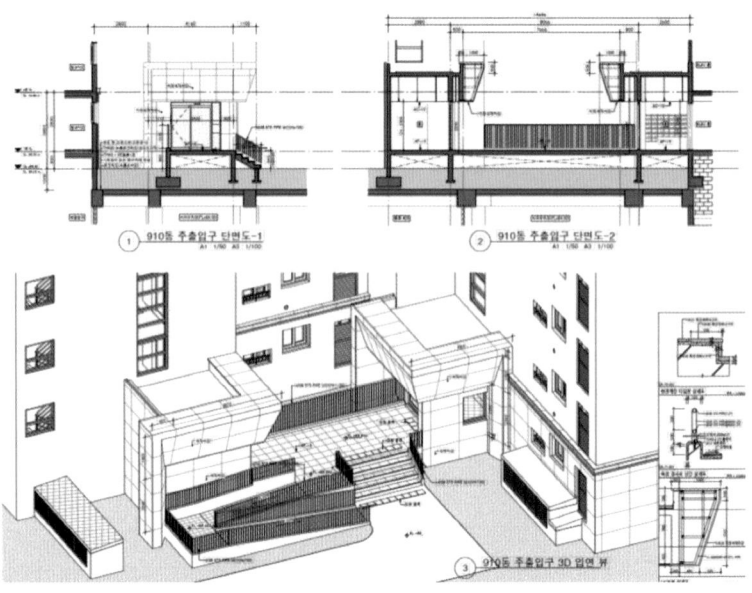

도면에 배치된 BIM 뷰 예시(한국토지주택공사 2024b)

일럿 프로젝트를 통해 관찰하였다(Kim et al. 2022). 이는 설계자가 BIM에 더 능숙하고 제대로 된 형상 및 속성 정보를 기반으로 설계 BIM 데이터를 구축한다면 도면화도 더욱 수월하다는 점을 입증한 것이다.

앞의 그림은 BIM에서 작성한 도면의 예이다. 복잡한 입면도 BIM에서는 2D가 아닌 3D Isometric 뷰도 쉽게 배치할 수 있다. 주석은 객체의 속성에서 추출되며, 치수 또한 추후 설계변경 시 변경된 치수가 자동으로 적용된다.

어반플롯건축사사무소 주영재 소장은 이러한 특징으로 인해 기존 2D에서는 4년 이상 경력자가 그릴 수 있는 도면을 이제는 2년 정도의 경력자도 BIM에서 더욱 수월하게 만들 수 있게 되었다고 한다. 이는 BIM 도입 시 투입 인력 또는 업무 부담이 기존 대비 30~50% 절감된다고 보고된 것들(진상윤 2017, 이병진 2023)과 상당히 일맥상통하는 얘기다.

아직도 국내에서는 BIM 전환설계에 치중하다 보니 속성정보 정의가 제대로 이루어지지 않고, 그 결과 BIM 도면화가 효과적이지 못하여 BIM에서 뷰 그리고 주석 및 치수 추출로 이어지는 과정보다는 CAD 작업이 더 수월하다고 느끼고 있다. 이것은 BIM 프로세스 초반부터 해야 할 것을 하지 않고 비정상적인 프로세스로 BIM을 하기 때문에 생기는 현상이라 생각된다. BIM은 CAD와 다르다. 설계가 진행되면서 설계를 나타내는 객체를 정의하고 적절한 형상과 정보를 정의해주어야 한다. 아무리 인공지능이 발전한다 하더라도 BIM이 자동으로 정보를 만들어줄 수는 없다. GIGO(Garbage In Garbage Out)란 말이 있듯이 BIM도 쓰레기 정보를 넣으면 쓰레기밖에 나올 수 없는 것이다.

▌도면화를 위한 템플릿과 라이브러리

BIM에서 설계도서를 추출하기 위해서는 몇 가지 과정이 수행되어야 한다. 도면의 형식과 모양을 갖추기 위해서 펜 세팅, 모델 뷰, 레이어 등 여러 가지 세팅을 통해 용도에 맞는 도면을 추출하고 여기에 자동 리스트나 자동 치수 기입 등의 기능을 더하는 과정이 필요하다.

이러한 부분을 우리는 보통 도면 생성을 위한 템플릿과 라이브러리 구축이라고 한다. 이 부분에서 라이브러리란 도면화에 필요한 각종 부호나 모양을 라이브러리화하여 재활용할 수 있도록 한 것을 의미한다. BIM에서 표현하기 어려운 2D 상세 부분도 라이브러리화하여 도면 생성 시 선택적으로 도면에 포함시킬 수 있다.

아쉽게도 템플릿과 라이브러리를 갖추기 위해서는 어느 정도 시행착오와 학습 기간이 필요하다. 하지만 한번 갖추어지면 설계도서 생성에 대한 생산성을 더욱 올릴 수 있다. 이를 통해 건축사들이 더 많은 시간과 노력을 디자인에 투입할 수 있으며, 도면은 정보 조합을 기반으로 한 출력물이라 추후에 모델이 더 발전되거나 변경이 생기면 자동으로 업데이트되어 수정에 대한 부담 감소 효과 또한 볼 수 있다.

또한 복잡한 설계안에는 3차원 모델 뷰를 조합함으로써 관련자들에게 설계도서에 대한 정확한 이해를 더욱 수월하게 할 수 있다. 또한 실시설계도서까지 생성이 가능하도록 확대할 수 있기 때문에 실시설계도서 외주에 대한 비용을 절감할 수 있다.

이 같은 특징으로 건축사에게는 BIM 도입 시 도면화에 대한 고려가 필수적이다. BIM이 도면화되는 과정을 제대로 지원하지 못하면, BIM은 결국 발주자나 시공사를 위한 추가적인 서비스일 뿐 건축사에게는 별 혜택이 없거나 오히려 더 많은 부담을 야기할 수 있다. 왜냐하면 아직까지 건축사의 최종 성과물은 2D 도면인데, 이를 별도로 수행해야 하기 때문이다.

특히 실시설계도면과 승인도면까지 직접 챙겨야 하는 중소 규모 건축사사무소의 건축사들에게 BIM의 도면화는 투입 인력, 시간, 수익성과 직결되는 부분이다. BIM을 이용한 모델 구축은 물론이고 도면화가 얼마나 효과적으로 지원되는지, 도면화를 위해 별도의 소프트웨어를 사용해야 하는지는 건축사에게 BIM 소프트웨어 선정에서 가장 중요하게 고려해야 하는 사항 중 하나이다.

다행히 현재 BIM 소프트웨어 내에서는 도면화를 비롯한 Documentation 기능에 필요한 2D 작업도 BIM 안에서 할 수 있다. 2D 상세를 추가적으로 그릴 수도 있고, 이미지화된 라이브러리 형태로 가져와 도면 작업을 할 수 있다. 별도의 CAD 소프트웨어가 필요 없게 된 것이다.

▌ BIM 도면화 과정의 양면성

BIM에서 도면화 과정은 크게 모델링과 도면화 작업으로 나뉜다. 모델링을 실시하고 펜 두께 설정, 템플릿 적용, 버블 크기 조정 등 도면화를 위한 세팅 작업을 한 후 도면화 작업으로 이어진다.

또한 세움터에 제출하는 과정에서 지자체에서 요구하는 사항에 맞춰야 하기 때문에 도면 폼과 범례 등에 대한 추가적인 세팅 작업이 요구된다.

이와 같은 세팅 작업은 BIM 소프트웨어에서 사용자의 편의성을 고려하여 얼마나 용이하게 활용할 수 있느냐에 따라서 작업 시간과 투입 인력에 차이가 많이 발생한다. 하지만 이러한 도면화를 위한 세팅의 번거로움은 건축사에게 BIM에 대한 의지를 꺾는 장애 요인이 될 수 있다. 도면화 세팅에 시간이 많이 소요되다 보니, 다시 2D CAD로 하는 것이 더 낫다는 말도 나오는 것이다.

BIM의 도면화 과정은 크게 두 가지 방법으로 나누어 생각할 수 있다.

첫 번째는 BIM 소프트웨어로 모델을 구축한 후 2D CAD를 통해 도면을 만드는 방법이다. 이 방법은 CAD를 사용해온 사용자들에겐 시작하기에 편하다고 느낄 수 있을 것이다. 하지만 BIM을 통해 모델링을 수행한 후 프로젝트마다 상당한 품을 들여 도면 세팅을 해야 도면 작업으로 들어갈 수 있는 점이 단점이다.

또 최종 도면 작업은 따로 기존 2D CAD 프로그램으로 보낸 후 작업해야 한다. 이 과정에서 도면화를 위한 BIM에서의 세팅이 너무 번거롭다 보니 2D CAD로 작업을 수행하는 것이 오히려 시간적으로 더 절약되어, 2D 작업 비중이 점점 늘어나게 된다.

이 경우 결국 설계 초기단계의 모델링에서만 BIM이 활용되고 기존 2D CAD로 도면 작업이 이루어지거나, 아예 BIM은 포기하고 SketchUp이나 Rhino 작업 후 2D CAD로 작업하는 것이 오히려 편하다는 이야기까지 나오고 있다.

BIM을 통해 도면화에 대한 시간과 노력을 줄이고 디자인에 더 많은 시간을 투자할 수 있다는 것이 이 방법에서는 좀 어려운 현실이다. 즉, 기존 방식에 집착한 BIM 활용은 그 효과에 한계가 분명히 있는 것이다.

두 번째 방법은 BIM 소프트웨어에서 모델 구축과 도면화 과정 두 가지를 모두 처리하는 것이다.

처음 배우기는 좀 까다로울 수 있겠지만 한번 익혀두면 도면화 작업이 매우 수월하다. 도면화까지 고려한 BIM 소프트웨어에서는 사용자의 편의성을 고려한 도면 세팅을 매우 다양하게 지원하고 있어서 도면 세팅의 번거로움과 소요 시간을 줄일 수 있다.

BIM 소프트웨어에서 도면까지 다 처리할 수 있는 것이다. BIM으로부터의 도면화가 누구보다도 중요한 건축사에게는 제대로 된 BIM 기반 설계도서 생성 프로세스를 갖추는 것이 BIM 구축에서의 화룡점정畵龍點睛과도 같다. 같은 BIM이라도 어떤 프로세스상에서 사용하는가에 따라 그 결과가 크게 차이 날 수 있기 때문이다.

BIM 기반의 도면화는 기존과는 다른 개념의 도면화를 의미하기도 한다. BIM으로부터 도면이 추출되기 때문에 BIM과 도면을 겹치도록 하는 것이 기술적으로 어려운 것은 아니다. 하지만 이 단계까지 오기 위해서는 BIM 설계 프로세스가 정착되어야 하고, 이 과정에서 끈기와 노력이 요구된다.

BIM 소프트웨어를 구입한다고 저절로 BIM이 도입되는 것이 아니다. 또한 BIM 소프트웨어 개발사 입장에서도 도면화 프로세스가 좀 더 용이하게 구축될 수 있도록 국내 실정에 적합한 템플릿과 라이브러리를 개발하고 제공해야 한다.

▎도움이 될 만한 BIM 도면 작성 가이드

아무리 BIM 데이터를 잘 구축해도, 도면을 검토하는 발주자나 인허가권자가 기존 도면 스타일을 고집한다면 건축가는 그 고집에 부합하는 도면을 작성하기 위하여 추가 작업을 해야 한다. 낭비가 발생하는 것이다. 이것은 매우 abnormal한 사고이다. 뉴노멀 시대로 접어들어 가면 설계도 디지털화되고 3차원 기반 모델과 정보 구축으로 프로세스가 바뀌기 때문에 그 성과물의 형태 또한 바뀔 수밖에 없다. 물론 그 성과물이 갖추어야 하는 요구 조건이 바뀌지 않더라도 부합하는 요구 조건을 표현하는 방식은 기술의 발전에 따라 바뀔 수 있는 것이다.

이렇게 구축된 BIM에서는 기존 2D 도면 중심일 때보다 훨씬 더 많은 정보를 가지고 무한대로 도면을 생성할 수 있다. 도면 자체가 하나의 View에 불과하기 때문이다. 따라서 BIM 데이터만으로도 인허가권자들이 제출된 설계안이 법규를 만족하는지, 제도상 필요로 하는 정보가 제대로 포함되었는지를 확인할 수 있는 것이다. BIM에서 생성된 도면을 과거 2D 도면 중심일 때와 동일한 형태일 것을 요구하지 말자. 제도권에서도 이제는 도면을 BIM 데이터로부터 추출된 하나의 View라 생각하고 BIM 데이터 중심으로 봐야 할 때인 것이다.

이러한 관점에서 새로운 BIM 기반 도면화를 이해하게 하고 설계사들에게 도움을 주기 위하여 대한건축학회와 한국토지주택공사는 공동연구(필자가 연구총괄책임을 맡음)를 통해 2024년 공동주택 BIM 설계도면 작성 가이드를 제정하였다(한국토지주택공사 2024b). LH 홈페이지를 통해 해당 가이드와 교육자료 등에 접근할 수 있다.

▌BIM 도면화에 필요한 객체 분류

그 가이드에서 BIM 도면화를 위한 핵심 사항을 설명하면 다음과 같다. 도면화와 관련하여 BIM 객체는 부위, 공간, 보고 객체로 구분할 수 있다. 부위객체는 건축물의 구성하는 물리적 구성 요소인 부위를 표현하며 예로는 기둥, 벽, 바닥, 창, 경사로, 계단 등등을 들 수 있다. 공간객체는 공간을 식별하기 위해 공간 특성을 정의하는 것으로 외부공간, 공통내부공간, 개별내부공간 등을 들 수 있다. 마지막으로 보조객체는 부위 및 공간 객체 외에 BIM 데이터를 구성하는 형상 정보를 가지는 모든 객체로 축선, 방위, 부호, 치수, 라벨, 범례 등을 들 수 있다.

BIM 데이터에서는 유형별 속성을 제대로 갖추어야 도면화 작업이 수월하게 진행될 수 있는데 부위 및 공간 객체에는 객체 실별 정보, 위치 정보, 자재 정보, 형상 정보 등이 정의되어 있어야 한다. 물론 이 정보들 중에는 BIM 소프트웨어에서 자동으로 산정되는 정보도 있고 또 자재와 같이 사용자가 지정하는 정보도 존재한다.

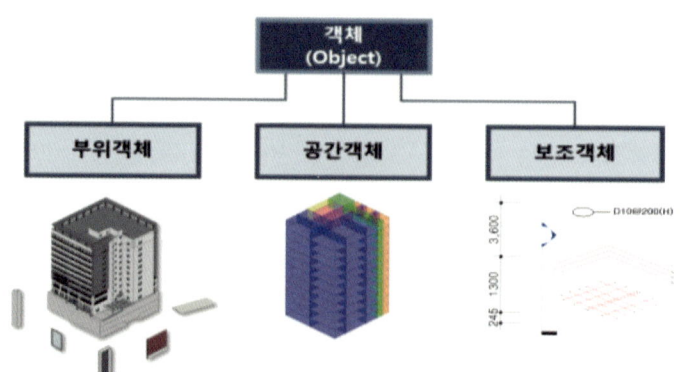

BIM 객체 분류 및 구성(한국토지주택공사 2024b)

▍BIM 도면 작성 방법 3가지

BIM에서 도면을 만드는 방법은 다음과 같이 3가지로 분류될 수 있다. 첫째, "Pure BIM", 부위나 공간 객체의 형상 정보가 별도의 추가 작업 없이 뷰에서 표현되고 속성 정보가 연동된 상태로 도면 표현 요소에 활용되는 방법이다. BIM 객체를 직접 도면화에 반영하는 가장 기본적이고 순수한 BIM 형태의 데이터 활용 방식을 의미한다. 이 방식에서는 BIM에서 변경이 생기더라도 자동으로 해당 변경사항이 반영된다.

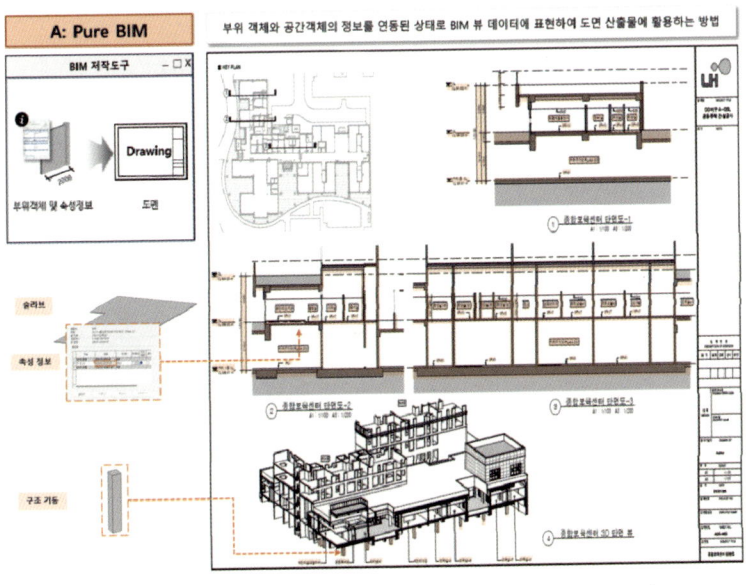

Pure BIM 도면 요소 작성 예시(한국토지주택공사 2024b)

둘째, "BIM+Extra", BIM 모델 데이터와는 별개로 보조객체를 독립적으로 작성하여 도면화에 적용하는 방식으로, BIM 정보 외에 추가 정보를 도면에 표현할 때 사용한다. 이 방식에서는 BIM에서 변경 사항이 생기면 수작업을 통해 추가적인 수정 작업이 필요하다.

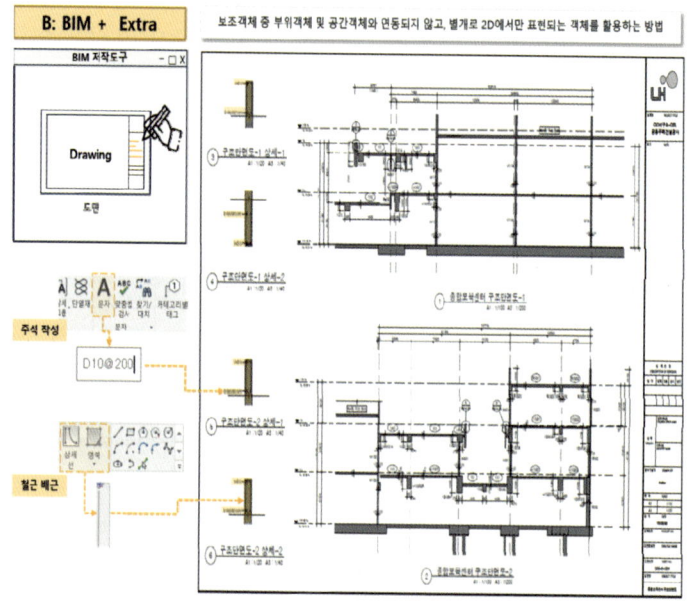

BIM + Extra 도면 요소 작성 예시(한국토지주택공사 2024b)

셋째, "BIM+External" 방식으로 BIM 소프트웨어 외부에서 작성된 요소를 BIM 소프트웨어 내부로 불러와 BIM 도면화에 활용하는 방법이다. 예를 들면 장애인, 노인, 임산부를 위한 편의시설 설치 세부기준 및 상세도와 같이 표준화된 설계 기준이나 상세도를 도면화에 포함시키고자 할 때 사용하는 방식이다.

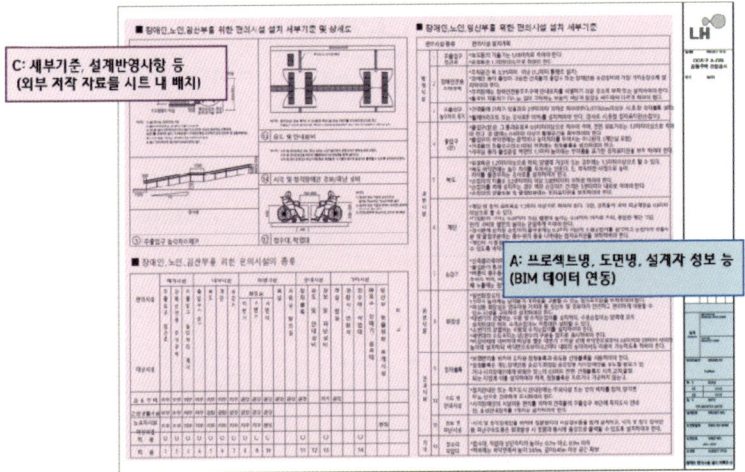

BIM 도면 요소 작성 방법 예시(한국토지주택공사 2024b)

이상과 같이 3가지 방법을 통해 BIM 데이터를 구축하고 성과물
에서 요구하는 모든 도면을 BIM 소프트웨어 안에서 작성할 수 있는
것이다. 별도의 CAD 소프트웨어가 필요 없는 시대가 왔다.

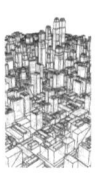

05
시공 단계 BIM

▌시공 단계 BIM 활용의 근본적인 목적

시공 단계에서 가장 근본적인 BIM 활용의 목적은 공사를 잘할 수 있게 도와주는 것이다. 즉, 실제 시공을 하는 전문 업체들이 BIM을 통해 설계안을 이해하고 문제점을 조기에 파악하여 시공자와 협의하여 해결책을 모색하고, BIM을 기반으로 샵드로잉을 효과적으로 만들어 계획에 따라 오차 없이 품질에 부합하는 시공을 할 수 있도록 지원하는 것이다.

설계 단계에서 만들어진 설계 BIM을 바탕으로 시공 단계에서 활용하는 BIM을 시공 BIM이라고 한다. 시공 BIM이 제대로 활용되기 위해서는 정확한 설계 BIM을 확보하는 것이 필수적이다. 즉, 실시설계 100% 승인도서와 BIM 데이터가 일치해야 하는 것이다. 이를 BIM과 설계도면의 정합성이라고 부른다. 어찌 보면 BIM에서 도면이 생성되니 당연한 것 아니냐 하겠지만, 아직 현실은 설계 프로세스가 BIM 설계 프로세스로 진행되지 않고, 2D 도면 중심으로 설계하고 이를 BIM으로 전환하는 형태로 수행된 경우가 많다. 이런 경우 대부분 BIM과 도면의 정합성이 제대로 확보되기 어렵다.

부정확한 BIM을 전달받은 시공사는 BIM 데이터를 신뢰할 수 없고 또 이를 보완해줄 인력이 없기 때문에 시공 BIM 활용은 매우 제한적일 수밖에 없다. 이러한 문제를 사전에 방지하기 위해서는 실시설계 100% 도면을 승인할 때 BIM과 도면의 정합성을 검증하는 것이 필요하다. 이는 발주자나 건설사업관리자의 역할이기도 하다. 설계관리의 일환으로 설계도서와 BIM 간 정합성이 확보되어 있는지 설계 단계 내내 모니터링하고 이를 검증해야 한다.

시공사는 시공 BIM을 바탕으로 협력업체들과 시공성을 검토하고 문제점과 해결책을 모색한다. 확정된 부분에 대한 시공 BIM을 기반으로 전문 업체는 부재 제작에 필요한 샵드로잉을 제작한다. 또 BIM으로부터 CNC 가공용 데이터를 추출하고 정확한 부재를 생산하는 데에도 활용한다. 필요에 따라 레이저스캐너Laser Scanner 기술을 이용하여 설치된 부재의 시공오차를 확인하고 그 결과를 후속공사에 관련된 부위의 시공 BIM에 반영한다.

물론 설계 BIM에서 소개한 간섭 체크, 4D BIM, 물량 산출, 견적 등을 시공 단계에서도 지속적으로 수행한다. 특히 일반적인 건설사업에서는 시공 단계부터 전문건설사들이 참여하기 때문에 기계, 전기, 소화설비 부분의 부재와 장치가 확정되고 부재 경로와 배치가 설계되면 시공 단계에서 MEP 부분의 BIM 구축을 통한 간섭 체크가 필수적이다. 또한 MEP 분야의 BIM은 샵드로잉을 대체할 수 있는 수준에 와 있다.

또한 건설사 관점에서 공기 준수 가능성 여부를 판단하고 공기 지연 시 만회 대책 마련, 발주자와 일정 협의 등을 위해서도 4D BIM이 필요하다. 골조, 거푸집 등의 물량 산출과 주요 자재를 중심으로 단가 정보를 연계하여 직접공사비도 산출할 수 있다.

더 나아가 시공 단계에서는 부재나 장비 등의 제조사와 제품 정보가 결정되므로 이 정보를 BIM 데이터에 포함하는 것이 필요하다. 그 정보들은 유지관리 단계에서 시설물 유지관리를 위해 필요

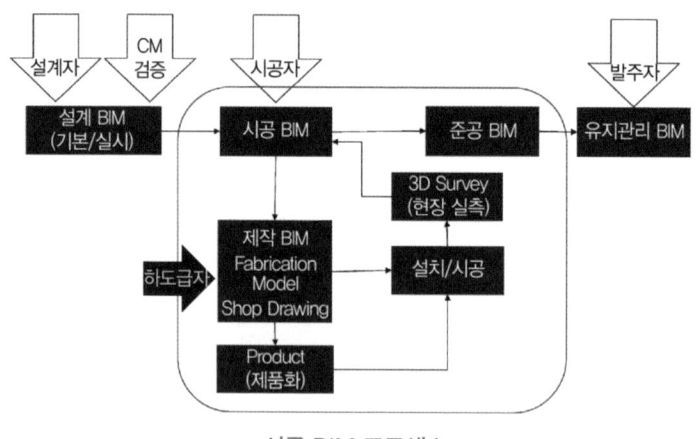

시공 BIM 프로세스

하다. 따라서 제품 공급업체들이 자재나 설비를 납품할 때 유지관리 단계에 필요한 제품 정보를 전자화하여 BIM 데이터에 흡수될 수 있도록 계약에 반영해야 한다. 앞으로 송장이 전자화된다면 송장과 더불어 제품 정보가 해당되는 BIM 부재에 자동으로 연결되는 것 또한 충분히 가능한 일이다.

▌참여자들 간 BIM Room 협업을 통한 문제 해결

BIM 모델을 보면서 참여자들 간 문제점을 파악하고 대안을 검토하며 협업을 할 수 있는 공간을 BIM Room 협업이라 한다. 말 그대로 프로젝트 참여자들이 한자리에 모여서 BIM을 활용하여 문제를 파악하고 해결책을 모색하며 의사소통하고 협업할 수 있는 공간을 의미한다.

어떻게 보면 BIM Room은 린건설Lean Construction의 Big Room 개념(Crawford 2018)에서 따온 것이라고 볼 수도 있다. 린건설의 목적은 낭비 요소를 최소화함으로써 프로젝트의 가치를 극대화하는 데 있다. Big Room은 여러 분야의 참여자들이 합동사무실처럼 한곳에 모여 다양한 관점에서 협업하고 의사소통하고 의사결정하는 공간을 구축하여 정보의 흐름에서 재작업을 최소화하고 협업의 효율을 극대화하는 데 그 목적이 있다.

BIM Room 협업은 설계뿐만 아니라 시공 단계에서도 매우 중요하다. 전문건설사들은 설계안을 분석하고 복합공종 간 간섭이나

BIM Room 협업 사례(이미지 제공 : (주)두올테크)

부재 제작상 또는 시공상 발생할 수 있는 문제점을 찾아내는 데 BIM을 효과적으로 활용할 수 있다. 문제점 파악과 해결책 모색 그리고 대안에 대한 의사결정을 2D 도면을 가지고 할 때보다 BIM으로 할 때가 훨씬 신속하고 효과적으로 처리할 수 있다. 이러한 협업 과정에 참여하여 BIM을 보고 문제점을 찾아내고 함께 협업할 수 있다면 당신은 이미 BIM을 수행하고 있는 것이다. 실제 사례에서도 건설사업관리기술인이나 전문건설사들이 BIM의 효과가 가장 좋았다고 답변한 부분이 BIM Room 협업이기도 하다. 그들은 BIM Room 협업이 없었더라면 문제 파악과 해결책 모색에 시간이 훨씬 더 소요되어 공기 지연 등 큰 문제가 야기되었을 것이라고 입을 모았다.

▌BIM 시공도를 통한 실시설계 BIM 완성도 및 적정성 검토

일본의 시공사들은 실시설계도면을 검토하고 이를 보완하는데, 이것을 시공도라고 한다. 이렇게 시공도를 만들면 전문건설사들은 이를 바탕으로 샵드로잉을 만들게 된다. 일본 가지마 건설의 경우

가지마의 BIM 시공도 사례(BIM 전문부회 2018)

몇 년 전까지만 해도 이 시공도를 2D CAD 도면으로 그렸는데, BIM을 도입한 이후 시공도를 그리는 데 소요되는 시간과 인력이 40% 정도 절감되었기 때문에 현재는 시공도를 100% BIM으로 구축하고 있다고 한다.

▌가설 및 시공계획 활용

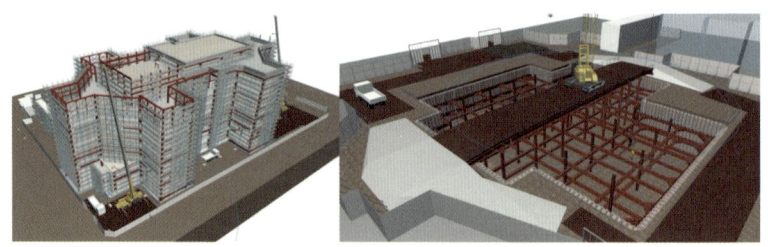

SmartCon Planner를 이용한 가설계획(이미지 제공 : (주)두올테크)

BIM은 가설 및 시공계획을 수립하는 데도 효과적으로 활용할 수 있다. 비계, 복공판, 스트럿, 어스앵커, 흙막이, 크레인, 울타리 등 다양한 라이브러리를 이용하여 가설 부재를 쉽고 효과적으로 모델링할 수 있기 때문에 시공계획, 현장배치계획, 크레인 배치계획 수립에 활용할 수 있다.

일본 가지마 건설은 시공계획상에 필요로 하는 가설공사 부재와 장비 등을 라이브러리화하고 이 부재들의 모델링을 자동화할 수 있는 프로그램 개발을 통해 시공계획 및 검토 프로세스에서 획기적인 생산성 향상 효과를 이룰 수 있었다.

▌4D BIM과 안전관리 연계

4D BIM은 시공안전관리와도 연계될 수 있다. 각 작업의 특성에 따라 예상되는 안전사고를 연계하고 일정에 따라 어떤 사고 리스크가 존재하는지를 가시화할 수 있는 것이다. 4D BIM의 시각화된 자료를 통해 안전교육을 받으면 미숙련 근로자와 외국인 노동자들의 이해도를 향상시킬 수 있고, 안전교육 후 공사별 위험 지역 진입 시 자발적으로 안전에 대한 경각심이 고취될 수 있기 때문에 부주의로 일어나는 안전사고를 예방할 수 있다.

BIM을 통한 설계 단계에서부터의 안전관리 모델링과 4D 시뮬레이션 안전관리는 공정 및 공종별 위험 요소를 실시간으로 반영하여 시공현장의 안전관리를 할 수 있기 때문에 현장에서 발생하는 안전사고를 줄이는 데 기여할 수 있다.

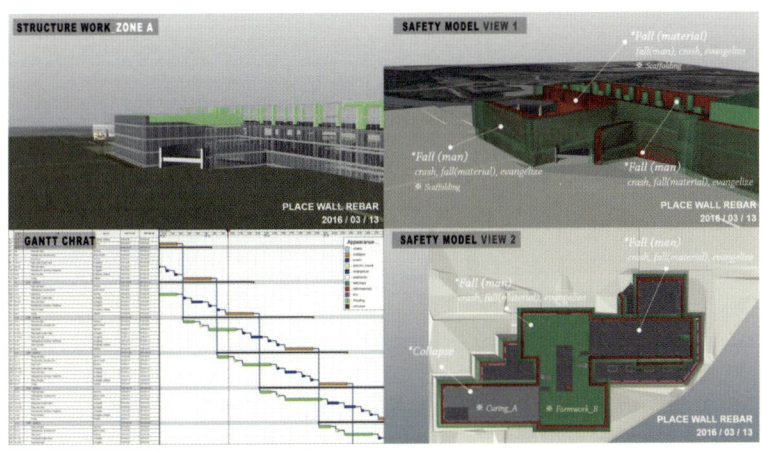

4D BIM과 안전관리 연계(진상윤 교수 연구실 제작)

앞의 4D BIM과 안전관리 연계 이미지는 우리 연구실에서 2017년에 Synchro University Challenge에 출품해 1등을 수상했던 것이다. 4D BIM의 확장성에 초점을 두고 공정과 연계하여 안전관리상 주의해야 할 위치와 사항을 4D BIM을 통해 가시화하는 방안을 제시한 점을 높이 평가받았다.

▌ BIM과 디지털 레이아웃(Digital Layout)

BIM은 시공 프로세스 혁신까지 이끌어내고 있다. 측량기술과 BIM의 연계를 통해 정확한 시공을 지원하고 이는 시공과정의 변화까지 야기하고 있는데, 바로 레이아웃Layout 기술과 BIM의 연계이다.

레이아웃이란 도면대로 정확히 시공하기 위하여 현장에서 선을 긋거나 설치할 위치의 지점을 찍어내는 것을 말한다. 기존 방식에서는 레이아웃을 위해 줄자와 레이저 레벨기를 사용해왔다. 하지만 복잡한 시설물을 설치할 경우 기존 방식으로 정확한 설치 위치를 찾기가 쉽지 않다.

이제는 측량기기로 사용되어온 토탈스테이션Total Station과 BIM의 연계를 통해 현장에서 보다 쉽고 빠르게 설치 위치를 잡아내고 또 설치된 부재의 시공 오차를 확인할 수 있는 기술이 개발되었다. 트림블Trimble사의 로보틱 토탈스테이션RTS, Robotic Total Station이 바로 그 예이다.

RTS는 태블릿 디바이스Tablet Device와 세트로 구성되어 태블릿에

2D CAD 도면이나 BIM 데이터를 저장한 후 RTS를 현장의 적정한 위치에 설치하고 2개의 기준점과 BIM의 2점을 일치시킨 후 시공에 필요한 정확한 위치를 찾아내는 방식으로 운영된다(김경훈 2020).

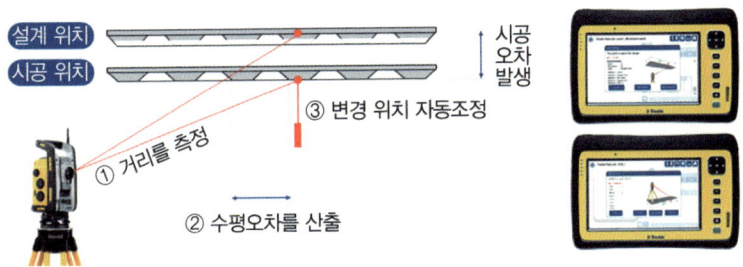

레이저 레이아웃 장비(김경훈 2020)

이 방법은 기존 시공방식에 비해 시간과 인력 투입 면에서 50% 이상의 절감 효과를 가져오는 것으로 나타났으며, 프리패브화 또는 모듈러 시공을 통해 안전하고 정확한 시공에 기여할 수 있다. 특히 비정형 철골구조의 조립이나 시공오차 확인, MEP 공종의 부재 설치에 효과가 큰 것으로 나타났다(김경훈 2020).

예를 들면, 기존 방식에서는 MEP 모델에서 덕트Duct나 달대Hanger의 경우 기존에는 덕트 설치공사를 할 때 각 슬래브 바닥에 인서트Insert를 삽입하고 달대의 길이를 덕트별로 맞춰 피팅하는 절차를 거쳤다.

이제는 BIM과 RTS의 연계를 통해 슬래브 거푸집 공사 시 달대 인서트를 데크플레이트Deck Plate 바닥에 정확한 위치를 잡아 미리 설치하고, 콘크리트를 타설한 후 양생이 되면 바로 슬래브 밑면에 달 대부터 달고 덕트를 설치하는 프로세스가 가능하다.

BIM으로 사전에 간섭까지 확인하고 현장의 정확한 실측과 BIM 데이터를 기반으로 시공하기 때문이다. 이로 인해 덕트와 달대 제 작에 대한 손율이 줄어드는 것은 물론 공사 기간까지 단축되는 효 과가 있는 것이다.

06

유지관리 단계 BIM

▌다양한 목적의 유지관리 단계 BIM 활용

BIM은 형상 정보뿐만 아니라 다양한 비형상 정보로 구성되어 있으며 설계와 시공 단계 동안 수집된 정보들이 BIM를 통해 유지관리 단계에서도 다양한 목적을 가지고 활용할 수 있다. 설계와 시공 단계를 통해 수집된 BIM 데이터는 시설물에 대한 공간과 부재 그리고 그것들의 크기, 재료, 성능, 규격, 제조사, 제조 모델, 매뉴얼 등 부재의 다양한 속성 정보로 구성되기 때문에 이것들을 유지관리 단계 동안 여러 가지 목적을 가지고 효과적으로 활용할 수 있기 때문이다.

• BIM 기반 FMS Facility Management System(시설물 관리) : 안전, 기

능, 성능 등 다양한 관점에서 시설물을 점검 및 관리, 각종 시설에 대한 조작 방법 설명, 매뉴얼 등을 BIM 데이터와 연계하여 활용할 수 있다.

- BIM 기반 BEMS Building Energy Management System(건물에너지 관리) : BIM과 연계하여 건축물 내 다양한 에너지 정보를 수집하고 분석하여 에너지 사용을 최적화할 수 있다. BIM을 통해 각 공간별 에너지 활용 현황을 파악하며, 제4차 산업혁명 기술인 사물인터넷IoT 기술을 이용하여 에너지 활용과 관련된 각종 데이터를 실시간 수집하고 모니터링 하는 것은 물론 인공지능 기술을 활용하여 최적화되고 자동화된 에너지 관리 프로세스를 구현할 수 있다.

- BIM 기반 방재Disaster 계획 : BIM을 활용하여 발생 가능한 각종 재난 리스크를 사전에 파악하고 재난 발생 시 대응책 모색과 각종 시뮬레이션을 BIM과 연계하고 이를 바탕으로 방재 계획을 수립한다.

- BIM 기반 리모델링 및 철거 : 설계도면이 없거나 부정확한 건물의 경우 레이저스캐너를 통해 현 상태에 대한 데이터를 수집하고 이를 기반으로 BIM 모델을 구축한다. 이 BIM 모델을 어떤 부분을 어떻게 철거하고 또 어떤 부분을 증축할 것인지 등을 BIM을 통해 계획한다.

- BIM 기반 Asset Management(자산운영 및 관리) : Asset Management

란 FMS, BEMS, 임대관리, 보안관리 등 건축물 전반적인 관점에서 건축물의 가치를 높이고 관리하기 위한 종합적인 개념이다. BIM 데이터와 연계하여 다양한 관점에서 보다 효과적이고 효율적인 통합 자산운영 및 관리 체계를 구축할 수 있다.

▌유지관리 단계 BIM 활용 요구가 증가한다

현재는 일반 건축물의 경우 BIM의 활용이 설계와 시공 단계에 대부분 국한되어 있는 것이 사실이다. 유지관리 단계에 대한 고려와 요구가 BIM 발주지침에도 잘 반영되어 있지 않다. 하지만 BIM 활용 범위가 시공 단계까지 확대되고 BIM 활용 가치에 대한 발주자의 인식이 높아지고 있기 때문에, BIM 데이터를 유지관리 단계에서도 활용하고자 하는 요구가 늘어날 것이다.

특히 MICE Meetings, Incentives, Conferences, and Exhibition 처럼 카지노, 호텔, 컨벤션, 극장, 전시, 쇼핑 등이 종합적으로 계획된 시설이나 유사한 대형 복합상업시설, 공항 등 대형 복합시설물 같은 경우 BIM을 기반으로 한 유지관리 시스템에 대한 수요가 크다. 그뿐 아니라 반도체나 최첨단 산업의 공장 시설에서도 BIM을 활용한 유지관리 시스템 활용도가 높기 때문에 정확한 준공 BIM의 확보와 더불어 유지관리 활용 방안에 대한 개발이 더욱 활성화될 것으로 판단된다.

앞으로 실제 건물만 짓는 것이 아니라 준공 시 건물과 똑같은

BIM 데이터가 발주자에게 제출될 것이다. 이것을 기반으로 4차 산업혁명 기술과 더불어 생애주기 동안 최적화된 건축물 활용을 위한 디지털 트윈Digital Twin 체계를 갖추게 되는 것이다. 이 부분에 대한 사항은 제4장 1절 'Smart 건설과 BIM'에서 다루도록 하겠다.

▍필수가 된 하이테크 분야 유지관리 BIM

반도체나 디스플레이 가공생산라인을 의미하는 FAB 생산라인의 건설 과정에서도 BIM은 매우 중요한 역할을 해오고 있다. 특히 FAB 생산라인 건설에서 BIM은 설계 및 시공 단계뿐만 아니라 유지관리 단계에서 그 역할이 매우 중요하다.

정확한 As-Built BIM을 기반으로 생산 장비 레이아웃 및 2차 배관 Hook-Up 설계와 작업을 효과적으로 수행할 수 있고, 건물, 설비, 배관 등을 포함한 실제 생산라인과 동일한 가상 모델을 구축할 수 있다. 이후 디지털 트윈 기반 유지관리 및 재난 대응 체계 구축에도 활용할 수 있다(신태홍 2014).

또한 생산 장비 변경 및 배치 이동에 대한 효과적인 대응, 차세대 제품군을 위한 Retrofit 프로젝트 수행 시에 정확한 As-Built BIM 확보를 통해 가동 중단 시간을 최소화할 수 있다. 인텔사의 경우 BIM을 통해 재작업이나 공기 지연을 방지함으로써 수천억 달러의 손실을 막을 수 있었고, As-Built BIM을 활용함으로써 생산설비 설치에 소요되는 기간을 54% 단축시킬 수 있었다고 한다(권순욱 2016).

국내의 삼성전자나 SK하이닉스 등이 추진하는 첨단 분야 시설물 설계 및 시공, 유지관리 단계에 있어서 BIM은 이미 필수 도구가 되었다.

▌공간 모델을 활용한 유지관리 BIM

As-Built 모델을 기반으로 구체적이고 정확한 유지관리 BIM을 구축할 수 있지만, 공간 모델을 활용하여 단순화된 형태로 활용할 수 있는 방안도 있다.

대한건축학회와 한국토지주택공사가 개발한 공동주택 BIM 적용지침(한국토지주택공사 2024a)에서는 공간 모델Space Model 중심의 유지관리용 BIM 데이터를 요구하고 있다. 이는 대단위 공동주택의 경우 유지관리를 위한 높은 상세수준의 BIM을 요구할 경우 시공 단계 수급인의 업무 부담이 가중될 수 있기 때문이다.

이 방법에서는 As-Built BIM에 포함된 정보 중 운영 및 유지관리에서 요구되지 않는 정보는 공간 모델에 포함하지 않으며 단순히 매스 형태로 정보 표현 상세수준LOD을 낮추어 데이터 요율을 높이고자 하였다.

따라서 공동주택의 특성을 반영하여 주차장, 전기실, 열교환기실, 코아-계단실, 옥상층 등 공용 부분과 단위 세대 전용 부분으로 구분하여 유지관리용 BIM 데이터를 구축하도록 하였다. 공용 부분에는 1:1 매칭으로 유지관리 대상 객체가 공용공간별로 연계되고,

단위 세대 전용공간은 평형별로 내부 공간과 유틸리티로 구분하여
관리할 수 있도록 제안하였다.

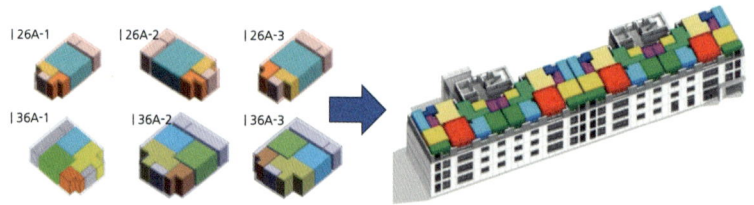

공간 모델 기반 공동주택 유지관리 BIM 예시(한국토지주택공사 2024c)

이 부분은 앞서 설명한 하이테크 분야와 좀 다른 메커니즘을 가
지고 있다. 하이테크 분야는 LOD 350 이상 상세수준의 BIM 객체를
기반으로 객체별로 연계된 정보를 관리하는 반면, 공간 모델은 공
간별로 관리 대상이 되는 메타 데이터를 정의하고 해당 정보를 수
집한 것이다. 이렇게 유지관리 목적에 따라 유지관리 BIM 데이터
의 형태는 다양해질 수 있다.

▌유지관리 요구 정보는 설계와 시공 단계에서 정의된다

유지관리 단계에서 필요한 정보가 어떤 것인지 제대로 파악해야
한다. BIM으로부터 어느 정도 상세한 수준에서 어떤 형상과 정보
를 필요로 하는지가 파악되어야 한다. 유지관리 단계에서 필요로
하는 정보는 준공 BIM 데이터에 종합적으로 담겨 있어야겠지만 그

것들이 정의되고 수집되는 과정은 설계와 시공 단계에 걸쳐서 수행되어야 한다. 설계 단계에서는 규격이나 성능에 대한 정보가 정의된다면 시공 단계에서는 제품, 제조사, 모델번호 등에 대한 정보가 정의되고 유지관리 단계에서는 수리 및 점검 이력 등에 대한 정보가 수집되어야 하는 것이다. 따라서 설계 단계 및 시공 단계별로 BIM 성과물이 갖추어야 하는 정보에는 유지관리 단계의 요구 사항이 반영되도록 계획을 세워야 한다.

미국의 National Institute of Building Sciences는 발주자 관점에서 건물의 유지관리 단계까지 포함한 전생애주기적 BIM 활용을 지원하기 위해 「National BIM Guide for Owners」(NIBS 2020)를 발간하였다. 이 가이드는 공공 및 민간 발주자가 BIM을 효과적으로 적용할 수 있도록 돕기 위한 지침서로, BIM 요구 사항의 도출 방법, 계약 문서에의 반영 방식, 그리고 프로젝트 전 과정에서의 BIM 활용 프레임워크를 명확히 제시하고 있다. 특히 이 가이드는 발주자가 시설 유지관리와 자산 운영까지 고려한 BIM 데이터를 확보하고 활용할 수 있도록, 설계·시공 단계에서 필요한 정보 전달과 명확한 책임 분담 방식을 설명하고 있다는 점에서 활용도가 높다.

▎COBie

COBie Construction Operations Building Information Exchange는 유지관리 단계에서 필요로 하는 정보를 설계와 시공 등 생애주기 동안 획득

하고 이전하기 위한 정보교환 기준이다. 미육군 공병단Corps of Engineers의 건설기술연구소 William E. East 박사가 최초로 제안하였으며, 미국과 영국 등에서 유지관리 단계에서 필요로 하는 정보를 BIM으로부터 추출하기 위한 목적으로 활용하고 있다(East 2016).

COBie는 건물에 대한 디지털 정보를 가능한 한 완전하고 사용할 수 있는 형태로 담을 수 있는 스프레드시트 데이터 형식을 가지고 있어 마이크로소프트사의 엑셀 같은 프로그램에서도 활용할 수 있다. 즉, 준공 BIM으로부터 건축물에 대한 다양한 정보를 COBie 형식을 가진 엑셀 스프레드시트로 추출하고 이것들을 FMS 같은 프로그램으로 쉽게 이전시켜서 유지관리 단계에서도 BIM 데이터가 효과적으로 활용할 수 있도록 고안된 표준이다. 쉽게 말해, 준공 BIM

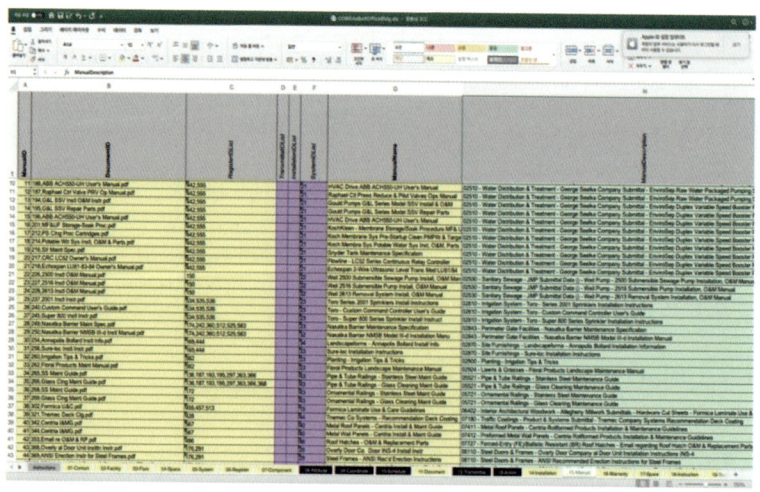

COBie 준공 BIM 데이터 예시(East 2020)

과 더불어 해당 사업에서 취득한 비형상적인 정보 중 발주자들이 요구하는 정보를 COBie 형식으로 제출할 수 있다는 것이다.

이 기준은 국내 프로젝트에서도 활용할 수 있다. 현재 여러 BIM 소프트웨어에서도 COBie 기준을 지원하기 때문에 COBie 형식으로 내보내기Export 기능을 통해 데이터를 추출할 수 있다. 중요한 것은 유지관리 단계에서 어떤 정보를 필요로 하는가를 명확히 정의하여 필요한 정보를 받을 수 있도록 사전에 지침이나 계획서 상에 명시하는 것이다. 만약 COBie에서 요구하는 정보를 준공 단계 막바지에 확보하려고 하면 데이터를 확보하기 매우 어려울 것이다. 설계, 시공, 커미셔닝Commissioning 단계에 걸쳐 유지관리에 필요한 데이터를 지속적으로 확보하는 것이 중요하고, 또 이를 위해서는 BIM 수행계획서에서부터 계획하고 협력업체와의 계약 시 제품이나 유지관리에 필요한 정보를 전자적으로 제출하도록 하여 준공 BIM 데이터의 일환으로 확보해놓아야 한다.

CHAPTER 03

BIM 비즈니스 & 케이스

01
건축설계와 BIM

▌생존을 위한 BIM(BIM for Survival)

미국의 대형 설계사무소 HOK Hellmuth, Obata + Kassabaum의 이사회 의장인 MacLeamy는 HOK가 선도적으로 BIM을 도입한 이유에 대해서 간략히 "For survival(살아남기 위해서)"이라고 말한 바 있다. 그는 지적하기를, 이미 항공, 자동차, 조선 등 타 산업에서는 3차원 모델 기반 설계와 생산이 이루어지고 있는 상황인데 왜 아직도 건축 서비스산업이 2D 도면에 집착하고 있는지 고객들은 이해하지 못하고 있기 때문에, 건축사는 보다 나은 서비스를 제공해야 한다고 하였다. MacLeamy의 BIM에 대한 강의 시리즈 5편은 유튜브 (youtube.com)에서 'The Future of the Building Industry'와 'HOK

Network'로 검색하면 쉽게 찾을 수 있다.

그는 또한 소프트웨어적으로도 건축에서 3차원 모델 기반 설계가 가능한 시대이기 때문에 BIM을 지금 도입하지 못하면 건축설계서비스 시장에서 선도적 위치를 빼앗길 위기가 왔다고 판단했다고 그 이유를 덧붙였다. 이렇듯 BIM은 고객에게 보다 발전된 고품질 서비스를 제공함으로써 건축사의 시장 경쟁력 확보에 필수적인 전략 도구가 된 것이다.

▎BIM을 활용하여 비설계 시간을 줄이자

MacLeamy 의장은 2D 기반 설계 프로세스에서 문서 작성에 소요되는 비설계Non-Design 시간이 약 75%를 차지하고 있어, BIM 도입은 건축사로 하여금 문서 작성보다 디자인 개발에 더 많은 시간을 투자하게 할 수 있는 장점이 있다고 강조하였다.

이렇듯 BIM 설계 프로세스는 구축된 모델로부터 다양한 도면이 생성될 수 있는데, 이는 보는 각도에 따라 평면, 입면, 단면 등 사용자가 원하는 관점에서 얼마든지 볼 수 있다.

어떤 뷰View에서든 디자인을 수정하더라도 3차원 모델을 통해 모든 뷰로 즉각 반영되기 때문에 한 가지 설계 수정에 대하여 평면, 입면, 단면 등을 일일이 다 바꿔야 하는 번거로움이 없어진다는 특징이 있다. 즉, 설계도서상이라는 오류가 없어지는 것이다.

BIM 기반 설계도서의 장점은 고질적인 문제인 설계도서 상이,

누락, 미흡 등을 최소화함으로써 건축사 입장에서는 성과물 제출 이후의 오류 보완에 투입되는 인력과 시간을 최소화할 수 있으며, 설계 투입 원가도 줄이고, 해당 건축사사무소의 이미지 향상에도 기여할 수 있다는 것이다.

BIM을 잘 활용하고 있는 국내 건축사들도 BIM이 주는 가장 큰 혜택 중 하나로 향상된 서비스를 통해 수주 가능성이 높아졌다는 점, 건축사 입장에서 설계도서 생성에 소요되는 시간과 인력을 효과적으로 줄일 수 있기 때문에 디자인에 더 많은 노력을 기울일 수 있다는 점, 설계 오류로 인한 재작업이나 각종 리스크를 줄일 수 있기 때문에 생산성이나 원가 투입 면에서 매우 효과적이라는 점 등을 공통적으로 뽑고 있다.

▌BIM은 디자인 창의성 향상에도 도움이 된다

미국 SOM Skidmore, Owings & Merrill의 Robert Yori는 2011년 한국BIM학회 세미나에서 다음 그림(138쪽)을 보여주며, 과거 2D CAD 기반 설계에서는 표현하기 어려웠던 부분들을 쉽게 표현할 수 있기 때문에 BIM은 설계도면 생성에 효과적일 뿐만 아니라 표현에 어려움 없이 창의적인 디자인 개발에 기여할 수 있다는 점을 강조하였다.

미국 건축사사무소들은 2000년대 초반부터 본격적으로 BIM 도입을 추진해왔다. 물론 이들도 초기에는 BIM을 적용하기에 쉬운 프로젝트를 중심으로 또 BIM을 사용하고자 하는 인력들로 팀을 구성하여 BIM 설계 프로세스를 도입하였다. BIM 프로젝트를 통해 노하우와 프로세스를 구축하고 BIM 설계에 필요한 라이브러리와 도면 생성에 필요한 템플릿을 개발하였으며, BIM 설계 프로세스를 아는 사람들을 신규 프로젝트에 참여시켜 회사 전반에 BIM 설계 프로세스가 전파될 수 있는 전략으로 추진하였다.

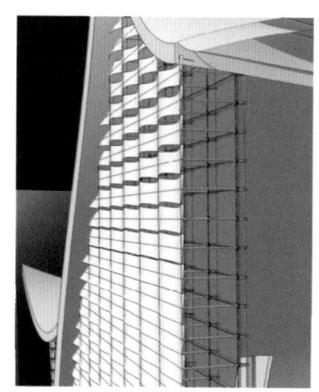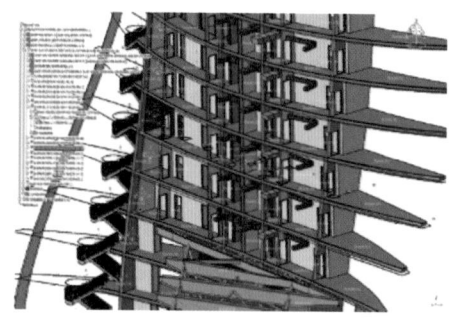

SOM BIM 사례(Yori 2011)

이는 건축사사무소 최고 경영층의 BIM에 대한 확신과 이를 위한 투자와 지원이 있었기 때문에 가능하였다. 이들은 BIM 프로세스가 기존 2D CAD 기반 설계 방식에 비해서 설계 초반에 더 많은 시간과 노력이 들어가지만 설계 기간 총량으로 보면 더욱 효과적이라는 점을 인식하고 있었다.

또한 단순히 BIM 소프트웨어를 설치한다고 BIM을 수행할 수 있는 기반이 갖추어지는 것이 아니라 BIM 설계 프로세스를 구축하는 것이 중요하다는 것을 이해하고 인내심을 가지고 투자와 지원을 지속한 점을 우리는 눈여겨봐야 한다.

▎BIM 도입상 어려운 점

Perkins＋Wills의 BIM 전문가인 Ryan Dagley는 BIM 도입에서 어려운 점을 1) 소프트웨어 및 하드웨어 구매 및 업그레이드 부분에 대한 투자, 2) 템플릿과 라이브러리 개발, 3) 설계자에 대한 인식 개선 및 교육, 4) 서로 다른 분야 간 통합된 BIM 설계 프로세스 구축 등 4가지로 요약하였다. 여기서 1)과 2)는 기술이나 BIM 기반에 관련된 것이며, 3)은 사람의 인식과 교육을, 그리고 4)는 프로세스의 변화를 의미한다. 나중에 8장에서 BIM의 성공적인 도입을 위한 3가지 중요한 요인으로 사람, 프로세스, 기술을 설명하는데, 이와 일맥상통하는 이야기이기도 하다.

또한 2) 템플릿과 라이브러리 개발 부분은 설계사무소 입장에서는 BIM을 도입하는 데 매우 중요한 이슈이다. 이들이 설계하는 데 창호, 문, 가구, 계단 등의 라이브러리가 없다면 3차원 기반 BIM 설계가 매우 어려울 것이며 템플릿이 없다면 건축설계의 성과물인 도면을 만드는 것이 어렵다. 총은 있는데 총알이 없는 것과도 같은 꼴이다.

현재 BIM 관련 라이브러리나 템플릿 부분에서는 지역적 특성에 대한 고려가 미흡한 것도 문제다. 소프트웨어 판매사들이 판매에만 신경 쓰고 우리나라 국내 상황에 맞게 사용할 수 있는 부가적인 개발은 신경 쓰지 않는 것도 큰 이유이다. 라이브러리와 템플릿은 아주 기본적인 것들만 제공하고 나머지는 각 기업이 알아서 해야 하는 상황이니 특히 투자 여력이 적은 회사 입장에서는 BIM 도입이 매우 어려운 상황이 되는 것이다.

라이브러리와 템플릿은 기업 차원 개발뿐만 아니라 산업 차원에서 공통으로 활용할 수 있는 기본적인 자료를 개발하고 제공하는 것이 필요하다. 각 기업이 같은 일에 반복하여 시행착오를 겪으면서 BIM을 구축하는 낭비를 줄이고 BIM 도입을 보다 수월하게 할 수 있기 때문이다. 또한 BIM 소프트웨어 판매사들도 고객 관점에서 국내 사정을 파악하고 고객들이 소프트웨어 구매 이후 프로세스를 구축하는 데 필요한 부분이 무엇인지를 파악하고 이를 지원할 수 있어야 한다.

▌국내외 건축설계사무소의 BIM 조직 및 수행 방법 차이

미국 건축사협회, AIAThe American Institute of Architects에서 2022년에 조사한 바에 따르면 대형 및 중형(고용인 50명 이상 기준)의 건축설계사무소에서 BIM을 활용하는 비율은 90%가 넘는 것으로 나타났으며, 10인 미만의 소형설계사무소도 50%가 넘는 사무소가 BIM을 활용하고 있는 것으로 나타났다(AIA 2022).

국내의 경우 중대형 건축설계사무소를 중심으로 대부분이 사내

BIM 팀을 두고 있지만, 그 수준은 선진국 대비 60% 수준으로 평가받고 있다(국토교통부 2021). 어떤 차이가 있는 것인지 일부를 살펴보면 다음과 같다.

▌BIM 설계 프로세스로 인한 기간과 대가의 변화

대한건축학회와 한국토지주택공사(LH)가 공동으로 수행한 연구 보고서(한국토지주택공사 2024a)에 따르면, 해외 건축설계사무소는 BIM 설계 특성을 적극 반영한 결과, 설계 각 단계의 시간 배분 방식에서도 국내와 뚜렷한 차이를 보이고 있다. 해외 사례에서는 계획 설계Schematic Design, SD 단계와 중간 설계Design Development, DD 단계의 기간 및 대가를 합친 비중이 전체 설계 기간의 60% 이상을 차지하며, 최종 실시설계Construction Documentation, CD와 시공 감리 단계는 전체의 40% 미만에 불과한 것으로 나타났다(Rafael et al. 2025).

Rafael et al.(2025)은 이를 BIM을 통한 설계 프로세스와 협업 방식에서 기인한 것으로 설명하고 있다. 미국 설계사무소는 SD 단계에서부터 건축, 구조, 설비, 소방 등 주요 설계 파트너들과 BIM 프로그램 설정 및 라이브러리 공유 작업을 선제적으로 수행한다. 이어지는 DD 단계에서는 BIM 클라우드 작업 서버를 기반으로 실시간 다분야 협업Coordination을 수행하며, 공종 간 간섭 확인 및 조율에 집중적인 시간과 자원을 투입한다. 이로 인해 설계 데이터의 정합성이 크게 향상되고, 오류나 충돌이 사전에 해결됨에 따라 CD 단계에서는 전통적인 CAD 설계 방식처럼 많은 인력과 시간을 소모하지 않아도 되는 구조가 가능해진 것이다.

▌한국과 미국의 BIM 설계 조직과 역할의 차이

김홍민과 전재일(2024)은 미국과 한국의 건축설계사무소를 비교 분석한 결과, BIM의 활용 방식에서도 근본적인 차이를 확인하였다. 미국의 경우, 설계에 참여하는 모든 팀원이 BIM을 실무 도구로 직접 사용하며, 별도의 BIM 전문 부서나 모델링 전담 인력이 필요하지 않다. BIM 매니저는 소수의 기술 인력으로 구성되며, 이들은 회사의 BIM 표준 수립이나 기술적 이슈 해결을 담당할 뿐, BIM 설계 수행 자체는 전 직원이 분산적으로 담당하고 있다.

예컨대, 전 세계에 지사를 둔 대형 설계사무소 Perkins Eastman뿐 아니라, 미국 동부에 기반을 둔 300명 규모의 CBT Architects, 그리고 시카고 인근에서 활동하는 20인 미만의 소형 설계사무소인 Cordogan Clark and Associates 등도 공통적으로 내부에 별도의 BIM 조직을 두지 않고 있으며, 경우에 따라서는 설계 책임자가 BIM 매니저 역할을 겸임하기도 한다.

이처럼 미국에서는 BIM을 전사적으로 활용함에 따라 BIM 모델링이나 도면 작성 업무가 자연스럽게 설계 과정에 통합되었다. 반면 한국에서는 BIM이 여전히 별도의 부서 또는 외부 협력사를 통해 수행되는 경향이 강하며, 이러한 구조적 분리로 인해 BIM이 설계 실무와 유기적으로 결합되지 못하고, 업무 이중화나 협업의 단절이 발생하고 있다. 이 차이는 단순한 조직 운영 방식의 차이를 넘어, BIM이 프로젝트 초기부터 어떻게 활용되고 있는지에 대한 전략적 이해도와 내재화 수준의 차이로 해석될 수 있다.

02
비정형 건축물과 BIM

비정형 건축물을 영어로는 Freeform 또는 Curvilinear Architecture 라고 부른다. 대표적인 비정형 건축물로는 미국 LA에 위치한 월트 디즈니 콘서트홀Walt Disney Concert Hall, 스페인 빌바오Bilbao의 구겐하임 미술관Guggenheim Museum 등을 들 수 있으며, 국내의 경우에는 성균관대학교 학술정보관, 동대문디자인플라자, 코오롱 One & Only Tower, 부산오페라하우스 등을 들 수 있다.

이런 건축물들은 설계안을 2D CAD로 표현하는 것도 불가능하고, 그렇게 해서는 설계안을 이해하기도 어려우며, 제대로 된 품질의 시공도 할 수 없다. 이런 건축물들은 설계 단계부터 BIM을 활용하여 패널 최적화, 접합부 설계, Virtual Mock-Up, Physical Mock-up, BIM으로부터 추출된 정보를 바탕으로 부재 제작, 레이저스캐너를 통한 시공오차 확인 등의 절차가 필요한데, 이 과정을 통칭하여 디지털 패브리케이션Digital Fabrication이라 한다.

▌비정형 건축물의 구성 요소

비정형 건축물의 설계는 스케치나 단순한 형상에서 시작하지만 이것을 실제 건축물로 구현하기 위해서는 많은 과정을 거치게 된다. 아래 그림은 BMW그룹이 1999년 국제 자동차 전시회에서 설치한 파빌리온의 컨셉과 형상 분석 그리고 시공된 모습을 보여주고 있다. 이 설계 컨셉은 태양에너지와 수소연료차량의 개념을 소개하기 위한 디자인으로, 액체방울이 융합되는 순간 얼어붙는 형상에 기초하고 있다. 이것이 건축물로 구현되기 위해서는 형상 분석, 구조 시스템, 마감 재료 결정 등을 통해 경제적으로 시공 가능한 형태로 만들기 위한 설계 과정을 거쳐야 한다.

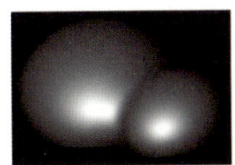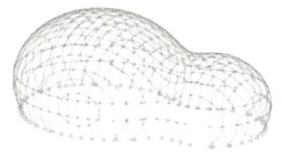

BMW "bubble" - Franken Architects(Pottmann 2015)

다음 그림은 루브르박물관 내 Cour Visconti라는 이슬람 예술 전시관의 지붕 형상이다. 그림 상단에는 사각형을 기본으로 메쉬 (Mesh) 표면 분석을 한 모습을, 하단 왼쪽에는 사각형과 삼각형이 혼합된 메쉬를 보여주고 있다. 이 지붕은 실제 건축물에서는 그림 하단 오른쪽과 같이 평면 삼각형 패널을 활용한 형태로 구현되었는데, 이는 사각형의 형태로는 4개의 꼭짓점을 같은 평면에 맞추어야 하는 반면, 삼각형에서는 3개의 꼭짓점이 같은 평면에 있어 훨씬 자유롭게 구현할 수 있기 때문이다.

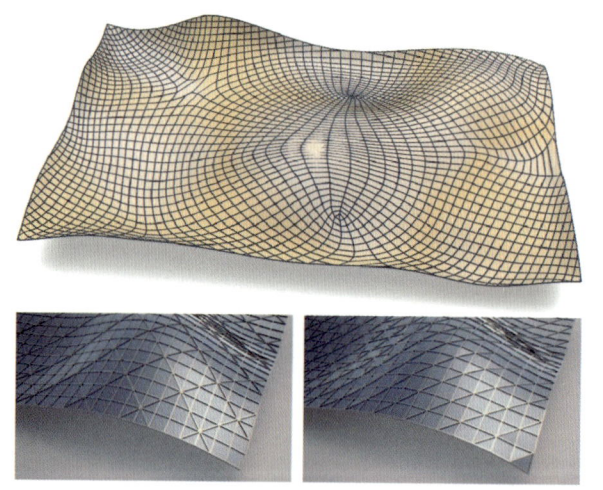

Surface analysis - Cour Visconti 루브르박물관(Wallner 2011)

이렇게 형상 분석을 마치면 건축물의 형상이 결정되고 그 형상을 구성하는 기본 형태가 만들어진다. 다음으로 진행되는 것은 결정된 형태와 형상을 건축물로 구현하기 위해 구성 요소를 결정하고 설계하는 것이다.

▎ 비정형 건축물 외피 형상의 구성 요소

비정형 건축물의 외피 형상을 구성하는 요소는 외부 마감재, 내부 마감재, 지지 브라켓Braket, 그리고 구조재이다. 외부 마감재는 유리, 금속, PCPrecast Concrete 등 다양한 재료를 기반으로 외피 패널을 설계한다. 그 외부 마감재 안으로는 단열재, 방수재, 흡음재 등이 설계되고 이것들이 하나의 세트로 구조부재와 지지 브라켓을 통해 결속하게 된다. 구조부재는 외피 마감재 세트와 주구조부재를 연결하는 하지구조가 있을 수 있으며, 또는 주구조부재에 브라켓이 설치되고 그 위에 외피 마감재 세트가 결속되는 방식으로 시공되는 것이다.

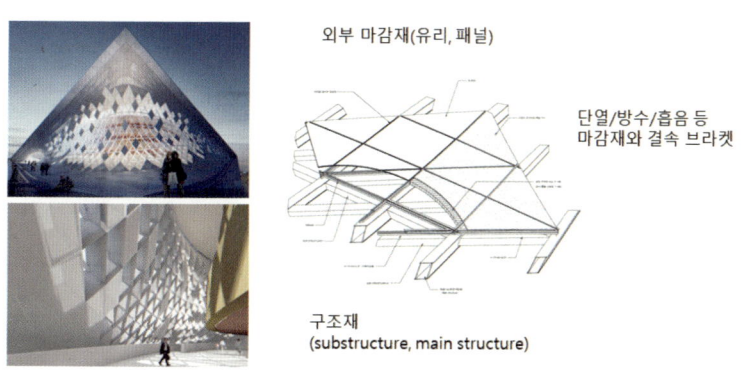

비정형 건축물 외피 구성 사례 - 부산오페라하우스(부산시건설본부 제공)

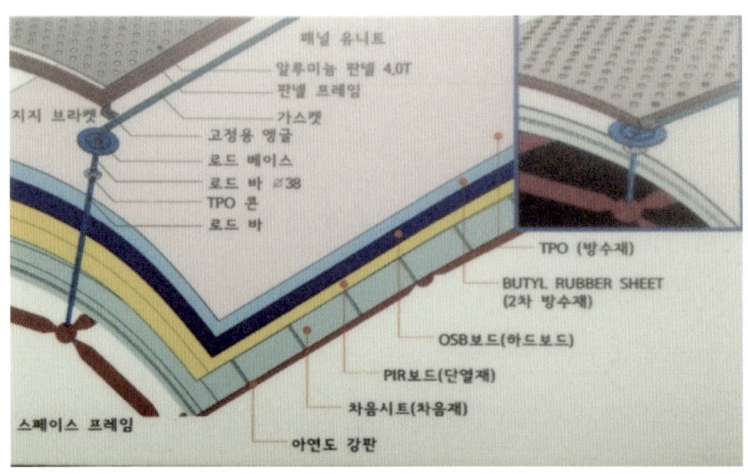

DDP의 외피 패널, 마감, 그리고 구조재 구성 사례(삼우종합건축사사무소제공)

▎비정형 건축물 외피 시스템 구조와 지지 형식

앞에서 설명한 외피 마감과 구조의 관계는 비정형 건축물에서 매우 중요한 부분이다. 이 부분 국내 최고 전문가인 위드웍스 김성진 소장에 따르면 비정형 건축물의 외피와 구조 간의 관계를 크게 세 가지로 구분할 수 있다고 한다.

첫 번째는 외피가 구조체 역할까지 하는 단일 구조인데 콘크리트 쉘Shell이나 돔Dome 구조가 여기에 해당한다.

하지만 콘크리트 쉘이나 돔의 경우 외피 마감 품질을 확보하기가 어렵고 특히 비정형의 경우 거푸집과 비계 같은 가설 비용이 증가한다는 점이 단점이다.

단일 구조의 대표적인 예로는 인천 송도 자유공원에 있는 트라이

단일구조   구조-외피 분리   구조-외피 일체화

비정형 건축물 구조와 외피의 관계 유형(이미지 제공 : 위드웍스)

보울Tri-Bowl 전시관을 들 수 있다. 이 건축물은 아이아크(iarc.net)가 설계하고 한국건축문화대상 대통령상과 미국건축사협회상 그리고 BIM Awards Best Practice를 수상한 훌륭한 건축물이지만, 다음 사진을 보면 이 건물 시공과정에서 거푸집이나 비계 공사 등 상당한 어려운 점들이 많았으리라고 쉽게 짐작할 수 있다.

송도 트라이 보울(Tri-Bowl) 거푸집 및 비계 공사(위드웍스 2008)

두 번째는 구조와 외피가 분리된 경우이다.

외피는 곡면 패널로 구성하더라도 내부 메인 구조는 라멘식 구조로 수직 기둥과 수평 보로 계획하고 패널과 메인 구조를 하지구조 Substructure로 연결하는 방식이다.

패널과 하지구조 부분을 편하중으로 고려하여 설계하기 때문에 구조 해석과 설계는 용이하지만 그만큼 구조 부분에 대한 시공 물량이 더 발생하고, 구조와 하지구조로 인하여 그 사이에 존재하는 공간이 죽어버린다는 단점이 있다.

세 번째는 구조와 외피가 일체화된 가장 이상적인 경우이다.

월트 디즈니 콘서트홀 사례처럼 외피와 구조가 일체화된 형태를 보여주는 구조이다. 경우에 따라 CNC Twisted Tube 같은 구조부재가 설계되기도 하다 보니 이 형태는 구조 해석과 설계가 어렵고 정밀 시공과 철저한 관리가 필요한 어려운 점이 있다.

베이징 국립경기장(촬영 : 진상윤)

그러나 전반적으로 비정형 건축물의 경우 독창성 있는 외피가 설계되고 그 실내에는 대공간이 연출되는 경우가 많아서 구조물량이 정형화된 건축물에 비해서 많이 발생하는 경향이 있다. 그래서 나는 개인적으로 비정형 건축물을 설계하고자 할 때에는 비정형 건축 디자인이 정말로 필요한지 이에 대한 예산이 제대로 확보되었는지를 발주자가 꼭 다시 고려해볼 필요가 있다고 생각한다. 정형화된 건축 디자인도 충분히 역사적인 가치를 가진 훌륭한 건축물을 만들 수 있다.

▌월트 디즈니 콘서트홀

월트 디즈니 콘서트홀은 월트 디즈니 집안이 1987년에 기부한 5천만 달러를 기반으로 시작된 프로젝트로 우여곡절 끝에 2003년 10월에야 비로소 오픈되었다. 비정형 건축물 설계의 대가인 프랭크 게리Frank Ghery가 설계했다. 프랭크 게리는 1929년생 캐나다 출신 미국 건축가로 전 세계에 걸쳐 유명한 비정형 건축물을 많이 설계했다. 빌바오의 구겐하임 미술관, 파리의 루이비통 재단, MIT의 스타타 센터Stata Center가 대표적 작품이다.

그는 나이에서 추정할 수 있듯이 BIM을 잘 쓰는 편은 아니라고 한다. 프랭크 게리는 주로 종이를 이용하여 초기 디자인 안을 잡으며, 그의 팀원들이 종이 모델을 레이저스캐너로 스캐닝하여 3차원 모델을 만들고 건축물의 외피, 구조, 공간 구성을 구체화하여 BIM

데이터를 구축한다고 한다. 즉 프랭크 게리 혼자서 이런 건축물을 설계하는 것이 아니라 그의 팀과 그들이 보유한 과정을 통해 독창성 있는 건축물을 구현해내는 것이다.

월트 디즈니 콘서트홀(촬영 : 진상윤)

월트 디즈니 콘서트홀의 건축 외장은 그야말로 독특함 자체이다. 외장을 덮기 위하여 6,500개의 스테인리스 금속 패널로 설계되었다. 외장 전체적으로 연속성 있는 곡면을 나타내기 위해서는 이를 구성하는 각 패널의 곡률이 다르면서도 그들 간 연속성이 있어야 하기 때문에 패널의 크기와 형태 그리고 곡률에 대한 계획이 설계 단계부터 철저히 분석되어야 한다.

또한 패널 제작비를 고려하여 어떤 부분을 평면 패널로 할 수 있는지, 어떤 부분은 일방향 곡면 패널로, 또 어떤 부분은 이중 곡면 또는 그 이상으로 가야 하는지를 시뮬레이션하고 최적화하는 작업을

외장과 실내 공간(촬영 : 진상윤)

필요로 하며, 이를 패널 최적화Panelization라고 한다. 비정형 건축물에서는 필수적인 요인이다.

월트 디즈니 콘서트홀은 외피와 구조의 일체화가 잘 되었다는 점에서 높은 가치를 인정받고 있다. 예를 들면, 위 사진의 맨 왼쪽을 보면 건물의 외피가 구부러져 올라가는 형태를 볼 수 있다. 그런데 가운데와 오른쪽 사진에서 보듯이 실내에서도 외피가 구부러진 방향과 같이 실내 공간이 연출되는 것을 볼 수 있다. 이렇게 되려면 외피와 구조부재가 일체화된 설계가 필요하다. 즉, 외피의 곡면을 따라 구조부재가 지지하도록 같은 패턴으로 설계해야 하는 것이다.

월트 디즈니 콘서트홀 지붕 외피 부분의 구조(촬영 : 진상윤)

▌동대문디자인플라자(DDP)

동대문디자인플라자DDP, Dongdaemun Design Plaza는 이라크 출신 영국 건축가인 자하 하디드Zaha Hadid와 삼우종합건축사사무소가 설계하고 삼성물산이 시공한, 우리나라의 대표적인 비정형 건축물이다.

개인적으로는 이 건축물의 디자인이 그다지 마음에 들지는 않지만, 2009년 4월부터 2013년 11월까지 시공되었다는 관점에서 보면 국내 BIM 사례가 그다지 많지 않고 까다로운 건축가의 요구 사항에 맞춰 패널 계획과 시공이 잘 수행된 건축물이라 평가하고 있다.

DDP를 실제로 보면 사진에서와 같이 건물 전체적으로 다양한 곡면을 연속성을 가지고 표현하고 있으며 패널과 패널 사이의 오픈 조인트Open Joint의 간격이 완벽하지는 않지만 상당히 일관성 있게 시공된 것을 볼 수 있다.

동대문디자인플라자(이미지 제공 : 삼우종합건축사사무소)

DDP는 47,000여 장의 패널로 구성되어 있는데, 하나도 똑같은 패널이 없다. 그림(156쪽)과 같이 패널 최적화를 통해 평패널, 일방향 곡률 패널 그리고 이중 곡면 패널을 계획하였으며, 각기 다른 패널 제작을 위해 다공 프레스 공법을 개발하였다.

패널 시공에 앞서 패널 설치가 까다로운 부분을 중심으로 세 차례에 걸쳐 목업Mock-Up 모델을 만들어 패널과 접합부 시공을 위한 검증 작업을 거쳤다.

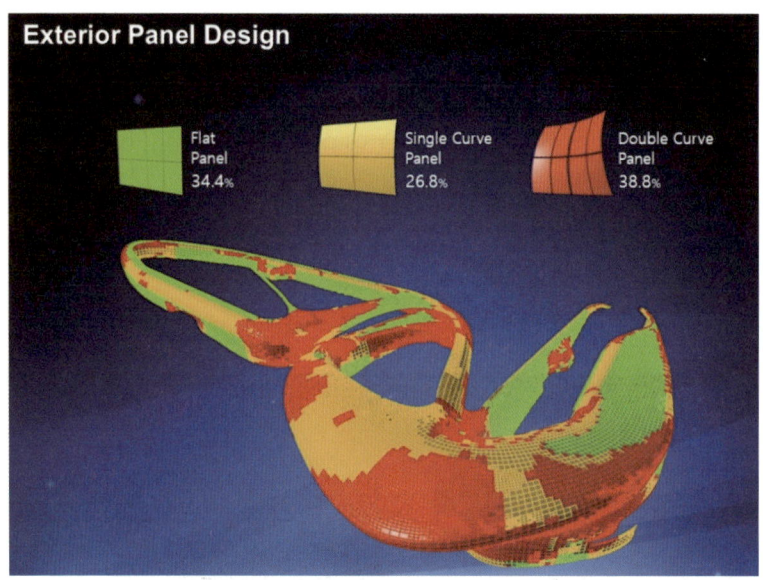

DDP 패널 최적화(이미지 제공 : 삼우종합건축사사무소)

▎카타르 국립박물관의 Panelization 사례

카타르 국립박물관Qatar National Museum은 프랑스 건축가 장 누벨 Jean Nouvel이 설계하고 현대건설이 시공한 건축물로 2019년 3월에 오픈하였다.

카타르의 특징인 사막장미 결정체Desert Rose Crystal로부터 영감을 받아 설계되어 원형 디스크 형태가 얽히고설키는 디자인 특성을 가지고 있으며, 디스크 형태를 철골부재로 지지하는 구조 시스템 으로 설계되었다.

카타르 국립박물관 전경(Baan 2018)

카타르 국립박물관 철골 공사(Qatar Museums 2014)

이 프로젝트에서도 원형 디스크 모양을 구현하기 위하여 패널 최적화가 설계 단계부터 실시되었으며 대안 검토를 통해 최적안이 결정되었다.

그림에 나타난 이 최적안은 원형 디스크를 구성할 수 있는 기본 패널의 형태와 크기가 도출되고 이것들이 360도 돌면서 원형 디스크를 덮는 형태로 개발되었다.

이 결과 카타르 국립박물관의 외장 마감을 위해 50,000여 장에 대한 패널이 개발되었는데, 패널의 재료는 FRC Fiber Reinforced Concrete로 일종의 프리캐스트 콘크리트Precast Concrete 부재이다. 이 패널들은 몰드Mold 제작을 해야 하기 때문에 총 150개의 패널 타입으로 최적화되었다고 한다. 즉, 몰드 하나당 약 300~400개의 패널을 생산하는 것이다.

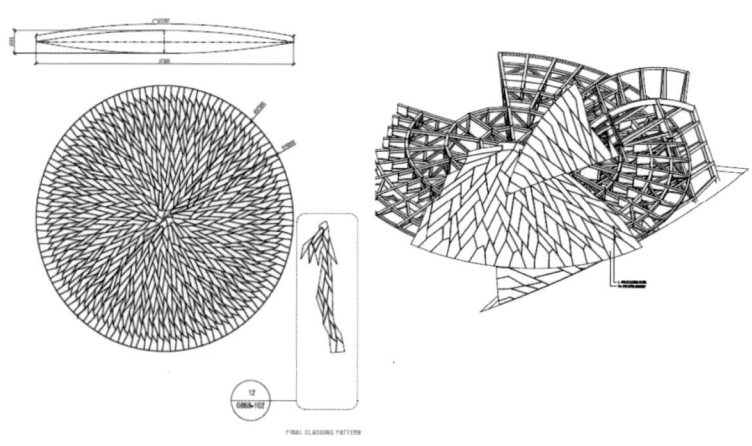

QNM의 패널 최적화 방안(QNM BIM 2011)

▌코오롱 One & Only Tower 사례

서울 마곡나루역 근처에 가면 코오롱 One & Only Tower라는 건물이 있다. 미국 Morphosis Architects와 (주)해안건축이 설계하고 코오롱글로벌(주)이 시공한 코오롱 그룹 신사옥 건물이다. 비정형 부분과 정형 부분이 적정하게 배분되어 랜드마크 요인과 기능성이 잘

조화되어 개인적으로 매우 좋아하는 건축물이기도 하다.

코오롱 One & Only Tower 야경(촬영 : 진상윤)

이 건축물은 설계 초기 단계에서부터 Morphosis Architects가 BIM
으로 설계하였는데, 시공 단계에서도 BIM이 지속적으로 활용되었
다. 특히 이 건물의 정면은 서측을 향하고 있어 햇빛 차단을 하면서
도 코오롱의 이미지를 표현하고, 또 반면에 실내에서 공원을 향한
조망도 가능하도록 차양이 설계되었다. 차양의 빛 차단과 태양광
노출도는 물론 서측 외피 시스템에 대한 실내 조망 그리고 외피 시
스템의 구성까지 BIM으로 분석되고 구축되었다.

서측 정면의 역동적인 디자인을 구현하기 위하여 비정형 철골 구
조가 설계되었는데, 각 구조부재가 서로 다른 각도로 기울어져 있

어 기둥을 정확한 각도로 가공하고 정확한 위치에 시공하는 것부터가 어려운 점이었다. 그 외의 부재들 역시 특정한 기울기를 가지고 있어 평면도나 2차원 도면으로는 각 부재의 위치와 각도를 정확히 파악하기 어려웠기 때문에 BIM과 3D 스캔을 이용한 시공으로 수행하였다.

BIM을 통해 여러 차례에 걸쳐 설계 사전 검토를 시행했고, BIM을 기반으로 각 부재의 정확한 좌표값을 도출하고 이를 기반으로 제작을 했다. 부재를 제작하고 현장에서 설치하는 과정에서도 3D 스캐너를 이용하여 철골 중력에 의한 변위까지 점검함으로써 시공 오차 발생을 미연에 방지할 수 있었다(코오롱글로벌 2018).

▍비정형 건축물 시공 불량 사례

앞에서 설명한 바와 같이 비정형 건축물의 설계 및 시공 단계에서 BIM을 기반으로 한 Digital Fabrication 과정을 수행하는 것이 필수적이다. 반면 이런 과정을 거치지 않은 경우 상당히 심각한 시공 불량 결과를 볼 수 있다. 안타깝게도 이런 시공 불량 사례가 국내에도 존재하는데, 타산지석의 교훈으로 삼아 다시는 이런 결과가 반복되지 않기를 바라는 마음에서 소개한다.

바로 2014년 인천 아시안게임 경기장인 계양 경기장의 예를 들고자 한다.

이 경기장의 설계안을 보면 초기 설계 단계에서는 3D CAD 도구를 사용한 것 같지만, 그 이후 BIM을 이용한 Digital Fabrication은 전혀 실시하지 않은 것으로 보인다. 시공된 사진을 보면 패널 크기나 형태에 대한 계획이 제대로 되지 않은 것이 명확히 드러나고 패널과 패널 사이 오픈조인트의 두께를 보더라도 일정하지 않으며, 현장에서 피팅과 커팅을 통해 설치한 것으로 보이는 패널도 있다.

정면 주 출입구의 커튼월 부분을 보면 볼록한 정면부를 평면유리 패널로 설치하고자 하는 경우 기본을 삼각형으로 계획하여 제작해야 함에도 불구하고 사각 평면 패널로 설치하다가 곡률이 심해 들뜸현상이 발생하는 부분만 어쩔 수 없이 반으로 잘라서 삼각형 패널로 가공한 부분이 있는 것을 볼 수 있다.

과연 이러한 시공 불량 사례의 책임은 누구에게 있을까? 그런데 시공사, 설계사, 건설사업관리자 어느 특정 누구 탓도 하기 어려운 경우라고 한다. 위드웍스 김성진 소장에 의하면 공공공사 실적공사비 단가체계에 비정형 부분과 정형 부분에 대한 구분이 없기 때문에 비정형 건축물 외장공사가 정형 부분에 비해 2배 이상 소요됨에도 정형 공사의 예산으로 잡히는 것이 근본적인 원인이다.

설계시공 입찰분리 방식으로 진행된 이 공사의 경우 최저가 낙찰로 시공사가 선정되고, 또 그 도급내역을 중심으로 외장패널 등에 대한 전문 업체를 선정할 때는 공종별 예산에는 Digital Fabrication을 실시할 수 있는 전문 업체가 들어올 여지가 없다는 것이다.

인천 계양 경기장 설계안 및 시공 사진(위드웍스 2014)

▌비정형 건축 설계 및 시공 시 유의점

따라서 비정형 건축물에서 이와 같은 시공 불량 사례가 발생하는 것을 방지하기 위해서 위드웍스 김성진 소장은 다음과 같은 사항이 비정형 건축설계 및 시공 과정에서 반드시 고려되어야 한다고 강조한다.

첫째, 비정형 곡면 분석에 의한 패널 최적화Panelization를 설계 단계부터 수행해야 한다.

둘째, 패널 곡면 유형에 따라 어떤 재료가 적합할지를 검토해야 한다. 예를 들면, 콘크리트 단일화 구조를 채택할지, 또는 금속 패널, 아니면 금속 시트Sheet로 할지 등에 대한 대안 검토가 필요하다.

셋째, 메인 구조 시스템과 외피를 받쳐주는 서브Sub 구조 시스템을 결정해야 한다.

넷째, 비정형 패널 공사에 대한 예산이 제대로 확보되어야 한다. 앞에서 언급한 시공 불량 사례 재발을 방지하기 위해 설계 단계부터 예산을 확보하는 것이 중요하다.

다섯째, 3차원 설계 검토 및 간섭 체크 등이 가능하고 3차원 시공도 작성에 의한 제작 및 시공이 가능한, 즉 Digital Fabrication 수행이 가능한 전문시공업체를 확보해야 한다.

여섯째, Digital Fabrication을 하고 1:1 스케일의 Digital Mock-Up을 만들더라도 이것들이 실제 Mock-Up을 대체해서는 안 된다고 한다. 실제 Mock-Up을 통해 패널과 접합부 등 디테일한 부분에 대한 제작과 시공 과정을 검증해야 한다. 또한 가장 어렵다고 판단되는 부분을 중심으로 Mock-Up을 통한 검증을 수행하는 것이 필수적이라고 강조하고 있다.

03

시공사와 VDC

▌ BIM과 VDC

미국이나 영국의 웬만한 건설사 홈페이지를 방문하면, 그들이
제공하는 주요 서비스 중의 하나가 BIM임을 쉽게 알 수 있다. 그런
데 재미있는 것은 이들 중 몇몇은 BIM과 구분하여 VDC Virtual Design
and Construction라는 용어를 사용하고 있다는 점도 알 수 있다.

스탠퍼드 대학의 CIFE Center for Integrated Facility Engineering와 싱가
포르의 BCA Building Construction Authority는 VDC를 다음과 같이 설명
하고 있다. 설계, 시공, 유지관리 등 생애주기에 걸쳐 BIM을 활용하
고 여러 분야 참여자들과의 협업을 통해 각 단계별 목표 달성을 지
원하는 것이다.

이는 BIM이 3차원 모델과 관련된 정보 그리고 그것을 기반으로 협업하고 데이터를 공유하는 개념으로 정의되었던 것에 비해, 전문 업체와 제작사 등을 포함하여 생애주기 동안 관련된 참여자들의 BIM 협업과 활용 범위를 확대한 것으로 해석할 수 있다.

하지만 굳이 이 용어의 정의를 구분할 필요를 못 느낀다면 BIM과 VDC를 동일시해도 전혀 문제가 없다.

▌Gilbane Building Company

Gilbane Building Company는 미국의 건축 시공 분야에서 톱 랭킹에 드는 시공과 건설사업 관리를 겸하는 건설사이다. 이 회사에서 BIM을 담당하는 Kevin Bredeson은 "BIM을 도입한 프로젝트에서는 RFI Request For Information가 50~70% 줄었고, 그에 따라 Change Order계약 변경도 줄었다. 공기는 약 10% 정도 단축시킬 수 있었으며, 비용 효과는 어마어마하다. 단계마다 프로젝트 관리하는 방법을 향상시켰고, 이는 발주자에게 더 많은 가치를 전달할 수 있게 한다" 라고 BIM 도입의 효과를 평가하였다.

여기서 RFI가 줄었다는 말은 BIM을 통해 설계도서 오류를 줄일 수 있었다는 것이다. 왜냐하면 RFI는 설계도서 오류가 발견되었을 때 이 부분을 확인하기 위해 건설사업관리자에게 문의하는 질의서이기 때문이다. 앞서 언급한 바와 같이 BIM으로부터 설계도면을 생성하기 때문에 도면의 일관성을 확보함으로써 오류를 대폭 줄일

Gilbane VDC 관련 역량 소개(Gilbane 2018)

수 있었다는 것이다.

Change Order는 RFI를 통해 발견된 설계 오류로 인한 설계 변경이 어느 정도 범위가 커서 계약 기간이나 비용의 변경이 수반되는 계약 변경을 의미하는 것으로 발주자에게는 사업상의 리스크를 의미한다.

BIM을 통해 공기가 약 10% 정도 단축되었다는 말은 크게 3가지 요인으로 생각해볼 수 있다.

첫째, BIM을 통해 가시화함으로써 문제 파악이 용이해지고, 참여자들 간 협업을 통해 해결책을 모색하고 의사 결정하는 과정이 2D 도면 기반일 때에 비해 월등히 수월해진다는 것이다.

둘째, BIM을 통해 프리패브화Prefabrication 부분을 늘림으로써 현

장 시공 물량은 줄이고 설치Assembly 물량을 증가시켜 공기를 단축
시킨다는 것이다.

셋째는, BIM 기반 레이저 레이아웃Laser Layout 등을 통해 시공 프
로세스를 혁신적으로 개선시키고 현장 피팅 작업이 최소화되어 공
기가 단축된다는 것이다.

이러한 효과로 인하여 미국과 유럽의 건설사들은 BIM을 적극 도
입하고 있으며, 이에 그치지 않고 4차 산업혁명 기술까지 적극 응용
하면서 드론, 레이저스캐너, 증강현실기술 등과 연계를 통한 스마
트 건설 체계 도입까지 추진하고 있다. 이 내용과 관련해서는 이 책
의 후반부에서 더 구체적으로 다루도록 하겠다.

▎LH 진주 신사옥 시공 BIM 수행 사례

국내에서 시공 단계에서 BIM을 적극적으로 활용한 사례 중 하나
가 LH 진주 신사옥 시공 사례이다. 2012년 11월부터 2015년 3월까
지 약 26개월간 시공된 진주 신사옥은 기술 제안 입찰안내서상에서
부터 상세한 시공 BIM 수행을 요구했으며, 시공 단계 BIM 수행을
위한 별도의 예산을 확보하고 세부적인 BIM 수행계획을 바탕으로
6명에서 12명 정도의 현장 상주 BIM팀을 통해 운영하였다.

이 사업에서는 현장 상주 BIM팀을 통해 기술제안 내용을 바탕으
로 시공 BIM을 구축하고 현장에 BIM Room을 설치함으로써 전문
업체들이 복잡한 설계안을 이해하고 문제점을 파악하는 데 큰 도움

을 주었다(제2장 5절 '시공 단계 BIM' 참조).

전문 업체들은 BIM 데이터를 바탕으로 3D 단면 또는 2D 단면을 원하는 만큼 충분히 얻을 수 있었으며, 이를 바탕으로 문제점 파악과 해결책 모색을 위한 협업은 물론 BIM 데이터를 직접 또는 간접적으로 활용하여 샵드로잉을 만들어 부재 제작과 현장시공에 활용하였다.

진주 신사옥 BIM(이미지 제공 : (주)두올테크)

설계 특성상 철골, 커튼월, 루버 그리고 곡면 금속 패널 등의 제작에는 BIM 데이터를 직접 활용하여 정확한 부재를 생산하였다. 또한 상부층으로 갈수록 전체 평면이 조금씩 줄어드는 Tapered 형상 디자인으로 층마다 슬래브 끝선이 달라지기 때문에 이 부분을 BIM

을 통해 효과적으로 검토하고 시공에 반영하였다.

그 외에 MEP를 비롯한 많은 전문 업체가 시공에 앞서 설계안을 이해하고 샵드로잉을 제작하는 데 효과적으로 활용하였다.

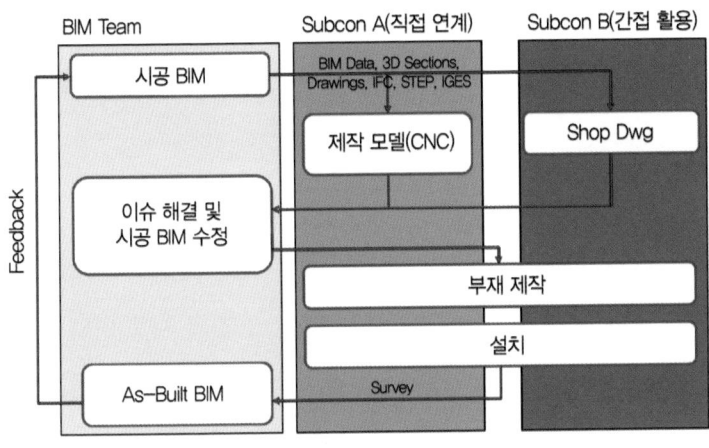

전문건설사의 BIM 활용(박규현 외 2014)

이러한 이유로 이 사업에 참여한 전문 업체들의 BIM에 대한 만족도는 매우 높았으며, 다음과 같은 사항에 특히 만족했다고 응답하였다.

• BIM을 통해 복잡한 설계안을 명확히 이해할 수 있었다.
• 샵드로잉 오류를 최소화하고 부재 제작의 생산성을 향상시켰다.
• 비정형 부위 및 부재에 대한 시공 리스크를 제거할 수 있었다.
• 타 공종과 연계된 복합공종 간 간섭 등의 문제점을 확인하고 해

결하는 것이 용이했다.

- BIM Room을 통해 발주자, 시공자, 전문 업체 등 참여자 간 의사 소통을 원활히 할 수 있었다.
- 비정형 또는 곡면 부재뿐만 아니라 다양한 부재의 제작에 대한 손율을 15~60% 이상까지 감소시킬 수 있었다.
- 전문 업체도 수주 경쟁력을 확보를 위해 BIM 능력을 확보하는 것이 필요하다고 느꼈다.

이 사업의 경우 나는 시공 BIM 수행에 대한 자문교수로서 시공 BIM의 정량적 가치 분석을 실시하였다. 그 결과 시공 BIM 수행을 통해 총공사비 대비 11~18% 정도에 해당하는 시공 리스크 해소에 BIM이 절대적으로 기여한 것으로 파악되었다.

이는 총공사비의 약 1% 미만이 BIM 수행 예산에 투입된 것을 바탕으로 보면 약 12~19배 정도 투자 대비 회수 효과가 발생한 것으로 볼 수 있다.

▍BIM을 활용한 현장안전계획 승인

BIM은 시공 단계 안전관리에서도 효과적으로 활용되고 있다. 다음 그림은 미국 Turner 건설사의 사례로, 뉴욕시 건축과에서 2012년에 처음으로 현장 울타리, 보호막, 크레인, 호이스트 및 기타 장비와 자재의 위치를 포함한 BIM 데이터와 도면을 통해 현장안전계획을 승인받은 사례이다.

　BIM을 통해 현장안전계획의 적정성을 더욱 쉽고 효과적으로 파악할 수 있었기 때문에 승인 시간도 단축되었고, 승인된 도면과 BIM 데이터는 모바일 장비를 통해 현장에서도 유용하게 활용되었다고 한다.

BIM 기반 안전관리 사례(Turner 2012)

▌ BIM과 Off-Site Construction/모듈러 건축/프리패브화

　요즘 건설산업에서 많이 화자되고 있는 것 중의 하나가 모듈러 Modular 건축과 OSC Off-Site Construction이다. 근데 사실 OSC, 모듈러 공법 그리고 프리패브화까지 이 3가지가 매우 연관성이 높고 밀접한 관계가 있다.

미국 NIBS National Institute of Building Sciences의 Off-Site Construction Council에서는 OSC를 다음과 같이 정의하고 있다. "Off-Site Cnstruction 은 건축물의 시공을 보다 빠르고 효율적으로 지원하기 위하여 건물 구성재에 대한 계획, 설계, 제작, 조립과정을 그것들이 최종적으로 설치되는 위치가 아닌 장소에서 수행하는 행위이다. 그런 건물구 성재는 다른 장소에서 제작된 후 현장으로 수송되거나, 또는 현장에 서 조립된 후 최종 설치 장소로 이동될 수 있다. OSC는 계획과 공급 사슬망까지 통합하고 최적화한 전략이라는 특성을 가진다."(OSCC 2020)

모듈러 공법은 "3차원 형상 프레임으로 이루어진 공간에 60～ 80% 정도 사전에 제작된 모듈러 유닛을 현장으로 운반 후 조립하는 공법"으로 정의된다(안용한 2017).

정의를 잘 살펴보면 OSC의 정의가 가장 큰 범위로, 계획, 설계, 제 작, 조립, 물류, 설치에 이르기까지 전 과정을 통칭하며 프리패브화 와 모듈러 공법을 모두 아우르는 개념이라고 판단할 수 있다. 모듈 러 공법 역시 프리패브화의 한 형태로 모듈러 유닛이라는 특징이 강조된 개념이라고 판단하면 된다.

이 3가지 개념을 살펴보는 이유는 이것들이 결국 계획과 설계를 거쳐 정확하게 제작되고 계획된 일정에 맞춰 현장으로 수송되어 시 공오차 없이 설치되는 과정을 거쳐야 하기 때문이다. 커튼월이나 철골부재처럼 프리패브화를 하건 각 세대를 유닛화하여 주거 건축물을 모듈러 공법으로 시공을 하든 또는 건물의 거의 모든 구성재를 OSC로 짓는 전략으로 수행하여 프로젝트의 가치를 극대화하든 초점의 대상과 범위의 차이일 뿐, 이를 성공적으로 수행하기 위해서는 BIM이 핵심 역할을 할 수밖에 없다.

그것이 OSC이든 모듈러이든 프리패브화이든, BIM이 핵심적인 정보의 캐리어Carrier이자 컨테이너Container의 역할을 한다는 것이다.

계획이나 설계 단계에서부터 무엇을 모듈화하고 유닛화할 것인

MEP 부재 모듈러 시공에 활용된 RTS 레이아웃 프로세스(김경훈 2020)

지에 대한 검토와 시뮬레이션을 위해서 BIM이 필요하다. 제작 또한 정밀 제작을 위해 BIM 데이터를 직접 활용하거나 BIM으로부터 추출된 데이터를 활용해야 정확한 모듈 또는 유닛을 생산할 수 있을 것이다.

시공 단계에서는 이미 시공된 부분과 접합부 또는 연결재를 통해 설치되어야 하기 때문에 현재 시공 상태에 대한 정확한 정보를 확보하고 시공 오차를 모니터링하며 정밀 시공을 수행해야 한다. 특히 시공 단계에서는 BIM과 측량기술 연계를 통하여 이러한 정밀 시공을 효과적으로 수행할 수 있는 것이다.

▌ BIM 기반 공급사슬망 관리
(BIM and Supply Chain Management)

BIM은 롱리드 아이템Long-lead item의 설계부터 제작 그리고 시공에 이르기까지 전체 공급사슬망 관리에도 효과적으로 기여할 수 있다. 여기서 롱리드 아이템이란 현장에 시공되기 오래전부터 준비해야 하는 자재들로 설계, 목업, 샵드로잉, 제작, 출하 및 입고, 설치 등의 과정을 계획하고 관리해야 하는 자재들을 일컫는 용어이며, 철골, 커튼월, PC Precast Concrete 등이 해당된다.

롱리드 아이템들은 값비싼 주요 자재이고 또 주공정선Critical Path 상에 있는 액티비티와 연관되어 있기 때문에, 현장에서도 공급사슬망 관리는 물론 JIT Just-In-Time 시공을 통해 현장 야적공간 최소화와 공기단축도 꾀하고 있다.

BIM 기반 공급사슬망 관리는 이후에 설명할 Off-Site Construction 이나 Smart Construction에서 추구하고 있는 바이기도 하다. 나는 이 개념을 (주)두올테크와 2002년부터 삼성그룹 서초 본사 사옥 프로 젝트에서 RFID Radio Frequency IDentification라는 무선인식기술과 BIM 을 연계하여 PMIS Project Management Information System를 구축하고 철 골과 커튼월 부재를 대상으로 적용한 바 있는데, 이 책에서는 철골 부재를 대상으로 소개하고자 한다.

철골부재 공급사슬망 관리의 시작은 샵드로잉에서 시작되었다. 샵드로잉이 완성된 부재에 한하여 BIM으로 표현하였기 때문에 BIM만 보더라도 어디까지 철골부재 샵드로잉이 진행되었는지 알 수 있었다. 이어 제작, 출하 및 입고, 설치에 이르기까지 과정 동안 부재별로 RFID를 이용하여 추적관리를 하였는데, 단계별로 보면

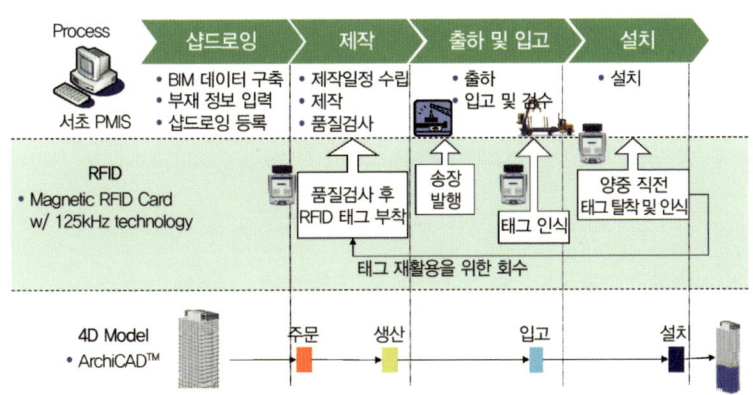

RFID와 BIM 연계 공급사슬망 관리 프로세스(Chin et al. 2008, 윤수원 외 2011)

다음과 같다.

1. 제작 단계에서는 협력업체와 철골부재별 제작일정을 PMIS를 통해 공유하고 일정에 따라 부재가 제작된다.

2. 품질 검사를 받고 합격한 부재에 한하여 제작업체가 RFID 태그를 부착한다(앞의 그림 참조). 이때부터 태그와 부재 정보가 연계되어 공급사슬망의 추적관리가 시작된다. 이 단계에서 생산된 부재의 상태는 '제작 완료'로 바뀌고 그에 따라 BIM의 해당 객체에 대한 상태 정보와 색깔이 변경된다. 생산된 자재는 별도의 요청이 있을 때까지 공장에 야적된다. 이때 협력업체가 태그를 부착하고 부재 정보와 연동하기 위해서는 계약 단계부터 이런 프로세스에 대한 요구가 반영되어야 한다.

3. 이후 현장 시공 진행 상황에 따라 설치 일정이 되면 현장에서 PMIS를 통해 출하 요청을 보내고 공장에서는 송장을 발행하고 설치 일정에 맞춰 현장으로 수송한다. 출하 정보가 PMIS를 통해 관련 관리자들에게도 통보된다.

4. 현장에 입고된 부재는 RFID 태그 인식을 통해 올바른 부재가 왔는지 확인하고 자재 검수를 실시한다. 검수가 완료된 자재의 상태 정보는 '입고 완료'로 변경된다.

5. 설치를 위해 부재를 양중할 때 부재에 부착된 태그를 인식과 동시에 탈착하고 재활용을 위해 회수한다. 설치된 부재의 상

태는 '설치 완료'로 변경된다.

철골부재에 부착된 RFID와 BIM을 이용한 진도 가시화(Chin et al. 2008)

이상의 단계와 같이 추적관리하며 공급사슬망 단계별로 부재의 상태를 BIM에서 다른 색으로 표현되도록 관리하였다. 이를 통해서 BIM만 보더라도 어떤 부재가 제작되었는지, 현장에 설치되었는지, 또 입고는 되었지만 설치가 안 되었는지 등의 여러 가지 상태를 알 수 있었고, 설치된 부재를 기준으로 해당 공종에 대한 진도율을 파악할 수 있었다.

이 시스템은 2006년 당시에도 국제적으로도 상당한 혁신 성과로 인정되어 2008년 미국 FIATECH으로부터 기술혁신상을 받고 그해에 ENR Engineering News Record에 커버스토리로 소개되기까지 하였다.

현재도 이 시스템의 개념은 스마트 건설 분야에서 스마트 자재관리, 공급사슬망 관리, 진도관리, 물류관리 관점에서 QR 코드, 비이콘Beacon, 이미지 인식Image Recognition 기술 등과 BIM 연계를 기반으로 응용되고 있다.

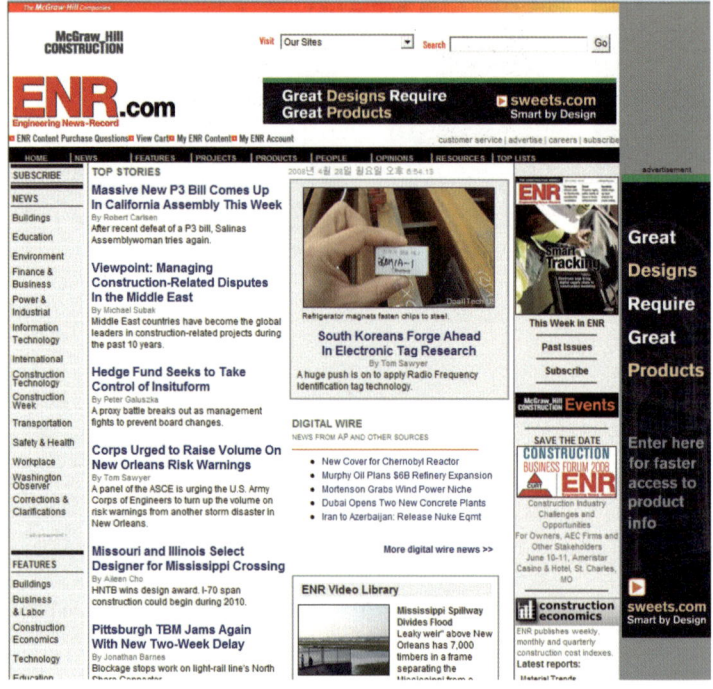

ENR에 소개된 RFID 기반 공급사슬망 관리 시스템

04
새로운 건설 비즈니스 방식과 BIM

BIM의 등장으로 발주자, 설계자, 시공자 등 여러 주체들이 보다 적극적으로 협업을 수행할 수 있는 환경이 구축되면서 새로운 건설 비즈니스 패러다임Business Paradigm이 국내외적으로 생겨나고 있다.

따라서 이번에는 IPD Integrated Project Delivery, ECI Early Contractor Involvement, 프리콘 서비스Preconstruction Service 그리고 시공책임형 CM과 BIM에 대해서 살펴보고자 한다.

▌IPD(Integrated Project Delivery)

미국 건축사협회는 IPD를 다음과 같이 정의하고 있다.

"IPD is a collaborative alliance of people, systems, business structures and practices into a process that harnesses the talents and insights of all participants to optimize project results, increase value to the owner, reduce waste, and maximize efficiency through all phases of design, fabrication, and construction."(AIA 2007)

이를 우리말로 쉽게 풀어쓰면 "IPD는 사람, 시스템, 비즈니스 구조와 실무를 협업 기반으로 묶어놓은 협의체 기반의 조달 방식이다. 이는 설계, 제작, 시공에 이르기까지 전 과정에 걸쳐 모든 사업 참여자의 재능과 통찰력을 최대한 활용함으로써 프로젝트 가치를 극대화하고 낭비를 줄이며 효용성을 극대화하기 위한 것이다"라고 할 수 있다.

IPD는 양자 간의 계약을 기본으로 하고 있는 기존 계약방식과는 매우 다르다. 그림과 같이 기존 설계시공분리입찰의 경우 발주자가 건설사업관리자를 고용하고 설계자와 시공자를 각각 계약하며, 시공자는 다시 전문 업체들과 계약한다.

이러한 계약 구조에서는 각 계약 당사자들이 계약 범위 내에서 각자의 이익을 최대화하기 위해 노력하고 그러다 보니 이 과정에서 분쟁도 많이 발생한다. 그에 비해 IPD는 전문 업체를 포함한 사업참여자들이 각자 일정 부분의 지분을 가지고 해당 사업에 파트너로 참여하는 방식이다. 그래서 IPD를 다자간 협약Multiple Party Agreement이라고 칭하기도 한다.

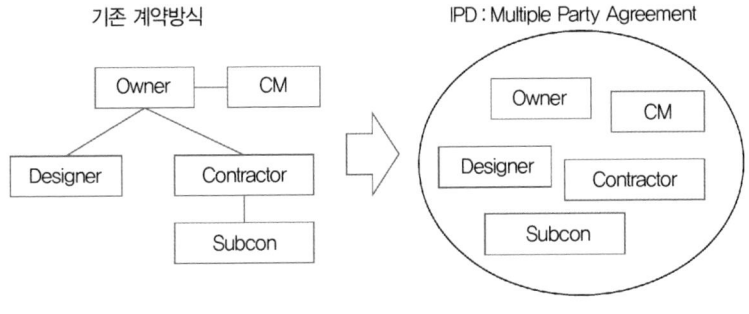

기존 계약방식과 IPD 비교

　IPD는 대상 프로젝트에 대한 기본 계획을 통해 사업 범위와 목표 성능을 결정하고 이를 기반으로 사업목표금액Target Cost을 발주자와 시공사 간 협상을 통해 결정한다.

　공사는 실비정산 방식으로 하되 실제 투입된 비용이 사업목표금액보다 작을 경우 그 차액인 수익분을 각자 지분율만큼 이익으로 공유하는 개념이다. 그래서 IPD는 Share Rewards or Risk 방식(이익이나 손해를 나누는 방식)이라고도 한다.

　또한 이 사업은 특종 공종에서 사업비 예산을 남긴다고 해서 그 공종의 사업자가 이익을 취하는 것이 아니다. 어느 공종에서 남건 전체 공사비와 사업목표금액 간 차액을 지분별로 나누는 방식이다. 그러다 보니 전체 프로젝트를 위해 어떤 대안이 프로젝트 가치를 가장 높일 수 있는지에 대한 공통된 목표를 가지고 참여자들이 협업을 수행할 수 있는 것이다.

　설계 단계부터 주요 전문 업체들이 참여하는 것이 이 사업의 또 하나의 특징이다. 구조, 기계, 전기, 소화 설비 등 주요 전문 업체들이 사업초기단계부터 지분을 가지고 참여하는데, 그 이유는 이들이 실제로 시공을 수행하는 주체들이기 때문에 설계상 문제점과 대안을 제시할 수 있고 또 어떻게 하면 공사비를 절감할 수 있는가에 대한 아이디어를 설계 단계부터 제시할 수 있다는 점이다.

물론 이들이 시공 단계에서 해당 공종에 대한 시공을 책임지고 담당한다. 또 이들의 참여는 어떻게 설계 대안을 개발해야 사업목표금액 이하로 만들 수 있을지를 가지고 추진하기 때문에 Target Value Design이라 불리기도 한다.

미국 오하이오Ohio주의 아르콘Arkon 어린이병원의 경우 사업 초기 사업목표금액을 $180million으로 잡았는데, 그 시점에서 시공사가 추정한 사업비는 이보다 거의 20%가 높은 $211million이었다고 한다. 하지만 그 이후 IPD 팀을 통해 지속적으로 설계 대안을 개발

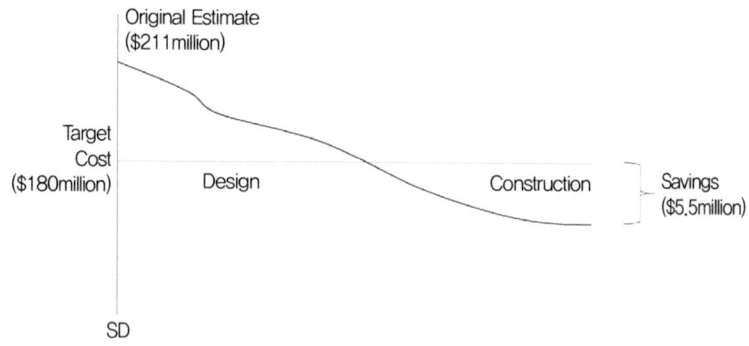

Akron Children's Hospital의 Target Value Design(Ai et al. 2015)

하였고 이를 통해 준공 시 $5.5million의 사업목표금액 대비 절감액
을 달성할 수 있었다(Ai et al. 2015).

▌ Sutter Health Medical Center Project의 IPD 사례

미국 캘리포니아주에 소재한 Sutter Health Medical Center 프로젝
트에도 IPD가 적용되었다. 이 병원의 경우 캘리포니아주의 내진규
정이 더욱 강화되면서 기존 병원 건물을 해체하고 병원 신축을 해
야 하는 상황이었다. 예산과 공기에 대한 부담감이 커서 사업주가
IPD를 채택한 경우이다.

이 사업은 설계 초기부터 전문 업체를 포함한 11개사로 IPD 팀이
구성되었다. 이들은 발주자, 린건설 및 BIM 컨설턴트, 건축사, 시공
사, 구조 엔지니어링, 기계 엔지니어링, 전기 엔지니어링, 기계 전문
건설사, 배관 전문건설사, 전기전문건설사, 소방설비 전문건설사
등이다.

이들은 공통된 프로젝트 목표를 최상의 디자인 및 공사 품질 확
보, 일반적인 병원 공기 대비 30% 공기 단축, 목표금액 이하 공사비
준수(Target cost $320million)에 두었다.

목표 달성을 위해 그들은 린건설의 주요 개념인 LPS Last Planner
System(189쪽 설명 참조)을 통해 여러 분야 간 효과적인 협업 전략을
수립하고 재작업을 최소화하였다.

또한 BIM 중심의 설계관리, 정보 공유, 리스크 최소화는 물론

BIM 기반의 견적, 간섭 및 설계 조정, 프리패브 활용, 4D BIM 공정 관리 등을 적극적으로 활용하였고 이를 위해 Big Room(2장에서 언급)을 운영하였다.

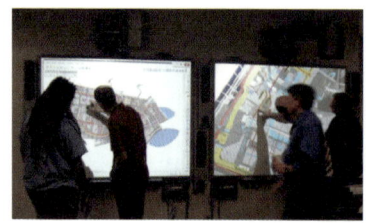

BIM과 IPD 프로세스(Sutter Health 2018)

사실 IPD 전문가들 말에 의하면 이 조달 방식은 사업리스크가 적고 관리하기 쉬운 프로젝트에는 적용할 필요가 없다고 한다. 그런 사업은 오히려 최저가 입찰 방식이 더 효과적이기 때문일 것이다. 하지만 사업리스크가 큰 경우 최저가 입찰로 낮은 가격에 시공사를 선정하더라도 설계 변경과 각종 리스크 발생으로 입찰가격보다 훨씬 더 높은 비용을 지불해야 하는 것은 물론 사업 기간도 늘어날 가능성이 매우 높다.

그렇기 때문에 IPD는 발주자 관점에서 사업리스크가 커서 운영하기 부담이 큰 경우에 많이 도입한다. 물론 최저가보다 사업목표 금액이 더 높게 잡히겠지만, 한번 결정되면 사업 참여자들이 그 금액보다 낮은 비용을 실현해야만 이익을 공유할 수 있고 그렇지 못하면 잘해봐야 실비 정산으로 공사하는 것에 그치기 때문이다.

▎건설사의 설계 단계 조기 참여 ECI

ECI Early Contractor Involvement는 종합건설사 또는 전문건설사가 설계 단계부터 참여하는 방식을 의미한다. 일반적으로 전문건설사는 시공 단계에서 시공사와 계약을 해왔다. 그러다 보니 시공 단계에 와서야 설계상 문제점이 드러나고 이로 인한 설계 변경과 계약 변경 등이 발생하여 공사비와 공사 기간, 품질 등에 대한 리스크로 연결되었다.

이러한 문제를 설계 단계에서 해결하기 위해 주요 공종을 대상으로 설계 단계부터 전문건설사를 참여시킴으로써 시공 리스크를 사전에 제거하고 시공 단계에서 설계안에 따라 리스크 없이 공사를 수행하겠다는 것이 ECI의 목표이다. 앞에서 설명한 IPD는 전문건설사들이 설계 초기부터 참여하는 ECI이며, 이후 설명할 프리콘 서비스와 시공책임형 CM은 실시설계 단계부터 참여하는 ECI 방식이다.

▎프리콘 서비스

프리콘 서비스Preconstruction Service는 발주자를 위해 실시설계 단계에서 주요 공종에 대한 전문건설사 또는 그에 상응하는 기술자를 참여시켜 설계안을 검토하고 시공 리스크를 제거한 실시설계안을 개발하는 ECI 개념이 포함된 서비스를 말한다. 이 과정에서 BIM이 매우 중요한 도구로 활용되며 공사비를 절감하기 위한 각종 대안 개발과 검토도 수행된다. 이 방식은 서비스 용역으로만 수행되는 경우도 있고 또는 이를 바탕으로 발주자에게 공사비를 보장하고(GMP Guaranteed Maximum Price 방식) 책임 시공까지 하는 경우도 있다. 국내에서 GS건설이 최초로 도입하였으며 그 이후 대우건설, 포스코건설 등 다른 시공사로 확대되고 있다.

▌시공책임형 건설사업관리

국내에서 IPD와 ECI 발주방식은 민간 공사에 일부 제한적으로 시도된 바 있지만, 시공책임형 건설사업관리의 경우 2017년부터 국가계약법 제42조에 의한 특례로서 '시공책임형 건설사업관리방식 특례운용기준'을 규정하여, 2018년에 '시공책임형 건설사업관리'를 국가계약법으로 제도화하기로 건설산업 혁신방안을 발표하였다.

「건설산업기본법」 제2조 제9호에서는 시공책임형 건설사업관리를 다음과 같이 정의하고 있다.

> "종합공사를 시공하는 업종을 등록한 건설업자가 입찰에 참여하여 확정된 낙찰자 결정 방식에 따라 시공적격자로 선정된 후, 시공 이전 단계에서 건설사업 관리 업무를 시행하고, 이들 업무수행 결과를 반영하여 시공적격자가 책임질 수 있는 최대 보장공사비를 협상을 통하여 사전에 확정하고 건설사업 관리 및 공사에 대한 본 계약을 체결한 후, 시공 단계에서는 확정된 최대 보장공사비 내에서 공사를 책임수행하고, 공사완료 후 절감액 공유를 위한 정산을 수행하는 방식"

어찌 보면 IPD를 국내 현실에 적합하도록 만든 방식이라고도 할수 있는데, 특례법에 의거하여 LH가 현재 시범사업으로 수행하고있다. 원 설계안을 바탕으로 실시설계 단계에서 BIM을 활용하여각종 대안 검토를 실시하고 이를 통해 개발된 공사비 절감액을 실현하면 LH와 사업자가 절감액을 공유하는 방식이다. 이 과정에서 ECI 개념을 적용하여 전문건설사의 참여를 통해 설계 품질을 향상시키고 시공성을 확보하는 것이 이 방법의 가장 큰 장점이기도 하다(김경래 2018).

내 연구실에서는 건설사업의 발주방식별 BIM 활용 효과를 알아보기 위해 대표적 발주방식 3가지(설계시공분리발주방식, 일괄입찰방식, 시공책임형 건설사업관리방식)를 대상으로 발주방식별 BIM 적용의 효율성을 분석하였다(김이제 외 2019). 그 결과 시공책임형 건설사업관리방식CM at Risk이 현 시점에서는 실질적인 BIM 수행 효과를 얻기에 가장 효율적인 발주방식으로 분석되었다.

또한 시공사뿐만 아니라 전문건설사가 설계(또는 Preconstruction)단계에 참여하는 발주방식에서 BIM 적용 효과가 더욱 큰 것으로 나타났으며, 다음과 같은 방안이 필요한 것으로 조사되었다.

첫째, 시공사와 전문건설사가 중간 설계 단계에 동시에 참여하는 방식과 중간 설계 단계에서 시공사 참여 후 실시설계 단계에 전문건설사가 참여하는 등의 다양한 조기 참여 방식이 필요하다.

둘째, 실무자들을 대상으로 전문건설사의 조기 참여를 통해 BIM

적용 효과를 높일 수 있는 공사 업종을 조사한 결과, 기계설비, 철근 콘크리트, 전기, 토공사, 소방, 강구조물, 비계 및 가설, 실내건축 등의 순위로 조기 참여에 대한 기대 효과가 큰 것으로 나타났다.

전문건설사 조기 참여 기반의 BIM 발주 프로세스는 BIM 중심의 프리콘 서비스로 전문건설사의 전문성을 반영한 공종 간의 간섭 검토, 물량 산출을 통한 공사금액산정, 시공성 검토 및 VE를 통한 사업비 절감 등을 가능하게 할 것이다.

BIM의 적용 목적이나 건축물의 특성(종류, 규모, 형태 등) 및 사업방식(발주방식, 계약방식 등)에 따라 전문건설사의 설계 단계 참여 시점과 조기 참여 필요 공사 업종을 발주자와 설계사 그리고 시공사의 협의를 통해 선택적으로 적용한다면, BIM 적용을 통한 프로젝트의 효율적 관리는 물론 설계 BIM과 시공 BIM의 효율적 연계가 가능할 것이다.

▮ 린건설

린제조업Lean Manufacturing의 개념에서 탄생한 린건설Lean Construction은 건설산업 또는 프로젝트에서 발생하는 재료, 시간, 노력 등의 낭비를 최소화하고 가치를 극대화하기 위한 방법이자 개념으로 정의되고 있다.

"Lean construction is a way to design production systems to

minimize waste of materials, time, and effort in order to generate
the maximum possible amount of value."(Koskela et al. 2002)

린건설을 위해 많은 방법이 제안되고 실무에 적용되었는데, 대표적인 사례로는 IPD, ECI 그리고 LPS Last Planner System 등이 해당된다. 이들 모두 린건설 개념을 기반으로 제안된 혁신적인 프로세스이자 새로운 방법이다.

이 중 Lean Construction Institute에 의해 개발된 LPS는 IPD나 ECI 등에서도 활용되는 방법이다. 설계 및 시공 단계에 걸쳐 참여자 간 협업의 효용성을 극대화하기 위하여 각자 수행할 작업과 그 작업의 완성 일자 그리고 어떤 형태로 그 작업의 성과물을 후속 작업에 넘겨주어야 할지를 미리 상의하고 협의하여 진행하는 방법이 LPS이다.

좀 더 상위 개념으로 올라가 보면 Lean Management 관점에서 Value Steam Mapping이나 Supply Chain 개념의 Pull-Based Process 등이 모두 유사한 개념이다.

린건설의 주요 개념인 IPD, ECI, LPS를 통틀어 생각해보면, 프로젝트의 주요 이해당사자들을 가능한 한 초기 단계부터 참여시키고 전체적인 프로세스와 주요 작업을 규명하며 각 작업의 성과물이 후속 작업에 용이하게 활용될 수 있도록 계획함으로써 협업 환경을 지원하고 낭비 요인을 최소화하기 위한 형태로 건설 프로세스가 진화하고 있는 것을 엿볼 수 있다. 그 과정에서 BIM은 참여자 간 협업과 의사소통 프로세스 그리고 표현의 언어를 효과적으로 지원할 수 있는 전략적 도구인 것이다.

　외국의 사례를 보면 린건설과 BIM이 융합된 과정임을 쉽게 볼 수 있다. 이것은 BIM과 실무자들이 주도가 된 린건설 프로세스가 융화되어 있는 사례이다. 기술, 프로세스, 사람이 융화된 것이다.

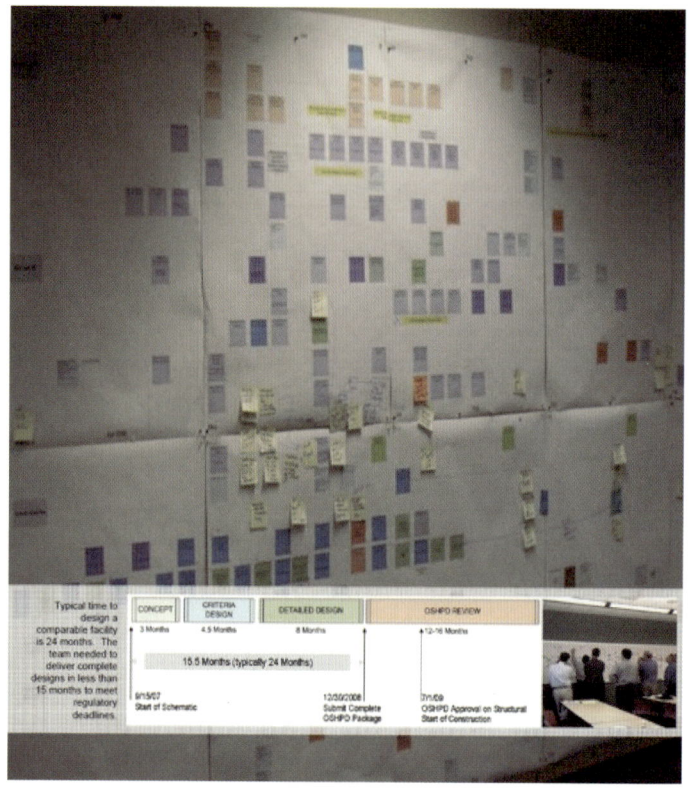

LPS 사례(Sutter Health 2018)

4차 산업혁명과 BIM

01
Smart 건설과 BIM

    정보통신기술이 융복합화된 제4차 산업혁명Industry 4.0 시대로 발전하면서 제조업 분야를 중심으로 스마트 제조Smart Manufacturing 라는 개념이 탄생하였다.

    스마트 제조는 4차 산업혁명 대표기술인 최첨단 센서와 로봇, 인공지능, 정보통신기술의 융복합을 통해 생산 및 공급사슬망 전반에 걸쳐 IoT Internet of Things(사물인터넷)를 통한 실시간 데이터 수집 및 파악, AI Artificial Intelligence를 이용한 추론 및 대응, 로봇 Robot 기반 생산 등 기업생산 전 과정에 대한 계획 및 관리를 포함하여 내외적 생산 수요에 효과적으로 대응하고 생산 가치를 극대화하는 것을 의미한다(Davis et al. 2012, 한국건설관리학회 2019).

국내외적으로 많은 국가와 기업들이 이와 같은 개념을 건설업에 적용함으로써 경쟁력과 가치를 극대화하고자 하는 노력을 기울이고 있는데, 이것이 스마트 건설Smart Construction이다. 여기서 건설 Construction은 시공이 아닌 건설산업으로 생각하면 되겠다.

스마트 건설은 설계, 엔지니어링, 시공, 유지관리 단계 등 전 생애 주기에 걸쳐 IoT, 클라우드 컴퓨팅Cloud Computing, 로보틱스Robotics, VR Virtual Reality, AR Augmented Reality, 3D 프린팅, 빅데이터Big Data, AI, 웨어러블 기술Wearable Technology 등 여러 기술을 적용하여 건설 프로세스를 혁신적으로 개선하고 내외적 요구 사항에 효과적으로 대응하여 관련 기업 및 건설생산 프로세스 그리고 시설물의 가치를 극대화하기 위한 체계로 정의할 수 있다(한국건설관리학회 2019).

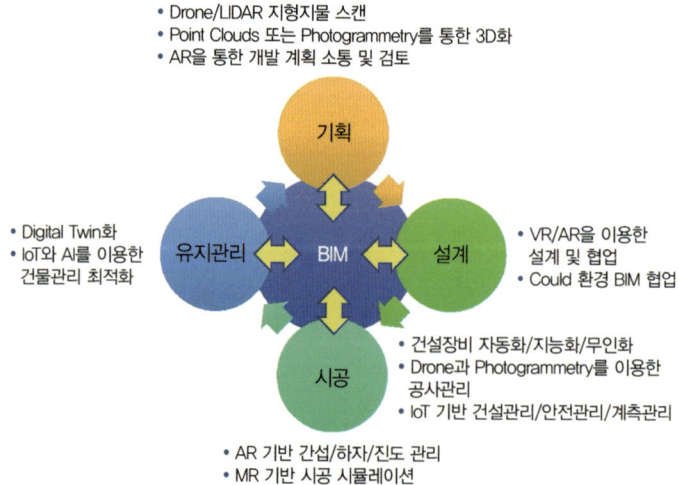

특히 BIM은 이러한 4차 산업혁명 기술들이 생애주기 동안 적용되면서 정보를 전달하고 관리하는 코어Core 데이터베이스의 역할을 하게 된다.

Point Clouds, Photogrammetry, Virtual Reality 기술을 통해 만들어진 3차원 모델이 설계 단계를 통해 BIM으로 발전하고 최적화 설계를 위한 협업과 정보 공유가 수행되며, 시공 단계에서는 AR이나 드론, IoT 등을 통해 수집한 정보와 BIM 데이터를 비교하여 다양한 목적의 시공관리가 이루어질 수 있다.

유지관리 단계에서는 Digital Twin 개념을 바탕으로 실제 시설물과 똑같은 시설물을 가상공간 내에 구축하고 시설물의 운영 상태를 IoT 센서를 통해 24시간 모니터링할 수 있다. 이를 통해 최적화된 시설물 운영은 물론 이상 징후를 조기에 파악할 수 있기 때문에 심각한 실패가 발생하기 이전에 효과적으로 대응할 수 있다.

종합해보면 스마트 건설은 프로젝트 전반적인 과정과 성과물을 최적화하고 낭비 요인을 최소화하기 위하여 현재 가용한 최첨단 융복합 기술을 적극적으로 활용하는 것이다.

자, 이제 4차 산업혁명의 요소 기술들과 BIM이 건설 프로젝트의 생애주기 동안 어떻게 연계되어 활용될 수 있는지 살펴보자.

드론과 BIM

드론Drone 또는 UAV Unmanned Aerial Vehicle(무인항공기)는 3D 지형 모델이나 재개발 구역의 현재 상황을 3차원으로 모델링하는 데 매우 효과적이다. 드론 측량은 항공 측량에 비해 해상도와 정밀도가 훨씬 더 뛰어난 것으로 입증되고 있다.

드론 측량의 절차는 먼저 드론의 비행경로를 설정하면 그것에 따라 드론이 비행촬영을 하고, 이후 지상에 설정된 기준점 측량 정보와 촬영된 사진들을 이용하여 3D 모델로 전환시키는 과정을 거친다.

이렇게 촬영한 2D 이미지 데이터로부터 기하학적 정보인 3D 데이터를 추출하는 기술을 사진측량법Photogrammetry이라고 한다. 드론을 통해 촬영 대상을 3차원 모델로 추출하고 그것을 BIM으로 전환시킬 수 있는 것이다. 물론 사진으로부터 추출한 3차원 모델의 오차 정도가 어느 정도인지에 따라 활용도는 달라질 수 있지만 이는 시간의 문제이지 기술의 문제가 아니다.

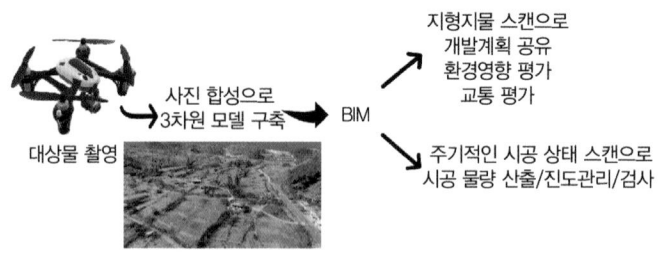

드론과 BIM 활용 방안

드론을 통해 현재의 지형과 지물에 대한 모델을 구축할 수 있기 때문에 그 위에 BIM을 얹어 개발계획안을 검토하고, 그 지역의 주민들과 의사소통하는 수단으로 매우 효과적으로 활용할 수 있다. 또한 도시계획 및 설계, 재개발계획 등에도 드론을 통해 기존 상태를 모델링하고 개발 이후의 모습을 시뮬레이션을 통해 검토할 수 있으며, 향후 주변 환경에 어떤 영향을 미칠 수 있는지를 보다 객관적이고 정량적으로 분석할 수 있다.

드론은 시공이나 유지관리 단계에서도 현장의 진도관리, 시공물량 산출, 사람이 육안으로 확인하기 어려운 부분에 대한 검사 등에 효과적으로 활용할 수 있다. 드론을 통해 촬영한 현재 상태와 BIM 데이터의 비교는 증강현실AR 기술과 연계해서 진도관리 또는 시공오차 관리 등에 적용이 가능한 분야이기도 하다.

❚ VR과 BIM

VR Virtual Reality 장치를 통해 사람들이 직접 가상공간 안에 들어간 것처럼 느낄 수 있다. 설계안을 BIM으로 만들고 VR 모델을 추출한 후 VR 장비를 통해 설계된 공간을 직접 느끼고 재료나 색깔 등 여러 가지 대안을 비교하는 것이 가능하다.

또는 그 반대로 가상공간 내에서 보다 직관적으로 구조나 공간을 구축하여 가상 모델을 만들고 이것을 BIM 데이터로 추출하여 활용할 수도 있다.

이 과정에서 발주자뿐만 아니라 다양한 이해당사자를 가상공간으로 초대하여 현재 설계안을 설명하고 프로젝트 참여자 간 협업을 진행할 수 있다. 시공 단계에서 발생하는 설계 변경은 재시공까지 이어져서 비용이 천문학적으로 들 수 있지만, VR을 이용하면 여러 가지 대안 검토를 충분히 실시하여 고객이 원하는 건축설계안, 색상, 재료 선택 결정 등을 도출할 수 있고 시공 단계에서의 설계 변경을 최소화할 수 있다.

VR 기반 Design(FFKR 2020)

▌AR과 BIM

　AR Augmented Reality(증강현실)은 VR이 한 단계 더 발전한 형태의 기술이다. AR은 내가 보고 있는 실체에 관련된 정보 또는 3차원 VR 모델을 연계하거나 겹쳐서 보여주는 기술을 의미한다.

　예를 들면, 파리 한복판에서 스마트폰을 가지고 AR 앱을 이용하여 스마트폰 카메라를 통해 비추어지는 주변 건물들의 정보를 텍스트나 음성녹음 등 다양한 형태로 조회할 수 있다. 또한 내가 바라보는 방향을 중심으로 근처에 있는 식당을 조회하고, 이 중 한곳을 선택하면 그곳까지 내비게이션 프로그램을 통해 안내받을 수 있다. AR의 기본 원리는 GPS Global Positioning System를 이용하여 자신의 위치(좌표)를 파악하고 모바일 기기가 향하는 방향을 인지하여

AR을 이용한 도시계획 협업(Quirk 2017)

자신이 보고 있는 실세계에 관련된 정보를 데이터베이스로부터 검색하여 연계하는 것이다. 그 정보는 단순 정보뿐만 아니라 BIM 과 같은 3차원 가상정보를 포함해 다양한 방법으로 연계될 수 있다.

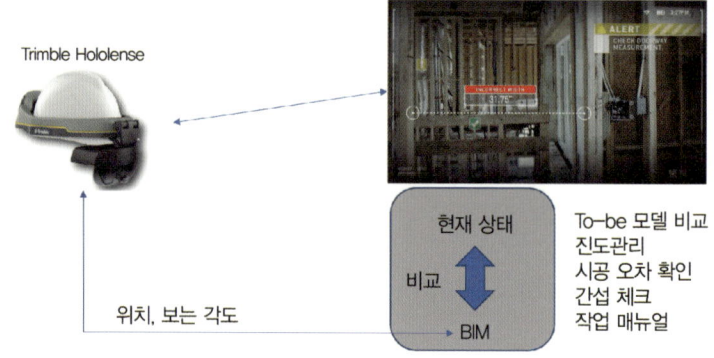

AR과 Hololens를 이용한 시공관리(SRI 2017)

AR의 건축에 대한 응용은 기획에서 설계, 시공 및 유지관리 단계 에 이르기까지 무궁무진하다. 기획단계에서는 실제 대지 위에 건 축물이 들어서게 되면 어떤 모양이 될지, 현재 건축물을 리모델링 하게 되면 어떤 모습이 될 것인지 등을 시뮬레이션해볼 수 있으며, 실내 공간에서 가구 배치계획이나 인테리어의 대안 검토 등에도 활 용할 수 있다.

앞서 본 그림에서와 같이 도시계획적인 측면에서도 도시 모델에 시뮬레이션 정보를 불러와 홍수 예측이나 교통량 예측 등 다양한 관점에서 협업을 지원할 수 있다. 심지어 시공 단계에서는 현재 시공 상태와 BIM을 연계시켜 공사에서 누락되거나 설계와 다른 부분이 있는지를 파악할 수 있다. 유지관리 단계에서는 카메라를 통해 시설 장비를 인지하고 사용 매뉴얼이나 방법을 검색하거나 시설물의 이력관리 그리고 자산관리 등에도 활용할 수 있다.

▌ AI, 빅데이터 그리고 BIM

빅데이터Big Data란 일반적인 데이터베이스의 수준을 훨씬 뛰어넘는 방대한 데이터량을 바탕으로 패턴, 경향, 연관성 등을 추론하는 기술을 의미한다.

빅데이터를 이용하여 머신러닝Machine Learning이나 딥러닝Deep Learning 등의 인공지능 방법을 통해 학습시킴으로써 보다 정확하고 효과적인 예측이나 통제, 대응 등을 가능하게 한다.

요즘 AI의 대표적인 방법인 머신러닝이나 딥러닝은 다양한 형태의 상황을 수학적 모델로 변환시켜 학습시키고 이를 바탕으로 최적화된 해답을 찾아내는 방법이다. 컴퓨팅파워를 이용하기 때문에 사람이 여러 가지 대안을 분석하는 것에 비할 수 없을 만큼의 수많은 대안 검토를 통해 보다 최적화된 해답을 찾을 수 있는 모델을 도출할 수 있다는 것에 그 개념을 두고 있다.

사람, 사물

의사결정 지원
컨트롤

데이터 수집
(BIM, IoT)

머신러닝/
딥러닝 기반 분석/
예측 모델

학습

빅데이터

머신러닝 활용 프로세스

건축물이나 도시에 대한 데이터를 BIM 기반으로 지속적으로 축적하면 빅데이터를 구축할 수 있으며, 건축물이나 도시를 보다 효과적으로 이용할 수 있도록 활용할 수 있다.

예를 들면, 주어진 건축 대지에서 AI가 사선 제한이나 법규 검토를 통해 건축설계가 가능한 공간(BIM 데이터)과 면적을 산출해줌으로써 건축사의 설계시간을 대폭 감소시킬 것이다. 고객의 취향을 근거로 고객이 좋아할 만한 새로운 재료나 제품을 검색하고 색상을 제시할 수 있을 것이다. 복잡한 구조설계, 기계나 전기 분야의 설계에서도 각종 부재들의 배치 경로와 높이값 결정을 자동화하고 간섭 없는 설계안을 BIM 데이터로 도출할 수 있을 것이다.

시공 단계에서는 현장에 설치된 각종 IoT를 통해 다양한 정보를 수집함으로써 시공이 계획대로 진행되고 있는지, 건설근로자가 안전한 환경에서 작업하고 있는지, 건설장비의 운영은 적정한 생산성을 보이고 있는지, 타워크레인은 구조적 이상 없이 작동되고 있는지, 현장 및 주변의 작업차량의 움직임이 적정하게 진행되고 있는지를 모니터링하고 이상 징후가 보일 경우 선제 대응이 가능하도록 의사결정을 지원할 수 있을 것이다. 수집된 정보는 BIM과 연계하여 나타날 것이며 어느 구역 또는 층에서 리스크가 발생할 수 있는지도 쉽게 파악할 수 있도록 가시화될 것이다.

유지관리 단계에서는 건물운영에 관련된 각종 데이터를 기반으로 머신러닝을 통해 건축물 통제 시스템이나 도시 환경 관리 시스템 등을 학습시킬 수 있고 24시간 내내 보다 쾌적한 환경 개선에 활용할 수 있어 건물의 자산가치를 향상시킬 수 있을 것이다.

이렇게 인공지능은 건축물의 설계, 엔지니어링, 시공 그리고 유지관리 단계에서 다양한 관점에서 의사결정을 지원하는 뛰어난 보조자의 역할을 담당할 것이다.

▎IoT와 BIM

IoT Internet of Things는 우리말로는 사물인터넷이라고 불린다. 이전까지는 인터넷을 대부분 사람과 정보, 사람과 사람 그리고 사람과 비즈니스를 연결하는 데 활용하였다면, IoT는 사람, 데이터, 사물을 서로 연결하는 개방되고 글로벌한 네트워크 세계를 만들고 있는 것이다.

우리는 이미 TV, 세탁기, 냉장고 등 가전제품들이 인터넷을 통해 연결되어 있으며, 자동차 또한 기계장치에서 전기장치화되면서 자동차 간 통신을 통해 교통 시스템이 획기적으로 변신할 것이라는 것을 알고 있다. 미국 가트너Gartner사에 의하면 2020년에는 58억 개의 IoT가 사용될 것이라고 예측하고 있다(Gartner 2019). 이렇듯 4차 산업혁명 기술을 통해 사람과 모든 사물이 서로 연결되어가는 시대로 변하고 있는 것이다.

IoT는 센서를 포함한 컴퓨터 하드웨어, 클라우드 컴퓨팅 환경, 데이터 분석 그리고 양방향 상호작용으로 구성된 구조를 가진다. 센서를 통해 수집된 데이터를 AI(머신러닝 또는 딥러닝)를 이용하여 구축한 예측 또는 제어 모델을 통해 다시 IoT를 통해 대상 사물을 제어할 수 있다. 데이터 분석과 제어가 클라우드 환경에서 이루어지기 때문에 인터넷이 되는 곳이면 어디에서든지 사물과 연결이 되는 것이다.

▎Point Cloud와 BIM

3D 레이저스캐너도 BIM과 연계하여 시공오차관리에 활용할 수 있다. 측정 대상물로부터 반사된 레이저가 수신기로 되돌아오는 시간을 계산하여 측정된 점의 거리를 측정하여 3D 좌표를 구하는 방식이며(Tang et al. 2010), 이것들이 모여 포인트 클라우드(Point Cloud)가 된다.

포인트 클라우드를 구성하는 각 점의 정확한 좌표점 데이터를 구하기 위해서는 현장 기준점 설정이 매우 중요하다. 이 기준점을 통해 BIM 데이터와 비교함으로써 시공오차를 파악할 수 있기 때문이다.

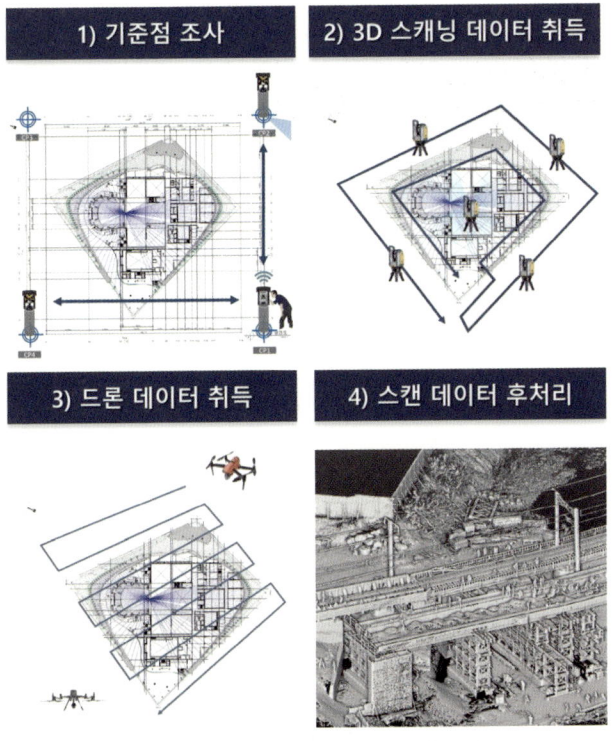

3D 레이저 스캐닝 절차 예시(BNG 제공)

또한 건축물의 경우 한 번에 스캔할 수 없기 때문에 스캐닝 위치를 이동해가며 데이터를 수집하며 또한 스캐닝 대상에 따라 드론이나 휴대용 스캐너를 이용하여 전체 건축물과 그 구성부재들에 대한 데이터를 수집하기 때문에, 각 위치에서 스캔한 포인트클라우드 데이터를 정합하는 것이 중요하다.

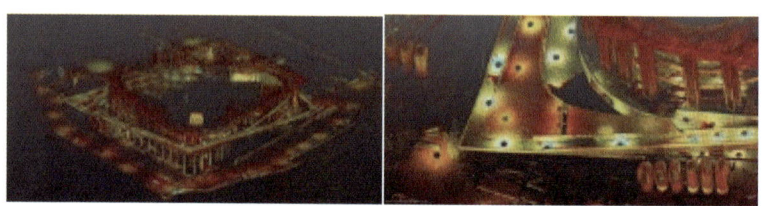

Point Cloud 결과물 사례(BNG 제공)

이렇게 정합과정을 거친 포인트클라우드는 BIM 소프트웨어로 가지고 들어와서 BIM데이터와 기준점을 일치시키면 원하는 지점에서 평면, 입면, 단면, 3D 등등 다양한 형태로 비교가 가능하다.

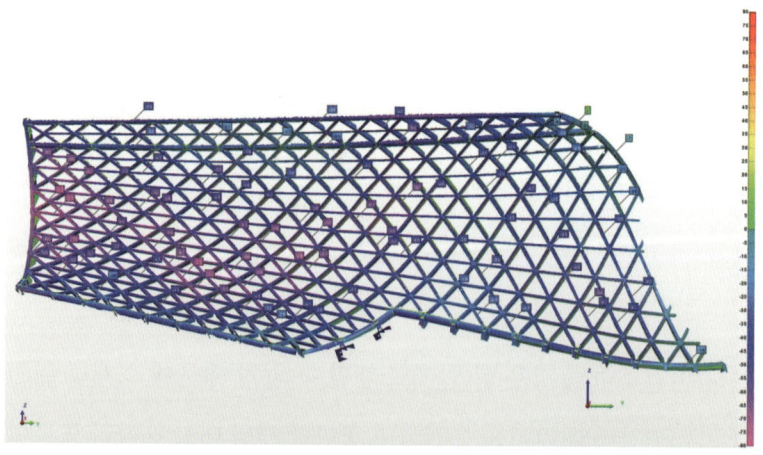

시공오차 확인을 위한 BIM과 포인트클라우드 Overlay(BNG 제공)

3D 레이저스캐너 기술을 활용한 시공오차 관리는 파일공사, 구조물 시공오차, 비정형건축물의 파사드 시공 등등 그 활용범위가 넓어지고 있는 추세이다.

▍디지털 트윈

IoT와 빅데이터, AI 그리고 BIM의 연계는 디지털 트윈Digital Twin 이라는 형태로 나타나 건축물 생애주기 동안 다양한 형태로 응용될 수 있다. 캐나다 오타와 대학의 Saddik 교수(2018)는 디지털 트윈을 생명체 또는 비생명체에 대한 디지털 복제물로 정의하고 있다.

쌍둥이라는 뜻의 트윈Twin이란 말에서 알 수 있듯 디지털 트윈은 실제 존재하는 것과 동일한 것을 디지털 공간, 즉 가상공간에 만든 다는 것이다. 이것을 기반으로 사전 시뮬레이션을 통해 최적화된 운영계획을 세우거나 유지관리 및 운영상 발생할 수 있는 각종 리스크에 선제 대응할 수 있는 체계를 만들 수 있다는 개념이다.

GE General Electric사는 디지털 트윈의 개념을 발전소의 가스터빈에 적용하여 엔진 상태, 하중, 환경 등 내외적 데이터를 모니터링하여 엔진 가동 실패를 방지하고 적정한 유지관리 시기를 결정하는데 적용하였다(GE 2018).

그 밖에도 디지털 트윈의 대표적인 사례로는 NASA The National Aeronautics and Space Administration의 우주선 장비 제어 및 운영 지원, Chevron사의 정유시설 장비의 효과적인 운영 및 관리, 의료산업에서 환자에 대한 24시간 모니터링 및 원격진료, F1 자동차 경주에서 운전 시뮬레이션을 통한 자동차 및 드라이너의 성능 향상, 싱가포르의 디지털 트윈 도시 등을 들 수 있다(Marr 2019).

이 중 싱가포르의 디지털 트윈은 7천3백만 달러짜리 프로젝트로 싱가포르 전체에 대한 3차원 모델을 구축하는 것인데, 이것을 통해 도시계획 및 의사결정은 물론 이 데이터를 통해 민간사업자나 연구개발 측면에서도 활용하게 할 계획이라고 한다(Wassell 2019). 예를 들면, 이 도시 모델을 통해 홍수가 자주 발생하는 지역, 범죄발생률 분포 등을 분석하고 도시개발의 우선순위를 결정하는 정책에 활용할 수 있을 것이다. 또한 향후 개발계획을 미리 시뮬레이션하고 이를 기반으로 주변에 미치는 영향이나 해당 지역의 주민들과 의사소통하는 것에도 활용할 수 있다.

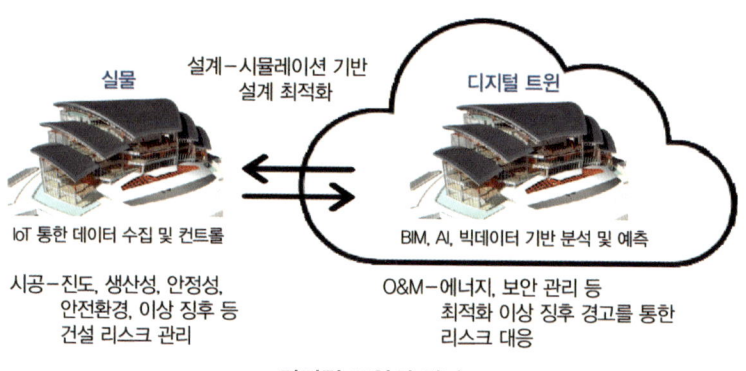

디지털 트윈의 개념

우선, 디지털 트윈은 설계와 시공 단계를 거치는 동안 필요한 정보를 확보하고 관리하여 정확한 준공 BIM을 확보하는 것에서 시작된다.

설계 단계부터 설계안을 바탕으로 시뮬레이션과 분석을 통해 최적화된 설계안을 도출하고 시공상 발생할 수 있는 각종 리스크를 분석한다.

시공 단계에서부터 현장과 동일한 가상 모델을 통해 현장의 시공 및 진도는 물론, 안전관리에 효과적으로 대응할 수 있는 체계를 구축할 수 있다.

시공 또는 O&M Operation & Maintenance 단계에서 시설물이 구축되거나 가동되는 동안 IoT를 통해 24시간 내내 다양한 데이터를 수집하는데, 이것이 시설물에 대한 빅데이터를 구성하게 된다.

물론 이를 위해서는 실제 시공 상태와 동일한 가상 모델과 정보 BIM를 확보함과 동시에 시공 또는 O&M 단계에서 어떤 정보를 어디서부터 수집할 것인지 결정해야 한다. 이 엄청난 양의 데이터를 기반으로 앞서 소개한 머신러닝이나 딥러닝을 통해 분석하고 의사결정 및 예측 모델을 통해 최적화된 해결책을 유도하거나 이상 징후를 미리 파악함으로써 공사 또는 시설물 운영 중에 문제가 발생하기 이전에 사전 대응할 수 있는 체계를 구축할 수 있는데, 이것이 스마트 건설 관점에서 디지털 트윈의 목적이다.

국내에서도 스마트 도시 그리고 스마트 건설 관점에서 디지털 트원에 대한 관심이 높아지고 있다. 이미 초정밀 제품 생산을 요구하는 전자산업을 중심으로 공장시설에 대한 디지털 트윈 적용을 추진하고 있다고 한다.

향후에는 공동주택이나 일반 건축물에도 최적화된 시설물 관리, 에너지 활용, 보안 등을 목표로 디지털 트윈 적용에 대한 요구가 증가할 것이며, 이를 위해서는 설계 및 시공 단계에서 걸쳐 필요한 정보를 제대로 수집하고 실제 시공 상태와 동일한 준공 BIM을 구축하는 것이 중요한 것이다.

02
Smart 건설 비전 사례

▌Singapore BCA의 IDD(Integrated Digital Delivery) 비전

싱가포르의 건축 분야에서 BIM을 주도하고 있는 정부기관이 BCA Building Construction Authority이다. BCA는 정부 차원에서 BIM 도입을 적극적으로 추진하고 있는데, BIM 장기 로드맵을 통해 BIM에서 VDC(3장에서 설명) 그리고 Smart 건설 개념을 바탕으로 한 IDD 달성을 목표로 추진하고 있다(BCA 2020).

BCA는 "IDD는 건설 및 건물의 생애주기 동안 작업 프로세스를 통합하고 같은 프로젝트에 참여하는 이해당사자들을 연결하기 위해 디지털 기술을 활용하는 것이며, 이는 건물의 설계, 제작, 현장 조립, 그리고 유지관리를 모두 포함하는 것"이라고 정의하고 있다.

IDD는 싱가포르 건설산업 Transformation Map의 주요 추진 정책 중 하나인데, 이는 건축, 엔지니어링, 시공, 유지관리 관련 분야의 최신 기술을 활용할 수 있는 고급기술자 및 기능공을 만듦으로써 건설산업을 근본적으로 변화시키려는 국가적 노력의 일환이기도 하다.

IDD 개요(BCA 2020)

여기서 Transformation이란 혁신Innovation과 유사한 의미로 볼 수 있지만 사실은 다르다는 점을 유의할 필요가 있다. Newman(2017) 은 설명하기를, Digital Transformation적 의미에서 Innovation은 일종의 변화를 일으키고자 하는 시작 또는 동기라면 Transformation은 Innovation을 통해 진화하여 새로운 상태로 정착한 것을 의미한다고 하였다. 따라서 싱가포르의 건설산업 Transformation Map이라는 의미도 건설산업을 Innovation을 통해 근본적으로 변화시키려는 의도를 담고 있다고 생각할 수 있다.

IDD는 지난 수년간 이미 많은 프로젝트에서 수행된 BIM과 VDC의 활용을 기반으로 하고 있으며, 설계, 제작, 시공, 유지관리 등 총 4가지 분야별로 목표를 다음과 같이 설정하고 있다.

- Digital Design : 발주자의 요구 사항과 법규에 부합하기 위하여 분야 간 협업과 조정을 기반으로 한 최적화된 설계환경을 구현한다.
- Digital Fabrication : 자동화된 오프-사이트Off-Site 생산을 위해 설계안을 표준화된 부재들로 변환시킨다.
- Digital Construction : 생산성을 극대화하고 재작업을 최소화하기 위하여 Just-In-Time 조달 및 설치 그리고 현장시공을 모니터링할 수 있는 환경을 구현한다.
- Digital Asset Delivery and Management : 건물자산가치를 향상시키기 위하여 실시간 유지관리 모니터링 환경을 구현한다. 이 개념은 Digital Twin 개념을 포함하고 있다.

❚ 일본 가지마의 스마트 퓨처 비전

일본 가지마Kajima 건설의 스마트 퓨처Smart Future는 스마트 건설 비전에 대한 명칭이다. 가지마 건설은 2025년까지 스마트 건설의 비전 달성을 위해 그림과 같이 세 가지 미션을 제시하고 있으며, 각각의 달성 전략을 보면 다음과 같다(Kajima 2018).

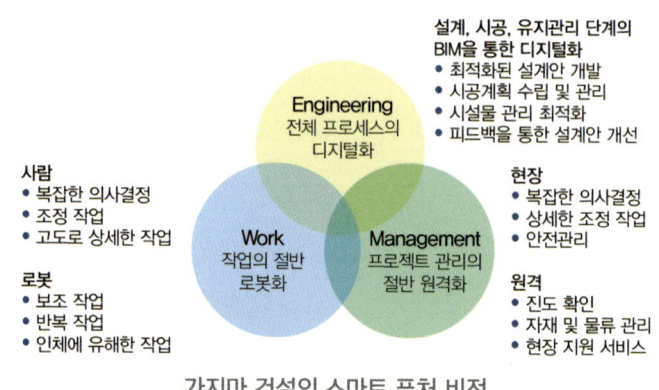

가지마 건설의 스마트 퓨처 비전

❚ 작업의 절반은 로봇이 수행한다

작업의 절반은 로봇이 수행한다. 로봇은 보조 작업, 반복 작업 그리고 사람에게 해를 끼칠 수 있는 작업을 수행하도록 하고, 사람은 복잡한 의사결정, 조정 작업, 고도의 복잡한 작업을 수행하도록 개발한다.

예를 들면, 자재 소운반 로봇을 통해 새벽이나 작업이 시작하기 이전 시간대에 자재들을 작업 위치로 이동시킨다. 먹줄 로봇을 통해 먹줄을 슬래브 바닥에 그려놓는다. 커튼월 조립 로봇이 커튼월 부재를 가조립하고 최종 조립 및 확인은 사람이 수행한다. 용접 작업과 내화뿜칠 작업은 로봇이 수행하고 사람이 최종 확인한다.

시공 진척도는 AR을 통해 BIM으로부터 데이터를 받고 작업이 완료된 부분에 대한 BIM 객체를 선택하여 작업진도관리에 활용하거나 품질관리 체크리스트를 불러와 품질관리 수행에도 활용할 수 있으며, 원격지에 있는 관리자도 그 즉시 작업 상황을 알 수 있다.

▌프로젝트 관리의 절반은 원격관리로 수행한다

프로젝트 관리의 절반은 원격관리로 수행한다. 정보통신 기술을 이용하여 현장과 원격지 간에 밀접한 협업 및 의사소통체계를 구축한다. 현장에서는 작업상 복잡한 의사결정사항, 상세한 작업 간 조정, 안전관리 등을 수행한다. 원격관리는 프로젝트 진도 확인, 현장 관리, 현장 지원 업무 등을 수행한다.

예를 들면, 드론, 레이저스캐너 기술을 활용하여 현장의 설치 상태를 확인하고 시공오차 조정 로봇을 이용하여 조정한다.

현장 시공 및 진도 현황은 BIM을 통해 실시간으로 공유된다. 그밖에 자재 조달 및 근로자 출역 현황도 원격지 관리자에게 실시간으로 보고된다.

현장에서 발생한 상황에 대하여 원격지 관리자와 정보를 공유하고 지시를 받아 즉각적인 조치를 취할 수 있다.

현장의 진도를 바탕으로 원격지 관리자는 다음 수행 작업이 무엇인지 파악하고 자재출고 요청을 자재공급업체에게 전달하며, 이를 바탕으로 자재출고가 이루어진다. 자재출고 시 정보통신기술을 통해 현장 및 원격 관리자에게 전달되어 현장에서 입고 및 설치 작업 준비를 수행할 수 있다.

▎모든 프로세스를 디지털화한다

모든 프로세스를 디지털화한다. 설계, 시공, 유지관리 단계 동안 BIM을 활용한다. 가지마 건설의 시공 노하우와 경험을 바탕으로 구축된 디지털 데이터베이스를 활용하여 BIM 기반의 계획을 수립한다.

예를 들면, BIM 기반 건설물류관리 체계와 BIM 기반 견적 프로세스를 구축한다. 물량 산출이 자동화되고 최적화된 계획이 수립된다.

BIM과 현장에서 스캔한 데이터를 바탕으로 오차 조정과 검수 작업을 수행한다.

각 프로젝트에서 수집된 정보를 데이터베이스화하여 향후 프로젝트 계획과 품질관리 업무에 반영한다.

센서로부터 수집된 시설물 운영과 관련된 각종 정보를 바탕으로 시설물 운영을 최적화하고 수집된 정보를 분석하여 향후 시설물 설계에 반영한다.

▌스마트 건설도 사람, 프로세스, 기술의 융화가 기본이다

이상에서 싱가포르의 IDD와 일본 가지마 건설의 스마트 퓨처에 대한 비전을 살펴보았다. 근데 여기서 중요한 것은 스마트 건설도 사람, 프로세스, 기술의 융화로 추진해야 한다는 것이다.

먼저 싱가포르 IDD 정의에서 알 수 있듯이 기술만을 언급하는 것이 아니라 기술 활용의 목적이 프로세스 통합과 참여자들의 연결이라는 점을 인지해야 한다. 즉, BIM, VDC, IDD 등 이런 새로운 개념이 산업에 제대로 자리 잡기 위해서는 3가지 즉 사람, 프로세스, 기술이 융화되는 것이 중요하다는 점을 기억할 필요가 있다.

또한 가지마 건설의 스마트 퓨처에서도 로봇이나 AR, 스캐너 등 다양한 기술이 언급되었지만, 현장, 관리, 프로세스의 디지털화라는 3가지 관점에서 미션을 설정한 점을 다시 새겨볼 필요가 있는데, 이 역시 사람, 프로세스, 기술의 세 가지가 융화되는 전략으로 접근하고 있다는 점이 공통점이다.

이 부분과 관련해서는 9장 'BIM 도입 성공 전략'에서 구체적으로 설명하였는데, 즉 BIM을 기술 도입 관점에서만 봐서는 안 되고 이것이 프로세스에 스며들어가고 관련자들이 그 프로세스를 받아들여야 한다는 것이다.

CHAPTER 05

BIM 운영 프로세스 이해

01

BIM 수행 절차의 이해

▌ BIM은 해당 사업의 발주지침부터 시작이다

BIM을 특정 사업에 제대로 도입하기 위해서 가장 중요한 것이 발주지침과 BIM 수행계획이다. BIM 프로세스가 제대로 수행되기 위해서는 먼저 제대로 된 발주지침을 만들고 이를 기반으로 건축설계 사무소들이 당 사업의 특성과 자신의 설계안에 적합한 BIM 수행계획을 수립하도록 유도하는 것이 최우선되어야 한다. 잘못된 발주지침은 건축사로 하여금 과잉 설계를 유발하여 낭비를 야기하거나 반대로 미흡한 설계 정보로 인하여 시공 리스크를 증가시킬 수 있기 때문이다.

실제로 국내 건설산업의 BIM 도입 초창기에 어느 공공사업에서

BIM을 시범 발주했을 때, 이 사업을 준비하는 건축설계사무소와 건설사들이 현상설계나 기본 설계의 목적과 범위에 벗어나는 수준까지 BIM을 적용할 정도로 과다한 경쟁이 붙은 적이 있다. 승자만 BIM에 대한 투자를 보상받는 일종의 치킨게임의 성격까지도 나타났었다. 따라서 BIM 지침에서는 해당 프로젝트의 특성에 맞추어 건축사들에게 어느 정도 가이드라인만 제시하되, 제안사들이 설계 특성에 맞춰 그에 적절하게 상응할 수 있는 수준과 범위에서의 BIM 수행계획을 제시하도록 유도하는 것이 중요하다.

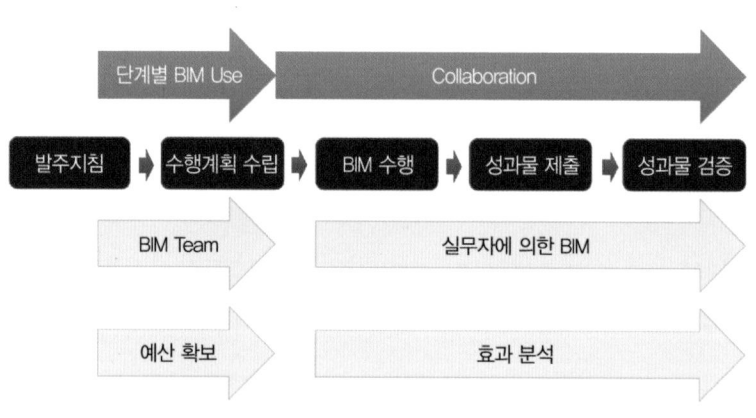

BIM 수행 절차 개요

설계당선안이 확정되면 발주지침에 의거하여 건축설계사무소는 본 설계에 대한 BIM 수행계획을 수립하고 발주자 또는 건설사업관리자가 이 내용을 검토하며, 필요한 경우 수행계획 내용을 협의하여 수정한다. 발주자가 승인한 BIM 수행계획은 건축사의 BIM 설계 프로세스 지침이 되는 것이며, 발주자와 건설사업관리자는 그 수행계획에 의거하여 설계관리를 수행하는 것이다.

▌ BIM 조직과 예산 확보

BIM 조직은 상주팀 또는 비상주팀에 의해 수행해야 하는지, 몇 명으로 조직을 구성해야 하는지, 이를 위해 별도의 예산 확보가 가능한지 등도 고려하여 발주지침을 만들 때부터 반영되어야 한다.

실제로 그동안 공공사업에서 BIM의 수행 내용을 보면 발주지침에서 BIM에 대한 요구는 설계 및 시공 단계까지 있으나 이를 뒷받침할 수 있는 예산이 반영되지 않아 BIM 활용이 흐지부지되는 경우가 아직도 많다.

설계 단계에서 BIM 환경을 구축하여 설계를 수행할 수 있는 예산 확보가 가능한지, 또 시공 단계의 경우 별도의 BIM팀 운영이 아직은 필요한 시기라 몇 명을 상주시켜 운영할 것인지, 현장에 BIM 환경을 구축할 예산 편성이 가능한지 등을 고려해야 한다.

입찰 방식에 따라 발주지침에 설계 및 시공 단계 제안사들이 입찰가격에 BIM 수행에 필요한 예산을 반영할 수 있도록 유도하는 것이 필요하며 발주지침에도 이것이 명시되어 있어야 한다.

"Garbage In Garbage Out"

BIM 소프트웨어가 당신을 위해 자동으로 모델을 만들어주지는 않는다. 무계획적으로 만든 BIM은 향후 어디에도 써먹을 수 없다. 소위 Computer Science 분야에서 얘기하는 GIGO(Garbage In Garbage Out) — 입력된 정보가 올바르지 못하면 그로부터 생성된 정보 또한 쓸모가 없다 — 가 BIM에서도 적용된다.

BIM은 생애주기 각 단계별로 다양한 분야에서 다양한 목적을 가지고 활용된다. 일단 BIM 모델만 구축하면 다른 분야에서 알아서 활용할 것이라는 생각은 금물이다. 2D 도면 기반 프로세스에서는 어차피 사람이 도면을 이해하고 자기 분야에 활용해야 하지만, BIM 데이터의 모델이 잘못 구축되거나 정보가 누락되어 제대로 활용할 수 없다면 BIM 활용도와 가치 그리고 해당 프로젝트에 기여할 수 있는 부분은 거의 없어진다.

따라서 BIM 데이터를 구축하는 데 후속 과정 또는 단계에서 BIM 데이터 활용을 위한 고려가 반영되어 있어야 생애주기 동안 BIM이 참여자들 간 효과적인 의사소통과 데이터 공유에 활용되고 그 효과 또한 다양하게 발생할 수 있다.

"Begin with the end in mind"

BIM 가이드를 세계 최초로 만든 Penn State University의 CIC Computer Integrated Construction 연구 프로그램 팀은 "Begin with the end in mind(끝을 염두에 두고 시작하라)"라는 말이 BIM 수행에서 가장 근본적이고 중요하다고 강조하고 있다. 이 말은 Stephen R Covey가 쓴『성공하는 사람들의 7가지 습관』중 두 번째 사항이기도 하다. 왜냐하면 BIM이 성공적으로 수행되기 위해서는 이 과정에 참여하는 사람들이 자신이 만든 정보가 어떻게 활용될 것인지를 이해하고 그 것을 자신의 업무에 반영해야 하기 때문이다. 또 다른 한편으로는 린건설의 Value Stream Mapping이나 LPS와도 일맥상통하는 이야기이기도 하다.

예를 들면, 건축사가 만든 BIM은 설계안 도출이나 설계도면 생성뿐만 아니라, 4D 공정시뮬레이션, 물량 산출, 견적, 간섭 검토 등 다양한 분야에서 활용된다. 건축사가 타 분야에서 그리고 후속 단계에서 BIM이 어떻게 활용될 것인가에 대한 고려 없이 BIM을 구축하게 되면 BIM은 건축사만을 위한 도구에 지나지 않는다. 형상만 존재하고 3차원 객체에 대한 정보가 없다면 수많은 객체를 분류하고 그룹핑할 수 없으며 그 부재가 어떤 부재인지조차 모를 것이다. 후속과정에 어떻게 BIM이 활용될 것인지를 무시함으로써 그가 제공하는 서비스의 범위와 품질에 한계가 발생하는 것이다. 이러한 문제 때문에 바로 앞에서 각 단계별 성과물을 검증하는 것이 중요하다고 강조한 것이다.

BIM 수행은 기본적으로 협업 중심으로 진행된다. 따라서 서로 다른 참여자 간 사전 약속에 의한 협업이 매우 중요하다. 물론 건축 프로젝트에서 BIM의 생애주기를 보면 건축사의 BIM 기반 설계부터 시작된다. 건축사가 만든 BIM은 설계 단계부터 다양하게 활용할 수 있다. 이 BIM을 바탕으로 구조 BIM 프로세스가 시작되고, MEP 분야에 대한 BIM 설계가 수행된다. 이후 이것들이 통합되어 간섭 체크와 설계 조정이 이루어지고, 발주자의 예산범위에서 설계안이 개발되고 있는지도 확인해야 한다. 이 밖에도 에너지 분석, 법규 분석 등 다양한 관점에서 분석되고 협의되어야 한다. 내가 만든 BIM이 나의 성과물로 끝나는 것이 아니라 다른 사람들이 이 BIM 데이터를 가지고 그들의 업무를 시작하는 것이다.

반면 2D 기반의 기존 프로세스의 경우 철저히 사람에 의한 해석에 의존하기 때문에 후속 단계에 대한 고려 없이 소위 'Push-Based Process'로 수행되었다. 이 프로세스에서는 건축설계안을 2D 도면으로 표현하고, 전달받은 사람은 그것을 해석하고 또 이해가 부족하면 건축사에게 추가 도면을 요청하거나 질의를 하고, 도면 오류가 발견되면 보완을 요청하는 등 후속 단계의 참여자들이 전달받은 내용을 완전히 숙지하여 후속 작업을 수행할 수 있을 때까지 피드백이 반복되고 시간이 많이 소요되는 것이다. 너무나도 당연하게 생각해왔던 이러한 과정에서 사실은 많은 낭비가 발생했던 것이다.

그동안 BIM이 적용되었던 사례 중 몇몇의 경우에서는 실무자들 간에 불평이 쏟아지기도 한다. BIM을 가지고 물량 산출, 4D, 에너지 분석 등 다양한 부분에서 활용할 줄 알았더니 아무 데도 쓸 수가 없는 3D 깡통 모델이더라는 것이다. 이 이유는 분명하다. BIM 모델 구축 시 아무 계획도 없었고, 후속 단계에서 어떻게 활용될 것이기 때문에 어떻게 모델링되고 어떤 정보가 포함되어야 하는가에 대한 고려 없이 만들어진 경우이다.

따라서 BIM에서는 끝을 염두에 두고, 내가 만든 BIM이 다른 사람이나 후속 단계에서 어떻게 활용할지를 고려하고 구축해야 한다. 후속 작업에서 내가 만든 BIM 데이터를 가지고 재가공이나 보완요청 등의 낭비 없이 그 작업의 목적에 따라 활용할 수 있도록 작성되어 BIM 데이터의 활용 가치를 높여야 하는 것이다.

02
BIM의 역할과 책임

▎모든 참여자가 BIM 데이터를 직접 구축하는 것은 아니다

발주자, 설계자, 시공자, 건설사업관리자, 전문 업체 등 각 참여 주체들이 BIM 프로세스 상에서 어떤 역할을 수행할 것인가를 제대로 이해하는 것은 필수 사항이다. 왜냐하면 모든 참여자가 BIM 데이터를 직접 구축하는 것은 아니기 때문이다.

BIM 프로세스에서 기본적인 역할은 크게 BIM 관리자Manager 또는 Coordinator - 여기서 코디네이터Coordinator란 여러 분야와 참여자들 간 BIM 관련 업무를 조정하는 역할을 의미함 - BIM 분석자Analyst, BIM 모델러(또는 엔지니어) 등 세 가지로 구분할 수 있다.

이것은 역할이기 때문에 소규모 건축물의 경우 건축사 혼자서 이

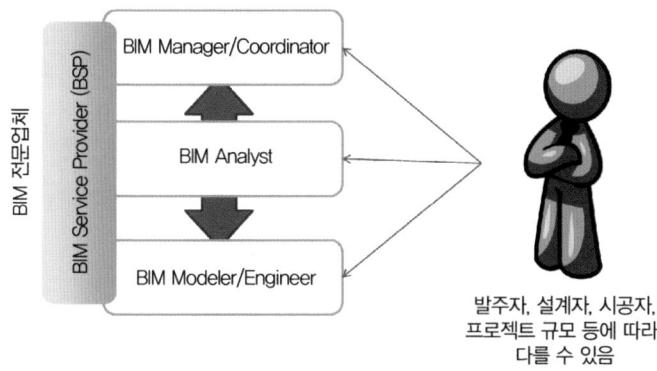

BIM이 수행하는 역할

모든 역할들을 맡아서 BIM 설계를 통해 모델 구축에서 물량 산출과
일조 분석 등을 수행하며 프로젝트를 진행하는 반면, 대규모 프로
젝트의 경우 하나의 역할에 분야별 전문가들이 참여하고 BIM 총괄
매니저가 전체 프로세스를 관리하는 등 프로젝트 규모와 특성에 따
라 역할 분담은 달라진다.

▌역할별 책임

BIM 관리자는 전체 BIM 프로세스를 관리하거나(총괄 관리자)
건축 및 구조, MEP 등 분야별 과정을 관리하며(분야별 관리자) 참
여자 간 협업을 운영하는 BIM 수행계획을 수립하고 각 분야별로 만
들어진 BIM 데이터를 통합하며 협업 프로세스를 운영하고 단계별
성과물을 관리한다.

BIM 분석자는 구축된 BIM 데이터를 활용하여 여러 가지 관점에

서 설계 및 시공 과정이 발주자와 프로젝트의 요구 사항을 제대로 반영하고 있는지를 분석한다. 예를 들면, BIM을 활용한 면적, 법규, 간섭, 물량, 예산, 친환경, 시뮬레이션 등의 검토를 통해 설계안이 발주자의 요구 사항에 부합하는지 확인하고 그 밖에 필요한 분야의 분석을 수행하는 것이다.

BIM을 구축하는 모델러는 BIM 형상 객체를 구축하고 객체별 필요한 정보를 입력한다.

건축 프로젝트의 특성상 건축사들은 이 세 가지 역할과 책임을 모두 갖게 될 것이다. 왜냐하면 건축사의 설계안을 기준으로 구조, 기계, 전기, 토목 등의 설계가 진행되기 때문에 모델을 통합하고 간섭을 찾아 조율하는 역할을 수행해야 하며, 발주자의 예산, 에너지 절감형 설계 등 여러 가지 요구 사항에 설계안이 부합하는지 지속적으로 검토해야 하기 때문이다.

반면, 발주자, 건설사업관리자, 엔지니어, 시공사 등은 프로젝트 규모나 특성에 따라 이 중 한두 가지 역할만 맡을 수도 있다.

예를 들면, 건설사업관리자는 설계 단계에서 설계관리, 예산 검토, 시공성 검토 등을 목적으로 BIM을 활용할 것이다. 또 이들은 설계관리와 VE Value Engineering 그리고 예산, 시공성 검토, 최종 성과물 확인 등의 업무를 하기 때문에 BIM 매니저 또는 코디네이터와 애널리스트의 역할을 하게 될 것이다.

시공 단계에서는 샵드로잉 구축을 전문건설사가 수행하기 때문에 이들이 모델러와 애널리스트의 역할을 수행하고, 종합건설사는 매니저와 애널리스트의 역할을 갖는 것으로 이해하면 된다.

▌BSP

현실적으로 앞의 세 가지 역할 외에 한 가지가 더 있다. 바로 BIM 서비스를 제공하는 BSP BIM Service Provider이다. BSP는 전문 분야별로 해당 업무를 지원하거나 필요한 자료 및 기술 지원을 수행하는 BIM 서비스 전문 업체를 뜻한다. 아직 건축서비스/엔지니어링/건설 관련 분야의 건축사나 실무자들이 BIM 프로세스에 익숙하지 못하기 때문에 모델 구축이 별도의 용역에 의해 수행되거나, 필요한 라이브러리 및 템플레이트 구축 등 이들의 지원이 절대적으로 필요하기 때문이다.

▌BSP의 역할과 책임도 BIM 수행 수준에 따라 다르다

BIM 수준이 낮은 단계에서 프로젝트 참여자들은 2D CAD 도면 중심의 기존 방식으로 수행하고, BIM은 BSP에게 별도로 구축하도록 맡겨서 설계에 뒤따라가는 소위 'BIM 전환설계' 작업으로 진행한다. 즉, 건축사는 2D CAD로 설계하고, BSP는 도면을 받아 BIM을 만들고 검토하는 방식이다.

하지만 이 방식은 BIM 효과가 거의 없다. 왜냐하면 항상 건축사의 설계를 뒤따라갈 수밖에 없어서 BIM 모델을 구축해오면 그동안

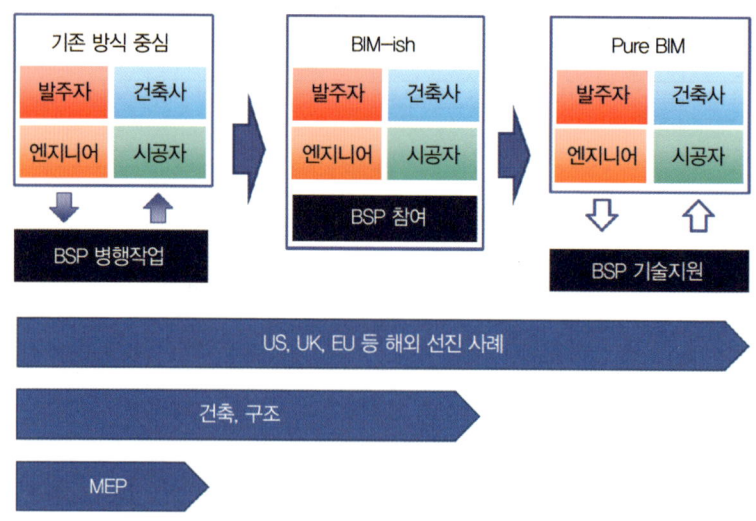

BIM 수준별 역할과 조직의 차이

설계는 다시 변경되어 최신 버전의 설계와 BIM 모델이 다른 경우가 빈번하기 때문이다. 이런 경우 거의 실시설계 100% 도면이 BIM 최종 성과물에 반영되지 못하게 되기 때문에 설계도면과 BIM 데이터의 정합성이 확보될 수 없다.

BIM 사례가 많아지고 시행착오를 통한 학습효과로 조금 발전하여 거의 BIM 프로세스에 해당되는 'BIM-ish' 프로세스로 진행되는 경우도 생기면서 설계도면과 BIM의 상이한 부분이 줄어들고 있다. 이는 설계 단계에서 건축사, 엔지니어, BSP가 합동사무소를 만들고 설계를 함께 진행하는 형태이다. 즉, 건축사가 BIM 설계 프로세스를 주도하고 부족한 부분을 BSP가 지원하면서 함께 BIM 설계를 수행하는 것이다.

이런 프로세스에서는 어느 정도 설계도면과 BIM 데이터의 정합성이 확보되고 크지는 않지만 BIM에 대한 효과도 볼 수 있다. 현재 국내 건설프로젝트 중 BIM 경험이 있는 설계사무소 또는 건설사가 이 정도 수준으로 BIM을 수행하고 있다고 판단된다.

여기서 더 발전하게 되면 'Pure BIM'으로 가게 되는데, 이는 모든 참여자들이 자신이 맡은 부분에서 직접 BIM으로 설계하고 BSP는 기술지원이나 BIM 프로세스 컨설팅에 초점을 두고 진행하는 것이다. 3장에서 소개한 IPD 사례가 이 수준에 해당된다고 볼 수 있다.

건축설계 단계에서 BIM은 당연히 건축사와 엔지니어에 의해 구축되고 주관되어야 한다. 하지만 각 분야별 BIM은 각 분야별 전문가에 의해서, 또 시공 단계로 들어가면 샵드로잉을 만드는 자에 의해 BIM이 구축된다. 정확히 말하자면 BIM이 현실로 구현되기 위해서 단계별로 더 구체화되어가는 과정인 것이다. 이런 의미에서 BIM에서 LOD를 Level of Detail보다 Level of Development라고 말하는 이유이기도 하다.

P-M-C-A로 운영하라

앞에서 이미 BIM 수행계획서의 중요성에 대해서 강조한 바 있다. 더 나아가 나는 올바른 BIM 수행을 위해서 ISO 9000과 같은 품질경영 시스템 개념을 BIM 프로세스에 도입하여 Plan – Model – Check – Action P-M-C-A Cycle을 기반으로 한 BIM 품질관리체계로 운영해야 한다고 주장해왔다(진상윤 2010).

건설품질 확보를 위해 Plan – Do – Check – Action P-D-C-A Cycle로 품질관리가 이루어지듯이, 계획된 품질의 BIM을 구축하고 이를 기반으로 프로젝트의 가치를 극대화하기 위해 BIM Plan을 수립, 이를 기준으로 BIM 데이터를 구축하며Do, 구축된 BIM을 분석하고 검토하여Check, 발견된 문제점과 그 해결책을 모색하고 이를 바탕으로 조치를 취하는Action 선순환형 운영 프로세스를 구축하는 것이다.

▎Plan

Plan은 앞서 BIM 수행계획서 작성에서 언급한 바와 같이 BIM 적용 목표와 범위를 설정한다. 단계별 활용 분야와 BIM의 상세수준을 결정한다. 발주자를 포함한 프로젝트 참여자들 간 정보 공유와 협업 방법을 계획하고 역할을 결정하는 것이 Plan의 주요 내용이다.

▎Model

Model은 BIM 데이터를 구축하는 것을 의미한다. 단계별로 분야별로 모델을 구축하고 관련된 정보를 확보한다. 또한 통합 모델을 구축하여 Check 프로세스를 준비한다.

이 구축과정은 3D 형상 정보뿐만 아니라 관련된 정보의 확보, 표준에 의거한 정보체계 구축 등이 포함되는데, 이는 여러 참여자들이 BIM 데이터를 여러 가지 목표에 의거하여 활용할 수 있다는 점에서 매우 중요하다.

예를 들면, 객체에 대한 부위 분류가 제대로 되어 있지 못하다면 BIM을 이용하여 4D 공정 Simulation이나 물량 산출을 수행할 수 없거나 상당한 재작업이 필요하게 된다.

- No BIM Plan = No Project Plan

품질경영 PDCA

Plan
- BIM 적용 목표와 범위 설정
- Process 및 Software 결정
- Level of Development 등 작업 지침
- 참여자 간 역할 결정

BIM Issue Mgmt

Action
- 설계 적용
- 공사 적용

Model
- 분야별 단계별 모델 구축
- 모델 간 연계 관리
- 모델별 Version 관리
- 필요 정보 연계

Check
- 진도관리
- 중복, 누락 등 BIM 품질 검사

BIM Execution Planning

P-M-C-A 기반 BIM 프로세스

▌ Check

Check는 구축된 모델을 분석하여 설계상 오류나 누락된 부분, 또는 시공성 분석, 물량 산출 및 견적, 공기 준수 가능성 검토, 에너지 분석 등 가능한 모든 분석을 포함한다.

이 분석과정을 통해 발견된 문제점 또는 논의사항을 일반적으로 BIM 이슈 Issue라고 부른다. 다양한 분석을 통해 본 사업이 발주자의 요구 사항과 목표에 부합하게 진행되는지를 확인할 수 있다. 이슈가 발생할 경우 해당 이슈를 기록하고 이슈를 통해 얻게 되는 프로젝트의 가치(절감, 리스크 방지 금액, 공기단축, 생애주기 비용절감 등)를 정량화할 수 있다.

❙ Action

Action은 파악된 이슈에서 문제점을 확인하고 이에 대한 해결책을 모색하며 조치사항을 협의하고 이행한다. 조치사항에 의거해 참여자들이 계획을 수정하고 이에 의거하여 BIM을 수정하거나 후속 작업에 반영하도록 관리한다.

이렇게 P-M-C-A 과정은 사업이 진행되는 동안 선순환형으로 지속되어야 한다. 또한 이 과정에서 파악된 BIM 이슈는 매우 중요한 지식 자산이기 때문에 프로젝트 단위뿐만 아니라 기업 차원에서도 이슈를 효과적으로 수집, 관리, 재활용할 수 있는 정보관리체계를 구축해야 한다.

04

BIM 이슈는 지식 자산이다

BIM 이슈Issue는 매우 중요한 프로젝트 자산이다. 설계 과정에서 발견된 BIM 이슈는 시공 단계에서 해당 부위에 대한 공사가 진행되기 이전에 이슈가 제대로 해결되었는지, 그 사항이 시공계획이나 샵드로잉 개발에 반영되었는지 다시 한번 상기시킴으로써 리스크를 사전에 차단할 수 있다.

BIM 이슈가 지식데이터베이스를 통해 관리된다면 추후 유사 프로젝트에 대한 제안서나 계획 수립에서 예상되는 리스크 규명에 효과적으로 활용될 수 있다.

또한 이것들은 사내 구성원에 대한 교육 자료로도 매우 훌륭하다. BIM으로 표현된 이슈는 2D 도면일 때보다 무엇이 문제였고

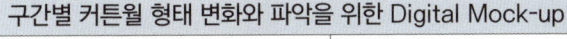

구간별 커튼월 형태 변화와 파악을 위한 Digital Mock-up	
관련 이미지	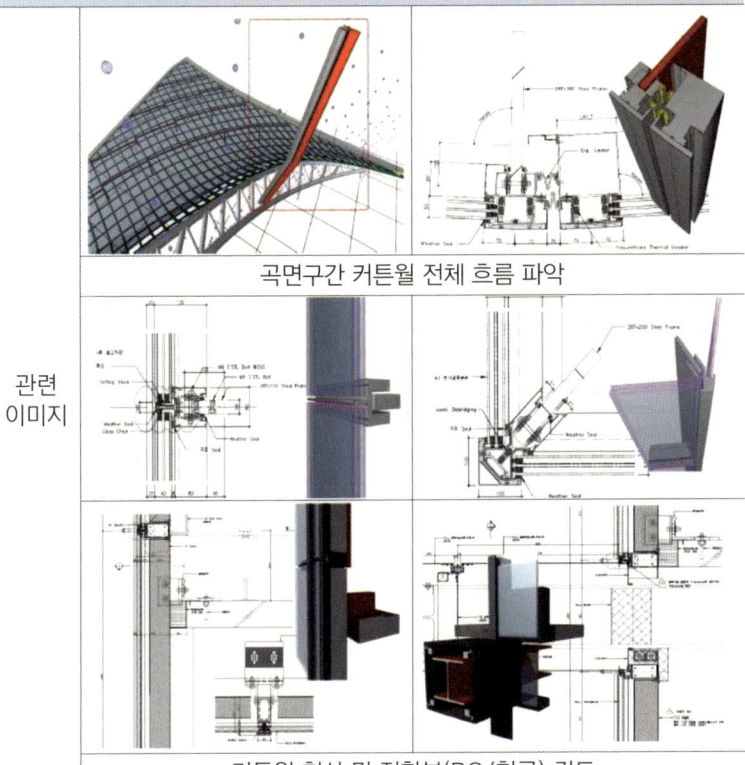 곡면구간 커튼월 전체 흐름 파악 커튼월 형상 및 접합부(RC/철골) 검토

- Digital Mock-Up을 통한 다양한 타일의 커튼월 상세 검토
- 커튼월에 대한 전반적인 구간별 특징 및 발주 관련 참고 자료로 활용
- 커튼월 부재의 조립 형태 및 접합구간에 대한 Digital Mock-up → 발주처 및 관련 업체 시각적 이해 자료

BIM 이슈 보고서 사례(이미지 제공 : (주)두올테크)

어떻게 해결되었는지 이해하는 데 훨씬 더 효과적이기 때문이다. 따라서 BIM을 적용한다면 BIM 이슈관리 체계를 통해 어떻게 지식 기반화할 것인지도 같이 고민을 하는 것이 바람직하다.

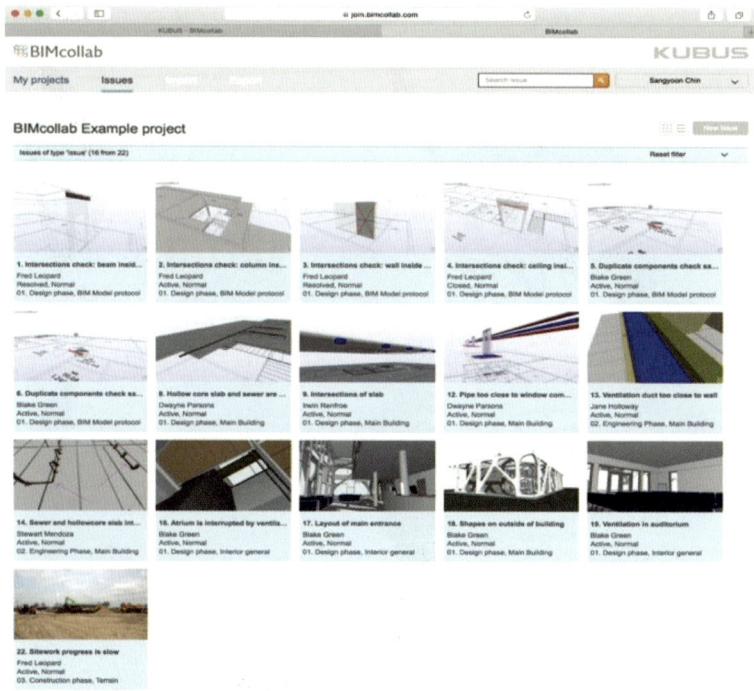

BIM Issue 관리 서비스 사례(bimcollab.com)

┃ BIM 이슈 및 가치 분석

또한 BIM 수행과정에서 도출된 각종 이슈들은 공종별·위치별·부위별 등으로 분류될 수 있으며 이슈에 대한 가치(BIM을 통해 발견함으로써 방지된 낭비비용)를 정량화하는 것에도 활용할 수 있다.

BIM 활용으로 인한 편익분석(Benefit-Cost Analysis)은 많은 이들에게 매우 관심 가는 주제이기도 하다. 설계 단계에서는 BIM 도입 이후 기본 대비 50% 이하의 적은 인원으로 같은 규모의 설계 프로젝트를 수행한 사례가 해당될 것이며(McGraw-Hill 2012, Autodesk 2014, Statsbygg 2011), 시공 단계의 경우 RFI 감소(GSA 2007, Gilbane 2018), 신속한 문제 파악과 의사결정, 그리고 프리패브화 등으로 인한 공기 단축 등을 들 수 있을 것이다.

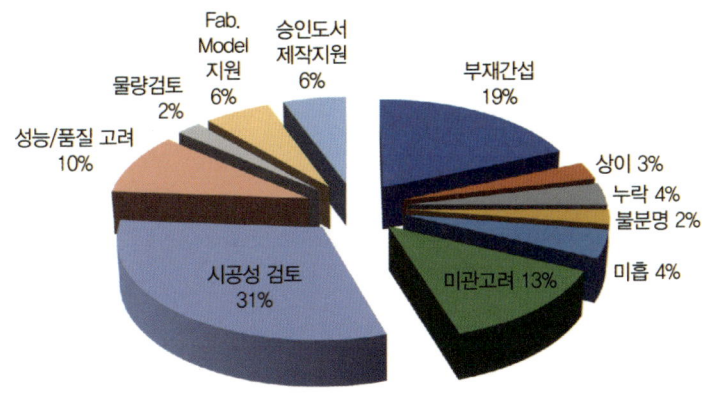

LH 진주 신사옥 BIM 이슈 유형별 검토(Kim at el. 2017)

LH 진주 신사옥의 경우 시공 단계 BIM 수행을 통해 약 511건의 이슈를 파악하고 약 600억 원어치의 공사에 해당되는 문제점을 해결한 것으로 분석된 바 있다. 이 중 66%에 해당되는 338건은 두 가지 이상의 공종에 영향을 주는 복합공종 이슈인 것으로 파악되었다. 이슈 유형별 분포를 보면 시공성 검토, 부재 간섭, 미관을 고려한 대안 검토 등을 포함하여 다양한 유형으로 발생한 것을 알 수 있다. 이것들이 모두 지식 기반이 될 수 있는 소중한 자산인 것이다.

이 사업에서 BIM 가치는 총공사비 대비 BIM 활용이 차지하는 비율로 정의하였다. BIM의 가치를 정량적으로 분석하기 위해 시공 BIM Process를 통해 현장에서 작성된 보고서를 바탕으로 추출한 이슈와 계약내역서 연계를 통해 BIM을 활용해 리스크를 해소한 가치 분석을 진행하였다. 분석된 이슈 중 내역과 연계가 가능한 472건의 이슈를 도출하였으며, 그 결과 총공사비 대비 약 16%에 해당되는 부분의 문제점을 파악하고 해결하는 것에 BIM이 기여한 것으로 나타났다(Kim et al. 2017).

CHAPTER 06

건설산업 BIM 기본지침, 시행지침, 그리고 적용지침

01
건설산업 BIM 기본지침과 시행지침

▌BIM 수행에 있어서 가장 기본이 되는 발주지침

앞에서도 언급한 바와 같이 BIM 수행에서 가장 기본이 되는 것이 발주지침이다. 발주자의 BIM 수행에 대한 요구 사항을 바탕으로 해당사업에 대한 과업내용이 결정되기 때문이다. 그런데 발주지침이 발주자마다 또는 사업마다 들쭉날쭉 다르다면 산업적으로 매우 큰 혼란이 올 것이며, BIM 데이터 구축의 적정성을 놓고 발주자와 수급자 간 혼란과 분쟁이 생길 가능성도 클 것이다.

이러한 문제를 사전에 방지하고 국가적 차원에서 BIM 수행에 대한 일관성 있는 기본 방향을 제시하기 위해 국토교통부에서는 건설산업 BIM 기본지침(2020)과 시행지침(2022)을 발간하였다. 기본지침과 시행지침은 기본적인 지침 내용을 가지고 있기 때문에 각 기관별로 적용지침을 만들도록 가이드하고 있으며, 그 적용지침을 근거로 BIM을 적용하는 사업별로 발주방식과 특성에 따라 BIM 과업 내용을 결정할 수 있는 것이다.

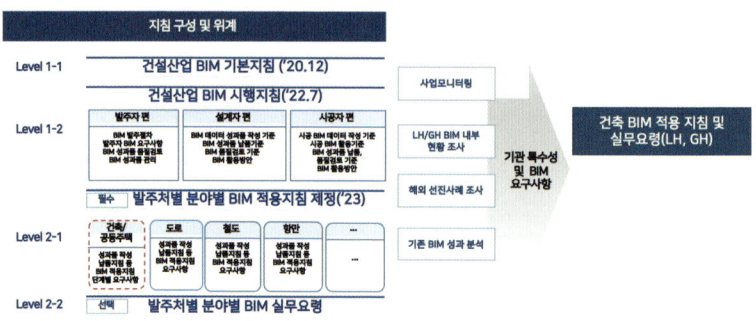

기본지침, 시행지침, 적용지침

필자는 기본지침과 시행지침을 바탕으로 한국토지주택공사(LH)와 경기주택도시공사(GH)의 BIM 적용지침을 개발하는 연구를 총괄책임자로 수행하였다. 이 과정에서 각 기관별 특성을 반영하고 기존에 수행해온 BIM 실적과 현황을 조사하였으며 실무자 인터뷰와 요구 사항을 분석한 결과를 바탕으로 BIM 적용지침을 개발하였다. 제정된 BIM 적용지침은 각 기관의 홈페이지를 통해 다운받을 수 있다.

▍공기업의 기존 BIM 수행 프로세스 문제점 분석

2010년 이래 공기업들이 수행한 사업에서도 BIM이 꾸준히 적용되어왔다. 필자는 공기업들의 지침 적용 개발과정에서 기존 BIM 수행의 문제점과 개선방안을 분석하는 연구도 수행하였다. 30여 개의 기존 BIM 수행 사업 성과물과 관련 실무자들 인터뷰를 통해서 분석한 결과는 다음과 같이 정리되었다.

첫째, BIM 성과물은 BIM 원본 데이터와 결과보고서 그리고 IFC 데이터 등으로 구성되는데 제출된 BIM 수행계획서에 대비하여 BIM 데이터가 충실히 구축되지 못했다. 특히 건축 및 구조 이외의 분야에서는 최소한 작성되어야 하는 부재 기준을 충족시키지 못했으며, 요구 공간 및 세대면적 등을 확인하는데 중요한 공간 객체의 경우에는 모든 경우에서 누락된 것을 볼 수 있었다.

둘째, 모든 BIM 수행은 BIM 전환설계로 대부분 외주 업체에 의해서 수행되었다. 분석된 모든 경우에서 BIM이 적용된 시점은 실시설계 종료 즈음, 즉 설계가 거의 끝난 시점에서 BIM 성과물 제출을 위한 목적으로 작성되었다. 동일한 건축설계사무소에서 BIM을 수행한 경우에서조차 설계자와 BIM을 구축한 자가 서로 다르다는 것을 확인할 수 있었다.

셋째, 이런 BIM 수행에서 나온 성과물이 후속 단계인 시공 단계에서 활용될 가능성은 매우 낮았다. 시공책임형 CM 발주방식처럼 동일한 수급자가 BIM 데이터를 구축하지 않는 이상, 설계/시공 분리 발주방식에서는 설계 단계 BIM 성과물과 설계도서 성과물 간 정합성이 확보되지 않기 때문에 시공 단계에서 설계도서와 상이한 BIM 데이터를 활용한다는 것은 현실적으로 불가능한 것이었다.

이와 같이 발주자의 BIM 수행 및 관리 체계가 매우 미흡했고, 성과물 검증 및 그 책임에 대한 정의가 없었으며, 설계 따로 BIM 따로 진행되는 BIM 전환설계에 의존한다는 점이 드러났다. 새로 제정된 지침에서는 이를 보완하기 위하여 다음과 같은 핵심 포인트를 도출하고 반영하였다.

▌공기업 BIM 적용지침 개발 핵심 포인트

국토교통부의 스마트 로드맵 정책과 건설산업 BIM 시행지침을 바탕으로 한국토지주택공사(이하 LH)와 경기주택도시공사(이하 GH)는 건축 BIM 적용지침을 2024년에 제정하였다. 이 두 개의 지침은 모두 필자의 총괄책임 하에 동일한 철학을 바탕으로 개발되었다. 그 철학은 BIM을 기술로만 보지 말고 프로세스와 사람 그리고 기술의 융복합체로 봐야 한다는 것이며, 각 기관의 기존 BIM 수행 성과물을 분석하고 실무자 인터뷰 등을 통하여 실효성 있는 지침 개발을 위한 핵심 포인트를 다음과 같이 도출하고 지침에 반영하였다.

1) 실질적인 BIM 설계 프로세스 유도 – BIM 성과물 중심에서 설계 단계 동안 정기적인 보고를 통한 수행관리 체계를 구축하

고 발주자도 BIM을 통해 확인하고 관리함으로써 설계 초기 단계부터 BIM 설계를 유도한다.

2) 현상설계 공모 단계부터 BIM 활용 요구를 통해 실질적인 BIM 설계 수행이 가능한 설계사를 선정하고 이를 통해 선도적인 BIM 설계 프로세스를 구축하고 산업에 전파한다.

3) BIM 설계 도면 기준을 개발함으로써 CAD로부터 탈피하고 BIM 특성을 살린 도면 작성 기준을 개발하고 전파한다.

4) 실효성 있는 시공 BIM프로세스를 유도한다. 착공 단계부터 설계 BIM을 검토하고 시공사와 전문건설사 간 Preconstruction개념을 기반으로 시공 리스크 사전 제거를 수행하도록 하며, 발주자의 대리인인 감독권한대행(건설사업관리자)의 BIM에 대한 역할과 책임을 정의하고 관리 감독을 수행하도록 한다.

5) 설계 단계 성과물 검증 및 보완에 대한 요구, 유지관리 단계를 고려한 준공 BIM 확보 등 후속 단계 BIM 활용성을 고려한 검증을 실시한다.

6) 지침이 사업에 반영되고 또 그 수행결과와 개선방안이 반영될 수 있는 선순환 개선형 BIM 운용 체계를 구축한다. 시범사업을 통해 모니터링하고 개선사항을 지침개정에 반영하며, 시범사업 사례를 실무 요령화하여 산업계에 전파한다.

▌LH와 GH의 건축 BIM 적용지침

한국토지주택공사(LH)는 공동주택 BIM 적용지침을, 경기주택도시공사(GH)는 건축 BIM 적용지침을 2024년 제정하였다. 두 가지 모두 건설산업 BIM 시행지침을 근간으로 개발되었기 때문에 발주자, 설계자, 시공자 관점에서 BIM 관련 요구 사항을 기술하고 있는데 LH의 지침은 발주자를 중심으로 설계 단계 그리고 시공 단계에서 BIM 요구 사항을 기술하는 통합본으로 구성되어 있는 반면, GH의 지침은 발주자, 설계자, 시공자편으로 구분하여 BIM 요구 사항을 기술하고 있다.

이 두 가지는 구성에는 약간의 차이가 있지만 그 내용 측면에서는 매우 유사한 성격을 띠고 있다. 발주자 관점에서 보면 BIM 데이터 책임과 권한 부분에서는 성과품과 BIM 데이터 책임에 대한 부분을 중요한 부분으로 기술하고 있다. 성과품 품질 및 데이터 오류에 대한 책임은 수급인에게 있으며 후속 단계의 설계도서 검토 등 초기 단계에서 발견된 BIM 데이터와 도면 등 불일치 등에 대하여 이를 이전 단계 수급인이 보완하도록 규정하고 있다.

또한 BIM 데이터에 대한 권한에 대해서는 문화체육관광부「창작물 공모전 가이드라인」에 따르며, 수급인은 지적재산권을 가지지만, 소유권과 사용권은 발주자가 가지며 해당 사업에 참여하는 다른 이해당사자가 이를 활용할 수 있도록 부여할 수 있다고 규정하고 있다.

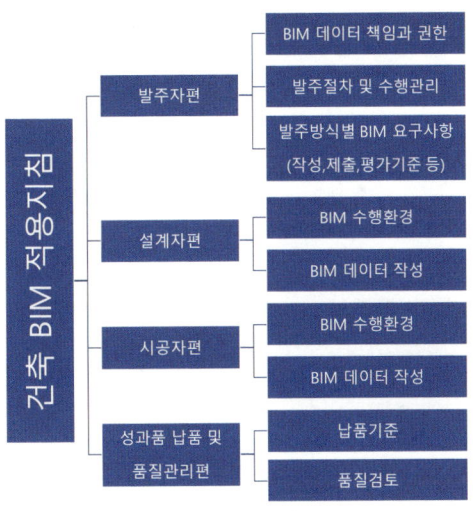

GH BIM 적용지침 구성

발주 절차 및 수행 관리 부분에서는 사업 착수 전 단계부터 발주서류 준비, 공고, 평가 및 선정, 사업 수행 및 관리, 성과품 검토 및 관리 그리고 사후평가에 이르기까지 과정을 규정하고 있다. 특히 사업 준비 단계에서 BIM 지침관리부터 추진을 위한 BIM 전담부서와 각 사업별 수행 및 관리를 전담하는 BIM 사업부서, 그리고 BIM Master Planner 등의 역할을 정의하고 있는데 이는 선순환 개선형 BIM 운영 관리체계를 통하여 지속가능한 BIM 거버넌스Governance를 구현하고자 함이다.

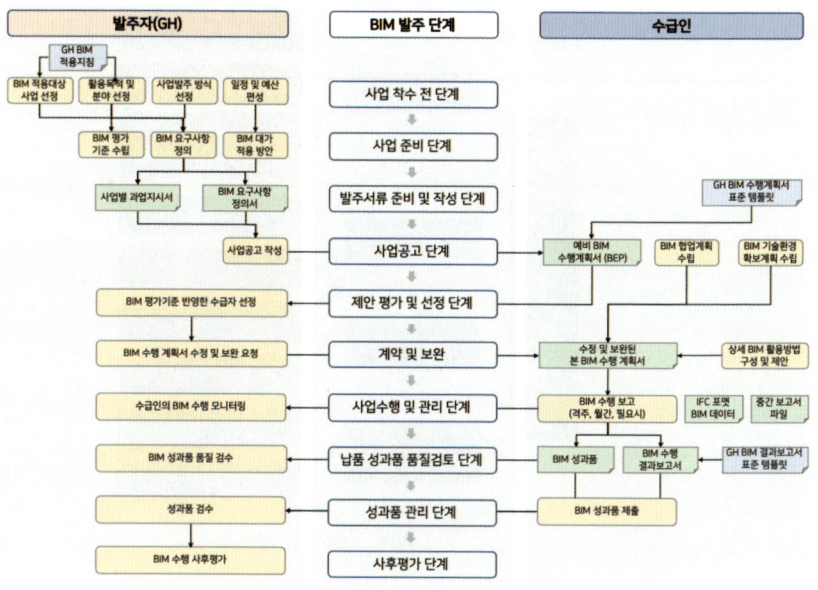

건축 BIM 발주 업무와 절차

　발주방식별 BIM 요구 사항에서는 발주자가 해당 사업에 대한 과업내용을 설정할 수 있도록 현상설계공모, 설계시공 일괄입찰, 기본 또는 실시설계 기술제안, 민간참여 공동주택사업, 설계시공 분리발주, 시공책임형 CM 사업방식(LH 사업에 해당), 건설사업관리용역 등 발주방식별로 BIM 요구 사항과 평가 기준 등을 규정하고 있다.

　설계자편과 시공자편은 제안사들이 제안 준비를 하는 데 있어서 제안단계, 설계 단계, 시공 단계 등에서 수행해야 하는 최소한의 BIM 요구 사항과 수행계획서 템플릿과 상세수준 정의 등 참고 사항 등을 열거하고 있다.

　성과품 납품의 경우 필수성과품과 선택성과품에 대한 기준과 제출 방법 그리고 절차 등에 대하여 규정하고 있으며, 성과품에 대한 품질검토 기준과 방법 그리고 절차 등을 규정하고 있다.

LH의 경우 이들 지침을 홈페이지를 통해 공개하고 있으니 자세한 내용은 아래 주소를 참고하기 바란다.

• LH 홈페이지(https://www.lh.or.kr)→주택사업 메뉴→주택기술 품질자료 6번 및 7번

▌발주방식별 BIM 요구 사항과 평가 기준 특이점

LH와 GH의 지침을 보면 양 기관의 BIM에 대한 온도 차이를 약간 느낄 수 있다. LH는 아직 실시설계 단계부터 BIM 적용에 초점을 두고 있다. 그래서 제안서 평가시 BIM을 반영하는 것은 시공책임형 CM사업과 건설사업관리(감독권한대행) 용역 평가에만 국한하고 있다. 시공책임형 CM사업에서는 "BIM단계별 수행 방안(1.5)"과 "시공계획 적정성(2.5)" 부분에서 BIM 수행계획의 적정성을 포함하여 평가하도록 규정하고 있다.

반면, GH의 건축 BIM 적용지침에서는 발주방식별로 제안 단계에 대한 요구 사항과 평가 기준에서 매우 구체적인 내용이 규정되어 있다. GH는 현상설계공모 단계부터 BIM을 요구할 수 있도록 하였는데 이 경우 설계안 평가 시 BIM을 평가하는 것은 아니지만, 공모 단계부터 BIM으로 설계하고 그로부터 추출된 뷰와 데이터를 기반으로 설계도면과 설계설명서를 작성할 것을 요구하고 있다. 또

한 공모안이 법규나 중대 검토사항 등의 위반했는지 여부를 BIM데이터 원본을 통해 확인하도록 규정하고 있다.

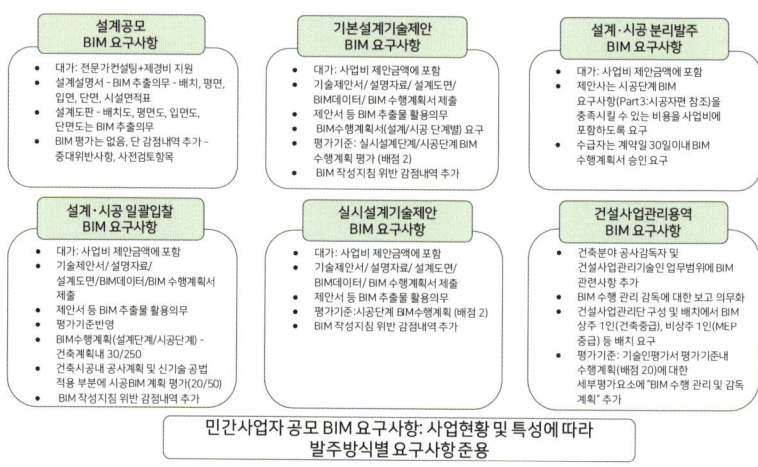

GH BIM 적용지침의 발주방식별 요구 사항

그 외 설계시공 일괄입찰이나 기술제안에 있어서도 제안 내용 작성시 설계공모와 동일하게 BIM을 활용해 준비할 것을 요구하고 있다. 다른 점은 BIM을 활용한 작성지침을 위반할 경우 건당 0.2점씩 최대 10점까지 감점할 수 있도록 규정하고 있다는 점이다.

▌제안 단계 BIM 활용 요구와 평가 반영의 의미

이와 같이 제안 단계부터 BIM 활용을 요구하고 또 평가에 반영하고자 하는 것은 발주자 관점에서도 실질적인 건축산업의 스마트화를 유도하겠다는 강력한 메시지인 것이다.

그동안은 수급자를 선정하고 난 뒤 BIM 수행계획서를 작성하고 BIM 성과물을 제출하는 방식으로 수행하다 보니 실질적인 BIM 설계가 이루어지지 않고 설계가 거의 끝나고 나서 BIM 전환설계가 이루어지고 있었다. 하지만 이런 방식은 건축산업의 스마트화에 전혀 기여하지 못하고 있었던 것이고 오히려 기존 방식과 비효율적인 BIM이 이중적으로 수행되는 구조였던 것이다.

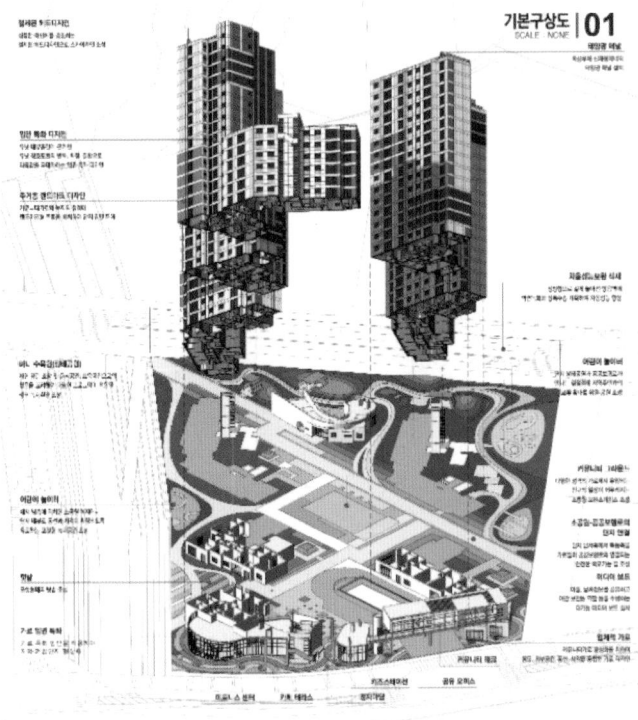

제안서에 활용된 BIM 사례(어반플롯건축사사무소 제공)

앞의 그림은 BIM을 활용하여 제안서를 만든 사례이다. BIM으로부터 추출한 뷰View를 그대로 활용한 것이다. 이렇게 BIM 데이터를 기반으로 설계도면과 설계설명서를 만들 수 있다. 이를 통해 설계 안을 세대수, 주차대수, 동간격, 면적 등등의 다양한 설계 정보를 정량적으로 더욱 정확하게 파악할 수 있기 때문에 공정하고 투명한 설계 심사에도 크게 기여할 수 있을 것으로 기대한다.

또한 제안 단계부터 BIM 활용을 요구하는 것은 제안사가 직접 BIM을 준비할 수 있는 BIM 수행능력이 있는 수급자를 선정하기 위한 목적이 들어 있다. 2025년 현재 제안 단계부터 BIM을 요구하는 사업이 많지는 않을 것이다. 하지만 이를 통해 BIM 수행능력이 있는 수급자가 선정되어 설계 초기 단계부터 BIM으로 수행하고 발주자 또한 BIM 수행관리를 수행함으로써 실질적인 BIM 설계 프로세스를 구축하고 이를 산업에 전파하는 선도 모델로 활용하고자 하는 것이다.

02
BIM 수행계획서 작성

▍발주지침을 바탕으로 BIM 수행계획을 수립한다

BIM의 궁극적인 목적은 프로젝트의 가치Value를 극대화하는 것이다. 혹자는 그 가치가 발주자에게만 국한되어 있다고 주장하기도 하지만, 나는 모든 참여 주체들이 고객에게 제공하는 서비스의 가치를 극대화하는 것뿐만 아니라 각 참여 주체 자신을 위한 가치를 극대화하는 것도 있다고 생각한다.

건축가는 BIM을 통해 도면 작성보다는 디자인에 더 많은 시간과 노력을 기울일 수 있어 발주자에게 더 좋은 설계안을 제공하고 이를 통해 설계 경쟁력을 높일 수 있으며, 시공자는 BIM을 통해 시공 단계에서 발생할 수 있는 위험Risk을 줄일 수 있다. 또 VE를 통해 발주자에게 더 큰 신뢰감을 주고 수주 가능성을 높일 수 있으며, 각 분야의 기술자들 또한 BIM 기반의 더욱 정확한 해석과 설계를 통해 각자의 노하우를 축적하고 경쟁력을 높일 수 있다.

건설 프로젝트를 수행하기 이전에 계획을 수립하고 관리하듯이 BIM 프로세스를 제대로 수행하기 위해서는 발주자 지침상의 BIM 요구 사항을 바탕으로 구체적인 계획 수립이 선행되어야 한다.

BIM 또한 가상공간에서 대상 건축물을 지어보고 이를 통해 Risk를 최소화하는 것이기 때문에 BIM 계획 수립은 필수적이다. 즉, BIM 활용 목적 및 작업 단계별 데이터 구축은 어떻게 할 것인가, 어떤 부분을 어느 정도 상세수준에서 모델링할 것인가, 누가 모델링을 하고, 어떤 BIM 도구를 사용할 것인가, 정보를 공유하기 위해 어떤 포맷Format으로 저장하고, 모델링 작업 시 특히 고려해야 할 사항은 무엇인가 등 여러 가지 사항에 관하여 계획을 세우고 이를 참여 주체들이 공유해야 한다.

따라서 BIM을 적용하는 데 BIM 수행계획서는 필수적이다. BIM 수행계획서를 BIM Execution Plan, 줄여서 BEP라고도 부른다. 왜냐하면 BIM 프로세스는 BIM이 생애주기 동안 설계뿐만 아니라 여러 가지 목적으로 활용되고 타 분야의 전문가들과도 데이터를 공유해야 하기 때문이다.

만약 건축사가 BIM이 후속 단계에서 또는 다른 사람에 의해서 어떻게 사용될 것인지 고려하지 않고 구축한다면, 각 분야별로 BIM

을 재구축해야 하기 때문에 상당한 낭비가 발생하거나 데이터가 쓸모없게 되어 BIM 도입이 무산될 것이다.

그래서 각 설계 단계, 시공 단계별로 BIM을 어떤 목적으로 어떻게 구축하고 누구와 협업할 것인가, 어떤 환경에서 어떤 프로세스로 진행할 것인가, BIM 활용을 위한 소프트웨어는 무엇으로, BIM의 'I'인 Information은 단계별로 어떤 정보가 확보되어야 하는가, 모델의 상세수준은 어느 정도까지여야 하는가 등 많은 사항이 계획되고 협의되어야 하기 때문이다. 물론 이런 내용들은 발주자의 BIM 요구 사항을 최소 사항으로 설정하고 계획해야 한다.

▌ BIM 수행계획 수립 절차

BIM 수행계획서의 절차는 먼저 BIM의 적용 목적과 계획을 규명하고, 기본, 실시, 시공 등 생애주기 단계별로 BIM 적용 계획을 수립한다.

건축, 구조, 기계, 전기, 토목, 조경 등 어느 분야의 BIM 데이터를 구축하고 또 어떤 소프트웨어를 사용할 것인지, 어떤 부재를 어떤 정보와 연계하여 어느 정도의 상세수준으로 모델을 구축할 것인지, 어떻게 협업을 수행할 것인지, 누가 어떤 데이터 구축을 책임질 것인지, 어떤 환경에서 BIM을 수행할 것인지, 어떻게 구축된 BIM 데이터의 품질을 확인할 것인지, 최종 성과물이 무엇인지 등을 계획한다.

그렇기 때문에 BIM은 단순 3차원 모델 구축과 다른 것이다. 각기 다른 분야에서 만들어진 BIM이 통합되어야 하고, 또 그래픽 모델뿐만 아니라 그 안에 속성을 정의하고 속성에 대한 정보가 입력되고 관리되는 것이다. 이렇게 구축된 BIM은 후속 단계에서 활용되고 또 새로운 정보가 축적되는 과정을 거쳐 유지관리 단계에서까지 활용될 수 있다.

❚ BIM 수행계획서의 주요 내용 – 각 단계별로 별도로 작성하라

1. 단계별 BIM 활용 목표 설정 : 기본 설계, 실시설계, 시공 등 각 단계에서 BIM 활용 목표 등을 기술한다. 예를 들면, 에너지사용이 최적화된 설계 도출, 발주자의 예산에 기반한 설계 도출, 공기준수가 가능한 설계안 확보 등을 목표로 설정할 수 있을 것이다.

GH BIM 적용지침의 설계 단계별 BIM 활용 분류(안)

활용			설계 단계			내용
대분류	중분류	소분류	현상	기본	실시	
디자인 검토	시각 검토	투시도, 조감도	O	O	O	• 건물, 대지, 주변 시설물과의 전체적인 경관 및 거리 검토
		면적	O	O	O	• 면적 조건 검토
		공간	O	O	O	• 공간 요구 조건 검토
		무장애		O		• 동선, 시설물 설계 조건검토

활용			설계 단계			내용
대분류	중분류	소분류	현상	기본	실시	
디자인 검토	시각 검토	피난		○		• 피난설계 조건 검토
		방재		○		• 방재설계 조건 검토
	설계 품질	간섭		○	○	• 부재 간 물리적 충돌간섭 검토
		법규	○	○	○	• 건축물의 법규 검토
설계 도서	도면		○	○	○	• BIM 데이터로부터 도면 추출
	물량 산출			○	○	• 주요 부재 물량 산출
시뮬레 이션	환경 분석	일조	○	○		• 남향 비율 및 일조량 검토
		창 면적		○		• 창 면적 비율 검토

2. 1번에서 명시한 목표를 달성하기 위해 현상설계, 기본 설계, 실시설계, 시공 등 단계별로 BIM을 어떻게 활용할 것인지를 계획한다. 건축, 구조, MEP BIM 등 분야별 BIM 구축과 구성, 공간 모델 구축, BIM 기반 에너지 분석, 간섭 검토, 4D BIM 구축, 주요 자재 물량 산출 등 어느 분야에서 BIM을 활용할 것인지 계획한다. 물론 이 활용 분야는 각 사업별 특성에 맞추어 발주자와 협의하여 조정할 수 있다.

3. BIM 데이터 작성 대상을 계획한다. 단계별로 어떤 객체를 3차원 BIM 객체로 나타내고 어떤 정보를 속성 정보로 포함할 것인지를 결정한다. 작성 대상 객체에 대한 표현상 상세수준은(다음 3절 참조) 물론이고 그 객체의 정보로 어떤 것들이 포함되어야 하는지를 계획해야 한다.

기본 설계 BIM 활용

시각화

- 설계 디자인 검토
- 외피 재료 검토

입체적 검토

- 설계 정합성 검토
- 대규모 공간 구조 검토

친환경 분석
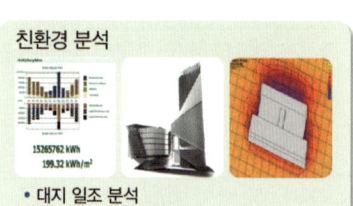

- 대지 일조 분석
- 영구 음영 검토

충족성 검토

- 층, 구역, 실의 공간 범위를 정의

단계별 BIM 활용 예시(이미지 제공 : (주)두올테크)

실시설계 BIM 활용

입체적 검토

- 설계안의 적합성 검토
- 주요 부실 상세 검토

간섭 검토 및 조정

- Solibri 자동 검토
- 시각적 검토

도서 산출

- 2D 도면과 같은 '뷰' 작성
- 기존 도면과 비교 검토 활용

물량 산출

- 기초 수량 산출
- 아키캐드 모델링 데이터

에너지 시뮬레이션

- Eco Designer 활용
- 에너지, 주요실 일조 분석

라이브러리 제작

- 지능형 라이브러리 제작
- 데이터 용량 저감

단계별 BIM 활용 예시(이미지 제공 : (주)두올테크)

교육	업무보고	공정회의	BIM DATA 반영
			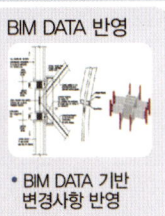
• BIM 개념 이해 • 작업과정의 이해 • 데이터 활용	• 정기적인 업무보고 진행	• 월간 공정회의 진행 • BIMx 및 4D 데이터 제공	• BIM DATA 기반 변경사항 반영

4D 시뮬레이션	As-built	Shop Drawing	PMIS
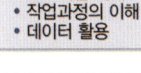		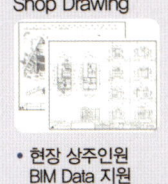	
• 4D 공정 시뮬레이션	• 정기적 설계 변경 반영 • 긴급 상황 시 수시 반영	• 현장 상주인원 BIM Data 지원 • Shop base를 위한 BIM Data 추출 제공	• 두올 PMIS • BIM Data 연계

단계별 BIM 활용 예시(이미지 제공 : (주)두올테크)

예를 들면, 실/공간 면적 검토를 위해 실/공간별 구분 코드가 객체 정보로 포함되어야 한다. 또 4D 시뮬레이션을 위해 부위 종류별이나 층별은 물론, 필요하다면 Zone별로도 객체를 구분할 수 있어야 한다. 또 이를 위한 그룹핑과 부재 코드 정보가 필요하다. 만약 콘크리트 골조에 대한 물량을 추출하고자 한다면 강도, 슬럼프, 최대 골재치수 등의 정보가 부재별로 입력되어야 한다.

4. 건축, 구조, 토목, 기계, 전기, 조경, 공간 등 분야별로 어떤 부재와 부위를 어느 정도 상세수준에서 BIM 데이터로 어떻게 구성할 것인지를 구체적으로 계획한다. BIM 객체의 상세수준은 3

모델링 요소별 데이터 작성 기준 - 1	
대상	객체 입력 대상
기초 (독립 기초, MAT)	- 독립기초와 MAT기초는 구분 작성 - 레이어 : S_기초 - 객체ID : F01 - 재료정보 : 콘크리트 강도 - 용도/위치 : 작업층 및 위치정보 - 객체제원 : 가로, 세로, 두께, 체적
기둥	- 하부 슬래브 상단에서 상부 슬래브 상단까지 작성 - SRC기둥일 경우 철골 및 RC 기둥은 별도 작성하여 중첩되게 표현 - 레이어 : S_기둥_철근콘크리트 - 객체ID : C01 - 재료정보 : 콘크리트 강도 - 용도/위치 : 작업층 및 위치 정보 - 객체 제원 : 가로, 세로, 두께, 체적
보	- 슬래브 및 기둥과 중첩되지 않게 작성(자동 공제 시 중첩 가능) - 레이어 : S_보_철근콘크리트 - 객체ID : G01 - 재료정보 : 콘크리트 강도 - 용도/위치 : 작업층 및 위치 정보 - 객체 제원 : 가로, 세로, 두께, 체적

BIM 데이터 작성 기준 예시(제공 : (주)두올테크)

차원 모델의 형상은 어느 정도 상세해야 하고 또 이들이 포함하는 정보는 어느 정도까지 포함해야 하는가를 정의하는 것이다.

이는 단계별, 분야별, 객체별로 다르게 정의할 수 있다. 또한 프로젝트 성격에 따라 그 특성에 맞는 상세수준을 명시하는데, 대부분 발주지침에서 가이드를 제시하고 제안사들이 수행계획서 상에서 달성하고자 하는 단계별 상세수준을 정의한다.

BIM 적용지침을 수립한 기관별로 상세수준을 정의하고 가이드를 제시하는데 대부분 미국의 LOD Level of Development 기준을 기반으로 하고 있으며, 자세한 사항은 다음 3절에서 기술하였다.

5. 분야별로 활용될 BIM 소프트웨어와 데이터 호환을 위한 형식을 결정한다. 아쉽게도 BIM 분야는 한 가지 소프트웨어로 모든 분야의 BIM을 수행할 수 없다. 각 분야별로 소프트웨어 종류도 다르다. 또 지속적으로 새로운 소프트웨어도 등장하고 있다.

계획하는 BIM 활용 분야별로 어떤 소프트웨어를 사용하는 것이 협업이나 프로세스상 가장 효율적일지, 그것을 수행할 수 있는 인력 확보가 가능한지도 고려하여 계획한다.

6. BIM 수행 환경 구축을 계획한다. BIM 설계 및 협업 환경과 BIM 수행 조직 구성에 대한 계획을 의미한다. BIM 설계와 협업 환경에 필요한 공간, 소프트웨어 그리고 하드웨어를 어떻게 구성할 것인지를 계획한다.

BIM 수행조직과 관련해서는 총괄 관리자 및 주요 분야별 BIM 관리자 그리고 월별 인력 투입 계획 등을 계획한다. 요즘은 클라우드 환경을 이용한 협업과 원격관리도 충분히 가능한 시대이기 때문에 이런 환경 구축은 발주자와 설계자 간 협업, BIM 수행조직에 대한 원격지원 체계 등을 보다 효과적으로 만들 수 있다.

품질관리계획 예시(이미지 제공 : (주)두올테크)

7. BIM 운영 및 관리 방안을 계획한다. 발주자, CM, 설계자, 시공자 등 프로젝트 참여자 간 협업 전략을 수립하고 설계, 시공 단계별로 참여자 간 설계 조정회의 또는 BIM 기반 공정회의 등에 대한 운영 및 일정계획, 주기, 장소 등을 명시한다. BIM 수행과정에서 발생하는 각종 BIM 이슈들을 수집 및 관리하고 이를 보고하는 방법과 주시를 명시한다. 또한 구축하는 BIM 데이터 품질 확보 및 검증 방안을 제시한다. 또한 필요시 발주자를 포함한 BIM 교육 계획도 이 부분에서 포함한다.

8. BIM 성과물 제출목록을 계획한다. 설계, 시공 단계별로 제출해야 하는 BIM 성과물 목록을 제시한다. 단계별 최종 성과물을 발주지침 및 발주자의 요구 사항과 BIM의 활용 목적에 따라 BIM 데이터의 효율적 활용과 연계 그리고 협업 지원이 가능한 형태로 계획한다.

▎ 참고할 만한 국내외 BIM 수행계획서 및 가이드

그럼 BIM 수행계획서는 어떻게 작성해야 할까? 다행히도 BIM 수행계획서 작성을 위한 참고자료들이 많이 있다. 국내는 LH나 GH 등 주요 공기업들은 BIM 적용지침을 가지고 있으며 BIM 수행계획서 표준 템플릿을 제공하고 있어서 이를 활용하면 어렵지 않게 BIM 수행계획을 수립할 수 있다.

다음 표는 우리나라, 미국, 영국, 싱가포르의 기관들이 제공하는 BIM 가이드 리스트와 홈페이지 주소를 보여주고 있다. 자료를 무료로 다운로드하여 활용할 수 있기 때문에 국내 또는 국외 프로젝트를 준비하는 과정에서 BIM 수행계획서를 작성해야 한다면 기관의 가이드를 먼저 살펴보는 것이 효과적일 것이다. 이들이 제공하는 가이드는 템플릿을 함께 제공하기 때문에 각 프로젝트 특성에 맞춰 내용을 가감하여 수행계획을 만들 수 있다.

기관	BIM 가이드(웹페이지)
한국토지주택 공사(LH)	https://www.lh.or.kr "공동주택 BIM" 검색
CIC Research Group Penn State University	BIM Project Execution Planning Guide (https://www.bim.psu.edu)
GSA (General Services Administration)	BIM Guides (https://www.gsa.gov/real-estate/design-constructi on/3d4d-building-information-modeling/bim-guides)
National Institute of Building Sciences	National BIM Standard-United States® (NBIMS-US™) (https://www.nationalbimstandard.org/)
National Building Specification	NBS National BIM Library (https://www.nationalbimlibrary.com/en/)
Building and Construction Authority of Singapore	Singapore BIM Guide Version 2.0 (https://www.corenet.gov.sg/general/bim-guides/ singapore-bim-guide-version-20.aspx)

BIM 상세수준 LOD

▌BIM 상세수준은 참여자 간 중요한 약속이다

BIM 데이터 구축에서 중요하게 고려해야 할 것 중의 하나가 상세수준이다. 왜냐하면, BIM을 구축한다고 했을 때 서로 간에 기대하는 상세수준이 다르다면 큰 혼선이나 갈등이 생기고 BIM 데이터 활용성도 떨어지기 때문이다.

이 상세수준이란 형상에 대한 상세수준뿐만 아니라 객체가 포함해야 할 정보에 대한 상세수준도 포함한다. 실제 설계 단계에서 3차원 모델 구축에만 신경 쓴 나머지 정보 분류 코드나 또 다른 분야에서 필요한 속성 정보가 제대로 정의되지 못한다면, 각종 리스트 도출, 물량 산출, 친환경 분석, 4D BIM은 물론 시공 단계와 유지관리 단계에서 BIM이 활용되지 못하는 결과를 초래할 수 있기 때문이다.

▌LOD

미국에서는 BIM에 대한 상세수준을 LOD Level of Development로 정의하고 있고, 영국에서는 정의에 대한 수준 Level of Definition으로 정의한다. 한편 형상 모델은 LOD Level of Detail로, 형상과 연계된 속성 정보는 LOI Level of Information로 정의하고 있다. 국내에서는 조달청 지침안에 BIM 정보 표현 수준(안)이라고 BIL Building Information Level로 정의하고 있다. 정리하면 나라마다 조금씩 다른 용어로 정의하고는 있지만 BIM에 대한 상세수준의 의미나 정의는 거의 비슷하게 설정되기 때문에 국제적으로 가장 많이 통용되고 있는 미국의 LOD만 파악해도 도움이 될 것이다.

미국의 LOD는 미국건축사협회인 AIA The American Institute of Architects에서 처음으로 정의하였으며, 이후 미국건설협회인 AGC The Association of General Contractors와 공동으로 BIM Forum(www.bimforum.org)을 운영하며 LOD에 대한 정의와 개정 작업을 지속적으로 하고 있다.

미국 BIM Forum은 매년 LOD Specification(출처 : bimforum.org/LOD)을 발표하고 있으며 LOD의 개발 의도를 다음과 같이 설명하고 있다.

첫째, 건축사와 발주자를 포함한 프로젝트 이해당사자들이 BIM 성과물을 명시하고 그 성과물에 무엇이 포함될 것인가를 명확히 이해하도록 한다.

둘째, 건축사들이 그들의 팀원들에게 설계 프로세스의 여러 단계별로 어떤 정보와 디테일이 제공되어야 하는지 설명하고 설계 모델이 개발되는 진도를 관리할 수 있도록 한다.

셋째, 설계 성과물을 활용하는 사용자들이 다른 사람들로부터 제공받는 모델에 포함된 구체적인 정보를 믿고 활용할 수 있도록 한다.

넷째, 계약과 BIM 수행계획 수립 시 활용될 수 있는 기준을 제공한다.

미국에서 LOD는 Level of Development의 의미로 정의되고 있으며, Level of Detail과는 다른 개념이다. 즉, Level of Detail에는 모델 형상의 구성 요소가 얼마나 상세하게 표현되었는가에 초점을 두고 있다면, Level of Development는 형상 정보와 속성 정보가 연계되어 어느 정도로 모델이 상세하게 표현되고, 그것과 관련된 세부적인 정보가 어느 정도까지 포함되는가에 초점을 두고 있는 것이다.

예를 들면, 설계 초기에는 외벽이란 부재가 존재하지만 형상 정보만 있고 그에 대한 재료나 단열을 포함한 벽구조 등이 정의되지는 않는다. 이후 설계안이 구체화되면서 블록벽으로 갈지, 콘크리트벽으로 갈지 등이 결정되고, 또 그 이후는 블록별 철근 보강을 어떻게 할지, 단열재는 어느 회사의 제품을 사용할지 등이 결정된다. 이러한 설계의 발전과정을 담기 위한 체계로 LOD를 정의했다고 보면 될 것이다.

▍LOD 100-500

현재 BIM Forum에서는 LOD를 100, 200, 300, 350, 400, 500 등 6단계로 구분하고 각 단계별 정의 그리고 형상 및 그와 연계된 정보의 종류를 다양하게 제시하고 있다.

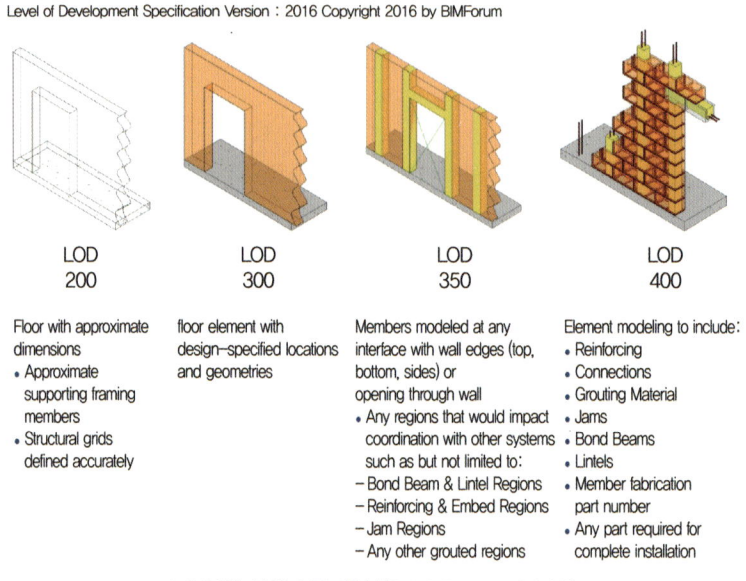

Level of Development Specification Version : 2016 Copyright 2016 by BIMForum

LOD별 상세수준 차이(BIM Forum 2017)

이 그림은 BIM Forum에서 조적벽에 대하여 LOD별로 예시를 든 것인데 이를 설명하면 다음과 같다.

LOD 200에서는 위치와 형태, 사이즈 정도의 정보만으로 나타내고, 아직 구체적 구조나 시스템이 결정되지 않은 기본계획 정도의 수준을 의미한다(LOD 100은 형상이 아니라 심벌로만 나타내는 수준이라 그림에 포함되어 있지 않다).

LOD 300은 재료나 구조, 시스템 등이 결정되었지만 그 구체적인 타 부재와 인터페이스 등 상세는 나타나지 않는 기본 설계 정도의 수준을 나타낸다.

LOD 350은 재료, 구조, 시스템의 구성 요소들과 함께 타 부재와의 인터페이스도 표현되며 실시설계 100% 정도 수준에 해당된다.

LOD 400은 부재의 제작에 활용될 수 있는 1:1 수준의 디지털 목업 Digital Mock-Up 또는 샵드로잉에 해당되는 수준이다.

LOD 500은 준공 모델 As-Built Model에 해당되는 것으로 준공 상태와 동일한 수준의 BIM에 해당된다. 이 모델은 유지관리 단계에서 디지털 트윈 Digital Twin을 포함하여 여러 가지 목적으로 활용할 수 있다.

그리고 중요한 것은 LOD별로 형태에 대한 상세 정도만 다른 것이 아니라 상세수준에 따라 연계된 비형상적 정보 Non-Graphic Information 가 추가된다는 점이다. 이는 BIM의 개념에서 정보를 나타내는 'I'가 중요하다고 언급했듯이 정보 없는 BIM은 내용물 없는 깡통과도 같은 것이기 때문이다.

예를 들면, LOD 300에서는 재료에 대한 규격만 명시되지만, LOD 350에서는 건축사가 지정하는 재료에 대한 제품명이 추가될 수 있고, LOD 400에서는 샵드로잉에 해당되는 앵커와 볼트 등 연결

부재 정보까지 포함된다. BIM Forum의 LOD 스펙에서는 다양한 공종별·부재별로 어떻게 정의할 수 있는지를 보여주고 있기 때문에 자세한 사항은 bimforum.org/LOD에서 LOD Specification을 다운로드하여 참고할 수 있다.

▌프로젝트에 보다 적합한 LOD를 정의할 수 있다

LOD는 절대적인 기준이라기보다는 가이드라인으로 해당 프로젝트마다 특성을 고려하여 참여자들이 협의하여 정의하는 것이 바람직하다. 일반적으로 발주지침에서 각 단계별로 필요한 LOD를 공종 또는 분류별로 정의하여 최소 요구 사항으로 BIM 수행계획에 반영토록 요구하고 있다.

또 LOD 기준이 모든 부재에 공통적으로 같은 상세수준에서 적용되는 것이 아니다. 예를 들면, 실시설계 단계 성과물에 대한 상세수준을 건축과 구조는 LOD 350 수준, 기계 및 전기는 LOD 300, 도로계획과 조경은 LOD 200 등으로 분야별로 서로 다른 상세수준을 정의하여 수행하는 것이 과도한 BIM 설계를 방지하고 효율적인 프로세스를 구축하는 데 더 효과적일 것이다.

어쨌든 중요한 것은 LOD를 통해 발주자와 건축사 그리고 프로젝트를 함께 수행하는 사람들이 공통된 기준으로 형상과 속성에 대한 상세 정도를 협의하여 운영할 수 있다는 점이다. 발주자가 지나친 상세수준을 요구할 경우 이런 기준을 근거로 설득하거나 과다 상세수준에 대한 추가 비용을 요구할 수도 있을 것이다.

▌ LOD 정의 사례 – 경기주택도시공사(GH)

2024년에 경기주택도시공사GH는 BIM 적용지침 제정을 통해 GH LOD를 다음과 같이 정의하였다. 또한 사업의 특성과 과업지시서에 따라, 설계자와 GH의 협의를 통해 각 단계에 분야 및 부위별로 다른 상세수준LOD이 적용될 수 있음을 명시하였다.

GH-LOD별로 정의된 최소 객체(계속)

분야	GH-LOD 수준		최소 부재 또는 객체
	기본설계	실시설계	
건축	200~300	300	[공통] • 외부마감부재: 커튼월, 루버, 창문, 문, 셔터, 지붕, 난간 등 건축물 외부마감을 표현하는 데 필수적인 부재 • 내부마감부재: 비내력벽, 이차벽체(칸막이 등), 문, 창문, 셔터, 계단마감재, 경사로 마감재, 개구부, 천장 등 내부마감을 표현하는 데 필수적인 부재 • 외부 공간 노출 구조물(천창, 환기창, 지하주차장 연결 계단 등)
구조	200~300	300	[공통] • 지하 구조물: 파일, 기초, 기둥, 보, 내력벽, 슬래브, 계단, 경사로 등 지하구조물을 표현하는 데 필수적인 부재 • 지상 구조물: 기둥, 보, 내력벽, 슬래브, 지붕, 계단, 경사로, 트러스 등 지상구조물을 표현하는 데 필수적인 부재

| 분야 | GH-LOD 수준 | | 최소 부재 또는 객체 |
	기본 설계	실시 설계	
기계 (소방)	200~ 300	300	[기본 설계] • 기계실/공조실 등 주요실의 공간 검토로 한정하여 모델링 [실시설계] • 기계실(펌프실, 팬룸실, 열교환실 등) 주요 장비 • 배관, 덕트, 피팅류, 위생기구류, 위생기구 액세서리, 환기 유니트 등 • 소화전, 하향식 피난구 등 소방설비(기계) 장비 및 배관

GH-LOD 100은 모델 요소가 개념적 형태와 위치 정보를 포함하며, 크기, 형태, 방향에 대한 대략적인 표현을 제공하는 단계로, 모델이 개략적이기 때문에 상세한 설계 정보는 포함되지 않고 주로 공간 할당과 초기 설계 개념을 표현하기 위해 사용한다.

GH-LOD 200은 일반적인 시스템이나 구성 요소의 모델링 상태를 나타내며, 기본적인 형태와 크기, 그리고 대략적인 위치를 포함하며 일반적인 정보를 포함하지만 세부적인 치수나 정확한 세부사항은 제공하지 않는 것으로 정의하였다. 이는 주로 프로젝트의 초기 단계에서 사용한다.

GH-LOD 300은 모델 요소가 특정 설계 결정 및 정확한 형상을 나타내도록 상세히 작성된 상태로, 구성 요소의 크기, 모양, 위치 및 방향이 명확하게 표현되며, 기계, 전기, 배관 등 요소도 추가된다.

GH-LOD 350은 GH-LOD 300 수준의 벽, 바닥, 기둥 등 기본 객체

들이 구조체, 마감, 장비 등 세부 객체로 분리되어 생성되고 관리되는 단계를 의미하는데, 세부 객체들의 구체적인 조립과 인터페이스가 명확히 표현되며, 시공뿐만 아니라 물량산출을 위한 참조가 가능한 것으로 정의하였다.

GH-LOD 400은 시공상세도Shop Drawing 수준에 해당되는 것으로 전문건설사 또는 부재 제작업체가 수행하는 수준이기 때문에 최소 작성 대상 부재에서는 고려하지 않지만, 해당 사업의 디자인 특성에 따라 GH와 협의하여 그 결과가 시공 BIM 또는 준공 BIM에 반영될 수 있다.

CHAPTER 07

건설사업관리자와 BIM

01

BIM에서 CMr의 역할

▌BIM 안 하면 없어질 수 있는 CM

그동안 내가 관찰해온 BIM 사례들을 보면 BIM 수행 프로세스상에서 건축사, 엔지니어, 시공사에 비해 건설사업관리자CMr, Construction Manager들의 역할이 모호하고, 실제 CMr 자신들이 BIM이 적용되는 프로젝트에서 무엇을 해야 할지 모호하거나 두려워하는 것을 느낄수 있었다(정용채 외 2015). 만약 이런 식으로 CMr이 자신들의 역할을 제대로 정의하지 못한다면 장기적으로는 건설사업관리 업역에도 상당한 악영향을 미칠 수 있다.

건축사들이 BIM을 활용한다면 설계안을 최적화하는 것은 물론 각종 리스크를 BIM을 통해 해소할 수 있기 때문에 건설사업관리자를 고용하는 것보다는 ECI(3장 4절 '새로운 건설 비즈니스 방식과 BIM' 참조) 방식으로 전문 업체를 설계 단계부터 참여시키고 대신 자신들에게 설계비를 더 달라고 주장할 것이다.

물론 현행법상 건설사업관리자를 고용하도록 되어 있지만, 장기적으로는 업역별 역할과 책임의 변화가 발생할 수도 있다는 것이다. 하지만 내가 여기서 이야기하고 싶은 것은 CM이 없어질 것이라는 것이 아니라 CMr이 건설사업 생애주기 동안 BIM 프로세스상에서 자신들의 역할을 제대로 이해하고 이를 CMr의 업무에 흡수해야 한다는 것이다.

▌CMr은 생애주기 BIM 코디네이터이다

사실 CMr은 생애주기 동안 BIM 매니저 또는 코디네이터의 역할을 해야 한다. 설계 단계에서 설계 BIM이 구축되는 것은 건축사의 주관하에 엔지니어들과 협업을 통해서 수행되고, 시공 BIM은 시공사의 주관하에 전문 업체들과 협업을 통해서 구축되는 것이지만, CMr은 사업 초기에 발주지침 또는 과업지시서상에서 본 사업에서 수행할 최소한의 BIM 요구 사항을 명시하고, 이를 바탕으로 설계 또는 시공 수급사들이 BIM 수행계획서를 작성하여 제출할 것을 요구한다.

건축사 또는 시공사가 지침에 의거하여 적정한 BIM 수행계획을 수립하였는지를 검증하고 승인하는 것이 사업자 선정 직후 CMr이해야 할 업무이기도 하다.

또한 CMr은 설계 또는 시공 단계 동안 사업 주체들이 계획대로 BIM을 수행하고 있는지를 관리 감독하며, 각 단계별 성과물이 후속 단계에서 활용 가능한 수준으로 도출되었는지를 검증해야 한다.

즉, 설계 단계의 성과물인 실시설계 100% 승인 도면과 BIM 데이터의 정합성이 확보되었는지, 그리고 시공 단계에서 수집된 각종 준공 BIM 데이터가 유지관리 단계에서 활용할 수 있는 충분한 수준으로 확보되었는지를 검증하는 것도 CMr의 역할이다.

또한 설계 단계와 시공 단계에 걸쳐 BIM 프로세스에 참여하여 각종 리스크를 규명하고 여러 참여자 간 BIM 데이터를 효율적으로 공유하고 협업할 수 있도록 조율하며 발주자가 신속하고 효과적으로 의사결정을 하도록 지원하는 것이 CMr의 역할이다.

이상에서와 같이 BIM 데이터 구축 그 자체는 기본적인 CMr의 역할이 아니다. 만약 CMr이 우리가 BIM의 A부터 Z까지 모든 것을 다 하겠다고 하면 다른 사업주체들이 해야 할 일까지 한다는 것이며 이는 BIM 수행 방향과 전략을 완전히 잘못 짚은 것이다.

BIM에서 CMr의 역할

CMr은 BIM 프로세스에서 자신들의 서비스를 기반으로 BIM 데이터를 활용하고 검증하며 발주자를 대리하여 전체적인 프로세스를 관리하는 것에 초점을 두어야 한다.

다시 말하면, 5장에서 언급한 바와 같이 BIM 프로세스에는 BIM 모델러, BIM 분석자, BIM 관리자의 역할이 있는데, 이 중에서 CMr의 역할은 BIM 관리자와 BIM 분석자에 해당된다.

설계 단계에서 건축사와 엔지니어들이 구축한 BIM 데이터를 분석하여 발주자가 요구하는 공간의 종류와 면적에 부합하게 설계되고 있는지, 발주자의 예산에 맞추어 설계가 진행되고 있는지, 또 시공상에서 문제가 예상되는 설계 부분은 없는지를 검토하고 분석하는 역할과 앞에서 언급한 설계관리 프로세스를 수행하는 것이다.

즉, CMr은 BIM 데이터 구축이 아닌 CM 서비스를 기반으로 데이터를 활용하고 검증하는 것에 초점을 두어야 한다는 것이다.

02
공기업 적용지침에 명시된 CMr의 역할과 책임

CMr은 발주자의 대리인으로 발주자의 역할을 수행해야 한다. 그러한 이유로 국토교통부의 BIM 시행지침 발주자편에서도 그 대상을 발주자와 건설사업관리자로 정의하고 있다.

그럼에도 불구하고 대부분의 사업에서 건설사업관리자들이 BIM 수행에 무관심하거나 그 프로세스상에서 제외되고 있다. 그이유는 애초에 그들의 역할과 책임에 BIM수행과 관련된 요구 사항이 정의되어 있지 않았기 때문이다.

한국토지주택공사와 경기주택도시공사에서는 이를 해소하고 시공 단계 BIM수행을 활성화하기 위해서 발주자를 대신하는 건설사업관리자의 BIM수행 관리 감독에 대한 역할과 책임을 다음과 같이 BIM 적용지침에 정의하였다(한국토지주택공사 2024a, 경기주택도시공사 2024).

첫째, 건설사업관리제안서에는 건설사업관리기술인의 BIM 과업수행과 인력투입에 대한 내용이 포함되어야 한다. 이를 위해 건설사업관리용역 과업설명서에 설계자 또는 시공자의 BIM 수행에 대한 관리 감독을 추가한다.

둘째, 건설사업관리기술인은 설계 또는 시공 수급자의 BIM 수행에 대한 관리 감독을 수행하며, 이를 위한 수행관리 및 감독 계획을 수립해야 한다.

셋째, 책임건설사업관리기술인은 착공 단계 설계검토시 실시설계도서와 BIM데이터 간 정합성을 바탕으로 BIM 성과품의 적정성을 검토하고 보고해야 한다.

넷째, 건설사업관리기술인은 BIM 관리 감독에 대한 중간 또는 최종보고서를 발주자에게 제출해야 한다.

다섯째, 건설산업관리기술인 중 BIM 수행 가능자를 2인 이상(상주 1인, 비상주 1인) 배치해야 하며, 1인은 건축 및 구조 분야, 그 외 1인은 기계, 전기, 통신, 소방 등에 관련된 BIM을 검토할 수 있는 자이어야 한다.

또한 평가 기준에서도 제안서내 수행계획과 인원구성조직 부문에서 BIM 관련 제안 내용을 평가하도록 정의하였다. 자세한 내용은 각 사의 BIM 적용지침에 기술되어 있다.

03
CMr에게도 BIM은 기회다

▌ CM 서비스 차별화 및 경쟁력 강화 전략

분명 CMr에게도 BIM의 활용은 CMr의 역량을 강화하고 서비스 가치를 높여 CM 활성화를 도모할 수 있는 기회이다. BIM을 통해 지식 자산을 확보하여 역량을 강화할 수 있는 기반을 구축할 수 있을 뿐만 아니라, 고객에 대한 CM 서비스 차별화와 고품질화를 달성하고 또 글로벌 경쟁력을 확보할 수 있다.

이를 위해 다음과 같은 세 가지 전략을 제안해보고자 한다.

첫째, 건설사업 생애주기 동안 발생하는 여러 가지 BIM 이슈를 축적하고 관리할 수 있는 기반을 구축해야 한다. CMr은 발주자의 대리인으로서 생애주기 동안 BIM 수행과정을 관리 감독한다.

이 과정에서 설계와 시공 단계에서 BIM이 수행되는 동안 파악되는 모든 문제점과 해결 방안은 중요한 BIM 이슈로 매월 또는 주기적으로 발주자와 CMr에게 보고된다. 이 이슈들은 단순히 수행 결과가 아니라 시공 단계에서 공사수행 전 다시 한번 확인하여 이슈들이 제대로 해결되었는지 확인할 수 있고, 향후 유사 프로젝트 계획 시 예상되는 리스크로 재활용될 수 있다.

또한 BIM 기반 VE Value Engineering를 통해 실질적인 비용 절감 방안을 더욱 실질적이고 효과적으로 도출할 수 있다. 이러한 이슈와 수행사항을 지식데이터베이스에 축적함으로써 CMr의 리스크 분석 및 예측 역량뿐만 아니라 VE 수행 역량을 강화하는 것은 물론, 직원 교육에도 활용할 수 있기 때문에 전반적으로 기업 경쟁력을 높이는 결과를 가져올 것이다.

둘째, BIM 기반 서비스를 통해 민간 부분에 새로운 시장을 개척하고 CM 서비스 가치를 고도화할 수 있는 전략을 세워야 한다. BIM은 CMr로 하여금 발주자에게 설계에 대한 이해와 정확한 예산 관리, 사업기간에 대한 보다 정확한 예측을 수행할 수 있도록 활용함으로써 발주자로부터 보다 신뢰할 수 있는 이미지를 확보하고 CM 서비스 대가에 대한 가치를 높임으로써 고품질 CM 서비스를 제공하는 기업 이미지를 구축하고 민간시장을 확대할 수 있다.

BIM은 대형 프로젝트는 물론 100억 미만의 중소 규모 사업에도 효과적으로 활용할 수 있다. 사실 민간 부문 중소 규모 사업에서 설계도서 부실과 설계 변경, 시공성 등을 문제 삼아 공사비가 증가하는 사례들이 많이 있으며 민간 발주자들이 가장 문제시하고 있는 부분이기도 하다.

예를 들어, 설계비가 얼마 안 되다 보니 BIM 수행 능력이 없는 설계사무소에 의해 미흡한 2D 설계도면이 만들어지고, 시공 능력이 떨어지는 중소 건설업체가 시공을 수주하며, 대다수의 외국인 건설근로자들로 시공이 이루어지는 경우를 생각해보자.

이런 경우 CMr은 2D 도면을 바탕으로 BIM을 직접 구축하여 설계도면 오류와 누락 등을 포함하여 각종 설계 및 시공성 검토를 수행할 수 있다. 발주자 또한 이를 통하여 2D 도면보다 훨씬 더 쉽고 효과적으로 설계안을 이해할 수 있으며, 자신이 원하는 공간이 확보되었는지도 더 정확히 알 수 있다.

더불어 CMr은 그들이 구축한 BIM으로부터 주요 자재에 대한 물량을 산출하여 발주자의 예산에 맞춰 설계가 되고 있는지 확인해줄 수 있다.

또한 시공 단계에서는 BIM을 통하여 전문건설사와 건설근로자들이 설계안을 제대로 이해하고 공사를 수행할 수 있다. 외국인 건설근로자들 또한 BIM을 통해 자신들이 공사할 부분이 어디이고 어떻게 공사해야 하는지를 이해하기 수월하며, 어떤 부분이 안전상 유의해야 하는 부분인지에 대한 이해도 쉽게 할 수 있다.

이렇게 설계자와 시공자의 능력이 떨어지는 건축사업에서 CMr은 BIM이라는 효과적인 전략적 도구와 프로세스로 그들의 서비스를 높이고 시장을 확대할 수 있는 기회가 생기는 것이다.

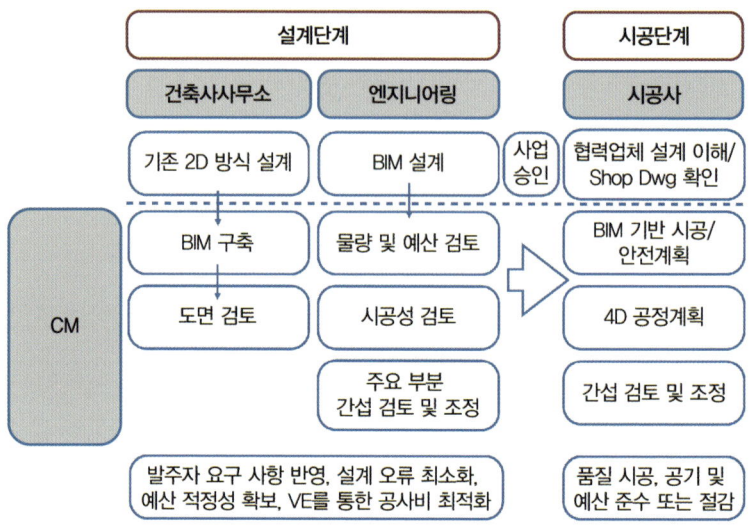

민간 부분 BIM 기반 CM 서비스 예시

셋째, BIM과 린건설 개념을 기반으로 한 CM 업무 프로세스 구축을 통해 선진화된 글로벌 수준의 CMr 역량을 확보하자.

BIM을 실질적으로 도입하기 위해서는 CM 업무 프로세스에 BIM이 연계되어야 한다. 물론 이렇게 되기 위해서는 그 프로세스상에 연관된 CM 실무자들이 BIM이 연계된 프로세스를 받아들여야 한다.

기존 방식에서 벗어난 새로운 BIM 기반의 협업 프로세스를 배우고 이를 기반으로 설계관리, 시공관리를 할 수 있어야 한다.

만약 글로벌 CM 시장에 진출하고자 한다면 이것은 더욱 필요한 부분이다. 이 책의 앞에서 언급한 바와 같이 새로운 건설 비즈니스 방식이 BIM과 함께 적용되고 있다.

IPD 계약방식 또는 ECI 등을 통해 전문 업체들이 설계 초기부터 참여하고 BIM을 기반으로한 의사소통과 협업 그리고 VE가 지속적으로 이루어진다. 참여자들이 설계 초기단계부터 주요 업무과정을 협의하고 린건설 개념의 VSM Value Stream Mapping 작업을 통해 후속 과정에서 필요로 하는 사항을 염두에 두고 선행과정에서 작업을 수행한다.

글로벌 시장에서 BIM이 확대되고 린건설의 Big Room 개념과 VSM을 기반으로 한 설계 및 시공 협업이 강조되는 비즈니스 프로세스로 진화하고 있는 것이다. 이에 대응할 수 있는 CMr 관점의 비전과 전략 수립이 필요한 시기이다.

▎CMr의 BIM은 BIM 데이터를 검토하는 것부터 시작한다

CMr의 역할이 BIM을 직접 구축하는 것이 아니다 보니 기존 사례에서 CM의 역할이 모호하고 BIM 프로세스에 제대로 참여하지 못한 것도 사실이다. 어떤 경우에는 설계사나 시공사가 CMr에게 너무 적나라하게 설계 정보를 보여줌으로써 자신들에게 불리한 상황이 올까 봐 두려워하는 경우도 있다. 그렇기 때문에 관리 감독을 받는 입장에서는 꺼리고 또 CMr 입장에서도 BIM 데이터를 받아서 뭔가 하려면 배워야 하는데, 이에 대한 부담과 두려움이 있어서 꺼려지는 부분도 없지 않다. 이것은 아무에게도 도움이 되지 않는다. 글로벌 시대의 변화에 도태되고 있는 꼴이 되는 것이다.

CMr의 BIM 시작은 거창한 것에서 시작되는 것이 아니다. 5D BIM을 구축해서 물량 산출, 견적, 기성관리까지 하겠다는 허황된 비전은 좀 뒤로 미루고, BIM을 기반으로 실질적으로 설계관리와 시공관리를 효율적으로 할 수 있는 프로세스를 구축하는 것부터 시작하자. 이것은 전혀 어렵지 않다.

CMr의 BIM 시작은 설계자로부터 받은 BIM 데이터를 직접 열고 앞뒤/좌우로 돌려보며, 3차원 단면 모델을 생성하고, 설계상 또는 시공상 예상되는 문제점을 파악하는 것부터이다. 2D 도면을 바탕으로 머릿속에서 해석하고 상상하던 것에서 진화하여, 이젠 컴퓨터상에서 3차원 모델과 BIM 데이터를 직접 보면서 문제점을 파악하고 이에 대한 해결책을 관련 당사자들과 협의하고 만들어내는 것이다.

▎BIM 기반 CM 서비스 도출

그렇다면 어떤 CM 서비스를 BIM과 연계할 것인가를 궁금해할 것이다. 우리 연구실은 2014년에 CM 회사의 업무를 분석하고 BIM과 연계성 확보 방안을 연구한 적이 있다. 이 연구에서는 다양한 CM 업무와 BIM 활용 분야를 분류하고 BIM 활용이 가능한 CM 서비스를 분류하고 분석한 결과 크게 그림과 같이 4가지 업무로 나눌 수 있었다.

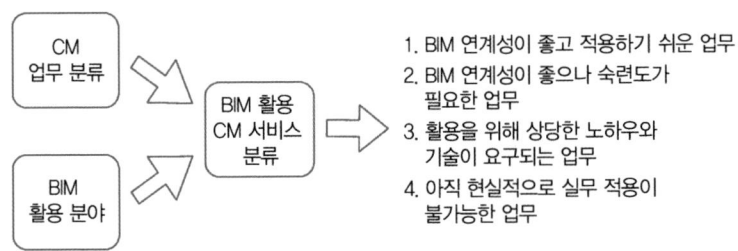

CM 업무와 BIM의 연계 전략

▌BIM 연계성이 좋고 적용하기 쉬운 CM 업무

그중 BIM 연계성이 좋고 적용하기 쉬운 CM 업무를 열거해보면 다음과 같다. 다음 업무들은 약 일주일간의 BIM 개론과 실습교육 으로도 충분히 수행할 수 있다고 판단된다.

1. 설계 및 시공성 오류 검토 : 설계관리의 일환으로 BIM 기반 육 안검사에 해당된다. BIM 모델을 자신 스스로 오픈하고 3차원 상의 모델을 자유자재로 돌려보며 검토한다. 또한 3D 단면 View나 2차원 단면선 지정을 통해 생성된 단면을 보면 설계안 을 검토하고 시공상 문제가 발생할 수 있다고 판단되는 부분의 View를 잡아 보고서를 작성할 수 있다.
2. 실시설계 BIM의 완성도 및 적정성 검토 : 실시설계 단계의 성 과물인 BIM의 완성도와 적정성을 검증하는 것으로 실시설계

도서와 BIM 데이터의 정합성이 확보되고 있는지, 설계관리 차원에서 또 이것들이 시공 단계에서 충분히 활용 가능한 수준인지 검토한다. 또한 실시설계 100% 도면과 BIM 데이터의 정합성을 중심으로 확인하며, BIM 데이터가 형상뿐만 아니라 부재 정보를 객체의 속성에 제대로 포함하여 간섭 검토, 물량 산출, 4D BIM 등에 활용하기에 적정한지를 검토한다.

3. 공간 모델Space Model을 활용한 실/구역별 면적 확보 검토 : 공모 단계에서 제출된 BIM 데이터로부터 공간 모델과 데이터를 추출하고 발주지침상에서 요구한 실/구역별 면적이 오차 범위에서 확보되었는지 검토한다. 또한 설계관리 단계에서도 BIM 데이터를 통해 현재 진행 중인 설계안에서도 실/구역별 면적에 대한 요구 사항이 제대로 반영되고 있는지 확인한다.

4. 간섭 체크 및 설계 조정 : 건축, 구조, 기계, 전기, 소화설비, 토목 등 다양한 분야에서 만들어진 BIM 데이터를 통합하고 간섭을 파악하고 분야 간 설계 조정을 수행한다. 이 과정은 일반적으로 설계 단계에서는 건축사사무소가, 시공 단계에서는 시공사가 주관이 되어 수행한다. CMr 관점에서는 이 업무 프로세스에 참여하여 적절한 단계에서 간섭 검토가 주기적으로 이루어지고 또 발견된 간섭들이 제때 해소되고 있는지를 파악하는 것이 중요하다.

5. 4D BIM을 통한 공정계획 및 대안 검토 : 기존의 공정계획 수립

및 공정 검토를 4D BIM을 통해 수행한다. 여러 가지 스케줄 대안을 도출하고 대안별로 4D BIM을 구축하여 프로젝트 참여자들과 협의하고 공정계획에 대한 타당성과 공기 준수 가능성 또는 공기단축 방안 등을 분석한다.

6. BIM 추출 도서 및 정보의 적정성 검토 : BIM으로부터 추출된 설계도면과 도서 정보의 적정성을 검토한다. 이를 위해서는 먼저 BIM 데이터 내에 요구되는 정보가 제대로 포함되어 있는지를 먼저 확인할 수 있어야 한다.

7. 준공 BIM 적정성 검토 : 시공 단계 성과물인 준공 BIM의 적정성을 검토하는 것으로 실제 준공상태와 BIM 데이터의 정합성 외에도 준공 BIM 데이터에 유지관리 단계에서 필요로 하는 정보들이 확보되었는지를 확인한다.

▎BIM 수준이 어느 정도 확보된 후 연계 가능한 CM 업무

처음엔 어려울 수 있으나 어느 정도 BIM 경험이 쌓이고 자신감이 생기면 다음과 같은 CM 업무로 BIM 연계를 확대할 수 있다고 판단되는 부분이다.

BIM 데이터와 지침에서 요구하는 표준/기준의 부합성 검토 - 발주지침에서는 BIM 데이터와 관련하여 부재 코드나 작성 대상 부재 타입 및 관련 정보들을 요구하고 있다. 이러한 정보들이 기준에 맞춰 제대로 확보되어 있는지 확인한다. BIM 도구를 통해 각 객체별 속성 정보를 파악하고 적합한 속성 기준에 부합하는 정보의 형태로 데이터가 확보되어 있는지 확인한다.

1. 주요 부위에 대한 물량 산출 : BIM 소프트웨어 내에서 구조부재, 창호, 문, 커튼월 등 주요 부위에 대한 물량 산출이 어느 정도 가능하다. 주요 부위에 대한 부피, 면적, 개수 등의 물량 파악을 통해 예산 검토 또는 시공사가 제시하는 물량 변동으로 인한 추가 비용 요구 등에 대한 적합성을 판단할 수 있다.

2. 공간 모델을 이용한 주요 마감재 물량 산출 : 2장에서 소개한 바와 같이 공간 모델로부터 천정, 벽, 바닥에 대한 면적을 산출할 수 있다. 이렇게 산출된 데이터를 바탕으로 주요 마감재에 대한 물량을 산출할 수 있다.

3. 가설재를 포함한 4D 공정 시뮬레이션 검토 : 타워크레인, 현장 펜스, 복공판, 흙막이벽, 호이스트 등은 설계 단계 BIM에서 구축되지 않는다. 하지만 시공계획이나 현실적인 공정계획을 위해서는 가설부재들이 BIM에 포함되는 것이 필요하다. 이러한 가설부재를 BIM 데이터에 포함시키고 이것들과 스케줄을 연동하여 4D BIM을 구축할 수 있다.

4. BIM 모델을 이용한 시공도 검토 : 시공 BIM 검토에 해당되는 내용이다. 설계 단계에서 생성된 설계 BIM을 바탕으로 시공상 발생할 문제점이 없는지를 파악한다. 필요한 경우 설계 변경

또는 조정이 되어야 할 부재를 파악하고 대안을 제시할 수 있다. 제2장 5절 '시공 단계 BIM'에서 소개한 BIM 시공도를 통한 실시설계 BIM의 적정성 검토를 수행할 수 있다.

5. 시공 상세수준의 간섭 체크 및 설계 조정 : 시공 단계에서도 실질적인 간섭 체크와 설계 조정이 많이 발생한다. 왜냐하면 대부분의 전문건설사와 자재공급업체들이 시공 단계에서 결정되다 보니 실질적인 문제점이 그때서야 파악되는 경우도 많고, MEP 분야의 경우 부재별 구체적인 설치 경로가 전문건설사가 결정된 후 샵드로잉을 통해 결정되기 때문이다. 따라서 시공 단계에서 일정 기간의 리드타임을 가지고 BIM 운영을 하는 것이 필수적이다. CMr은 BIM 관리자로서 긴박한 시공 일정 동안 효과적인 BIM 운영과 문제점 파악 및 해결이 적정한 시기에 이루어질 수 있도록 관리하는 것이 필요하다.

6. 비정형 건축물 Digital Fabrication의 적정성 검토 : 제3장 2절 비정형 건축물과 BIM에서 설명한 사항들 – 패널 최적화, 외피와 구조 시스템 간 관계, 적정한 재료의 선정, BIM 데이터 구축, 3D 제작 모델, CNC 연동, 간섭 체크, 목업 검증 등 – 의 일련의 과정이 합리적으로 수행되고 있는지 모니터링하고 관리한다.

7. BIM 기반 안전계획 검토 : 안전 관련 BIM 데이터 구축의 주관은 시공사이겠지만 CMr은 안전관리 요구 사항들이 제대로 계획되었는지 BIM을 통해 확인할 수 있어야 한다. 또한 이러한

내용들이 안전교육이나 현장 안전관리에도 잘 활용되고 있는
지를 관리한다.

8. 유지관리 단계 필요 정보 확보 여부 검토 : 유지관리 단계에서
도 BIM 데이터는 여러 가지 목적으로 활용할 수 있다(제2장 6절
'유지관리 단계 BIM' 참조). 따라서 CMr은 설계 단계부터 시공
단계에 이르기까지 유지관리에서 필요로 하는 정보들이 적정
하게 BIM 데이터에 확보되고 있는지 확인해야 한다. COBie 형
식의 데이터 제출이 요구되는 경우 BIM 데이터가 제대로 추출
되었는지 검증한다.

04

CMr의 BIM 운영 프로세스

▎CMr의 BIM 수행 및 지원 체계

CMr은 본사와 현장 차원에서 어떻게 BIM 체계를 구축해서 운영하는 것이 바람직할 것인가에 대해서 살펴보겠다.

현재는 CM 사업단의 대부분 실무자들이 BIM에 대한 활용능력이 떨어지기 때문에, 각 사업단별로는 2명 정도 BIM 관리자 또는 분석자를 배치하는 것이 바람직할 것이다. 건축과 구조 부분을 담당하는 자와 기계, 전기, 소화설비 등 MEP 분야를 담당하는 자 등 2가지 분야에 대해 분야별 한 명 정도가 적정할 것으로 판단한다. 참고로 공기업의 BIM 적용지침에서도 그렇게 요구하고 있다(경기주택도시공사 2024, 한국토지주택공사 2024a).

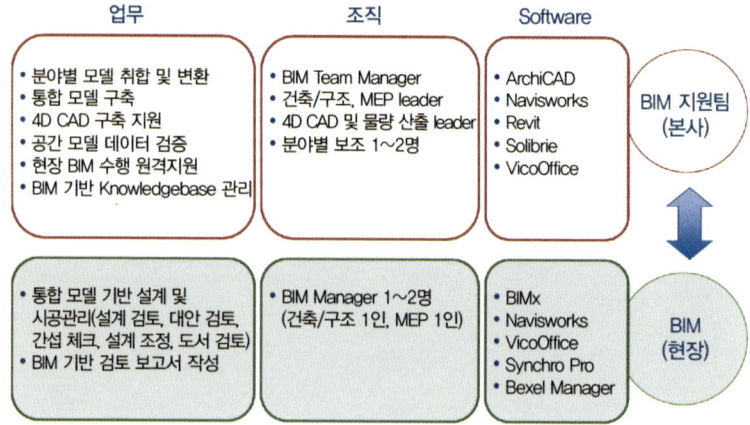

업무

- 분야별 모델 취합 및 변환
- 통합 모델 구축
- 4D CAD 구축 지원
- 공간 모델 데이터 검증
- 현장 BIM 수행 원격지원
- BIM 기반 Knowledgebase 관리

조직

- BIM Team Manager
- 건축/구조, MEP leader
- 4D CAD 및 물량 산출 leader
- 분야별 보조 1~2명

Software

- ArchiCAD
- Navisworks
- Revit
- Solibrie
- VicoOffice

BIM 지원팀
(본사)

업무

- 통합 모델 기반 설계 및 시공관리(설계 검토, 대안 검토, 간섭 체크, 설계 조정, 도서 검토)
- BIM 기반 검토 보고서 작성

조직

- BIM Manager 1~2명 (건축/구조 1인, MEP 1인)

Software

- BIMx
- Navisworks
- VicoOffice
- Synchro Pro
- Bexel Manager

BIM
(현장)

물론 사업단별 2인 정도의 인력만으로 BIM 기반 CM 업무가 충분한 것은 아니다. 사업단 내의 실무자들이 BIM을 자신들의 업무에 제대로 흡수할 때까지는 본사에 BIM 지원팀을 구축하고 이들이 각 사업단의 BIM 수행을 교육하고 또 원격 지원할 수 있어야 한다. 사업단 내 실무자들이 BIM 분석과 검토를 하기에 앞서서 기반 데이터 구축이나 각종 기술적 문제점을 해결하기 위한 지원이 필요하기 때문이다.

또한 각 사업단에서 발생한 각종 BIM 이슈를 수집하고 이를 지식 데이터베이스Knowledge Base화시켜서 향후 유사 프로젝트 계획이나 직원 교육에 활용할 수 있어야 한다.

그 밖에 본사 BIM 지원팀은 BIM에 대한 표준과업지시서를 개발하고, 이를 기반으로 각 사업별 BIM 담당자가 사업 특성에 맞는 BIM 관리 지침을 설계 및 시공 등 단계별로 개발할 수 있도록 지원해야 한다.

각 사업별 담당자는 설계자 또는 시공자가 제출한 BIM 수행계획을 검토하고 필요시 수정을 요청하거나 발주자에게 승인을 추천할 수 있다. 이렇게 확정된 BIM 수행계획서는 CMr에게는 BIM 수행을 관리하고 감독할 수 있는 가이드의 역할을 하게 되며, 설계자 및 시공자와 더불어 BIM 기반 협업 프로세스를 진행하게 되는 것이다.

사업단의 BIM 담당자는 각 단계별로 제출된 BIM 성과물이 유효한지 검증하고 이를 발주자에게 보고해야 한다. 각 단계별 성과물, 예를 들면 설계 단계는 실시설계도서와 BIM 성과물 그리고 시공 단계는 준공도서와 BIM 성과물이 있다.

실시설계도서와 BIM 데이터의 정합성을 확보하는 것이 중요하다. 이는 시공사와 전문 업체가 시공 단계에서 설계안을 이해하고 정확한 시공계획과 샵드로잉을 만들고 계획된 품질의 시공을 완수하는 데 필수적이기 때문이다.

준공도서와 BIM 성과물은 준공 BIM이 실제 공사한 상태와 동일한 수준으로 확보되었는지, 시공 단계에서 구매된 각종 설비나 장비 등 제품 정보가 제대로 BIM과 연계되어 수집되었는지 등을 검증해야 한다.

설계 단계에서는 주요 장비나 설비에 대한 성능이나 규격이 결정되고, 시공 단계에서 제품과 모델 그리고 공급업체가 결정되기 때문에 설계 및 시공 단계에 걸쳐 BIM 데이터가 수집되고 관리되어야 한다. 이 정보들이 효과적인 유지관리를 위한 필수 정보로 시설물 유지관리, 빌딩에너지 관리, 보안 관리 등 여러 가지 관점에서 건물 관리를 최적화할 수 있는 방안으로 활용된다.

▌CMr의 설계 단계 BIM 활용 프로세스

설계 단계에서 CMr의 BIM 활용 프로세스를 살펴보면 다음과 같다. 앞서 언급한 바와 같이 CMr의 역할은 BIM 구축이 아니라 구축된 BIM 데이터를 분석하고 BIM 프로세스를 관리 감독하는 역할이다. BIM 기반의 설계관리를 중심으로 생각하면 쉽게 이해가 갈 것이다.

CMr은 발주자의 요구 사항에 의거하여 설계가 진행되고 있는지를 검토해야 한다. 발주자가 요구하는 공간이나 실의 면적 확보가 설계상에 제대로 반영되고 있는지, 발주자의 예산에 맞춰 설계가 진행되고 있는지, 현재 설계안에서 시공성이나 사용성에서 문제는 없는지, 발주자가 요구하는 공기에 공사가 완료될 수 있는지 등을 BIM 데이터 분석을 통해 관리한다.

설계 및 엔지니어링 용역사들이 구축한 BIM 데이터를 취합하고 통합하는 것이 중요하다. 이렇게 통합된 모델을 다각도로 검토하여 각종 리스크를 파악하고 문제점을 해결함으로써 최적화된 설계 안을 개발해야 하기 때문이다.

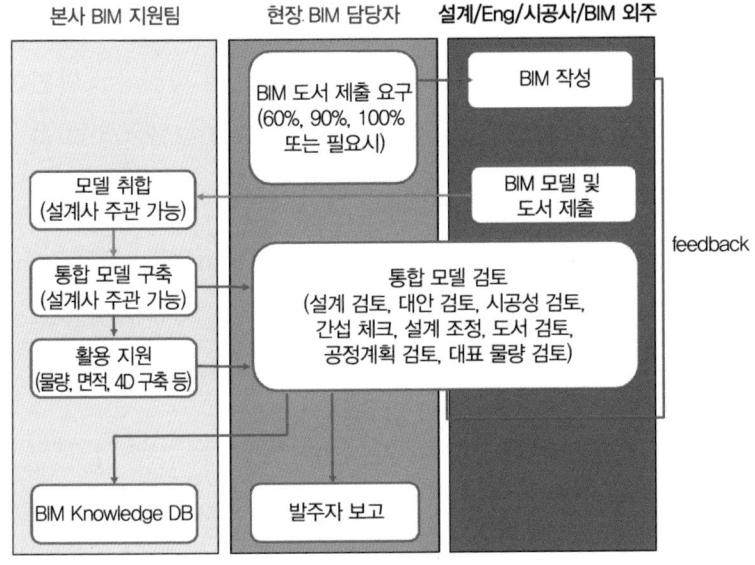

BIM 작성

BIM 도서 제출 요구
(60%, 90%, 100%
또는 필요시)

모델 취합
(설계사 주관 가능)

BIM 모델 및
도서 제출

feedback

통합 모델 구축
(설계사 주관 가능)

통합 모델 검토
(설계 검토, 대안 검토, 시공성 검토,
간섭 체크, 설계 조정, 도서 검토,
공정계획 검토, 대표 물량 검토)

활용 지원
(물량, 면적, 4D 구축 등)

BIM Knowledge DB

발주자 보고

CMr의 설계 단계 BIM 수행

각 설계자들로부터 작성된 BIM 데이터를 통합하는 작업은 설계 단계의 주관사인 건축설계사무소에서 하는 것이 바람직하다. 그러나 필요시 통합 모델 구축을 본사 BIM팀에서 수행할 수 있을 것이다.

건축설계사무소의 목표는 설계도서 산출물에 집중되어 있고 간섭 검토나 조정 등은 문제가 발견될 경우 조치를 취하는 수동적 자세를 취할 수도 있기 때문이다. 통합적 관점에서 문제 파악과 해결은 현실적으로는 CMr이 실시설계 관리 차원에서 직접 통합 모델을 구축하고 검토하는 것이 바람직할 수도 있으며, 이는 CMr의 업역 확보 또는 서비스 고도화 차원에서도 바람직할 수 있다.

CMr의 본사 BIM 지원팀과 현장 BIM팀 간 협조와 협업도 매우 중요하다. 통합과정에서 발생할 수 있는 BIM 호환성 문제를 해결하고, 각 분야별로 만들어진 BIM 데이터 완성도와 적정성을 확인하는 업무 등을 본사에서 지원함으로써 최소 인력 배치로 인한 현장 BIM팀의 업무 부담을 합리화할 수 있기 때문이다.

구축된 통합 모델은, 예를 들면 Navisworks, Vico Office 또는 Solibri 등 통합 모델 관리 전문 소프트웨어를 통해 설계 단계 관리를 수행할 수 있다. 또한 실시설계 완료 시 실시설계도서와 BIM의 정합성을 미리 검토하는 차원에서 BIM 소프트웨어(ArchiCAD 또는 Revit)도 필요할 것이다.

▌CMr의 시공 단계 BIM 활용 프로세스

시공 단계의 BIM 프로세스에서는 자재공급업체 또는 전문건설사가 포함된다는 점이 일반적인 설계 단계와 다른 점이다. 이들은 BIM을 통해 설계안을 이해하고 이를 바탕으로 샵드로잉을 만들고 정확한 부재 제작과 설치, 시공 등을 수행한다.

CMr의 시공 단계 BIM 프로세스 시작은 시공사에 시공 BIM 데이터 공유를 요구하는 것에서부터 시작된다. 실시설계도서와 BIM 성과물을 기반으로 시공사와 협력업체가 검토하여 문제점을 파악하고 시공 BIM이 작성된다.

이때 시공 BIM은 실시설계 결과물(설계 BIM)의 완성도에 따라 사업별로 매우 다르게 나타날 수 있다. 설계 단계부터 BIM이 적용

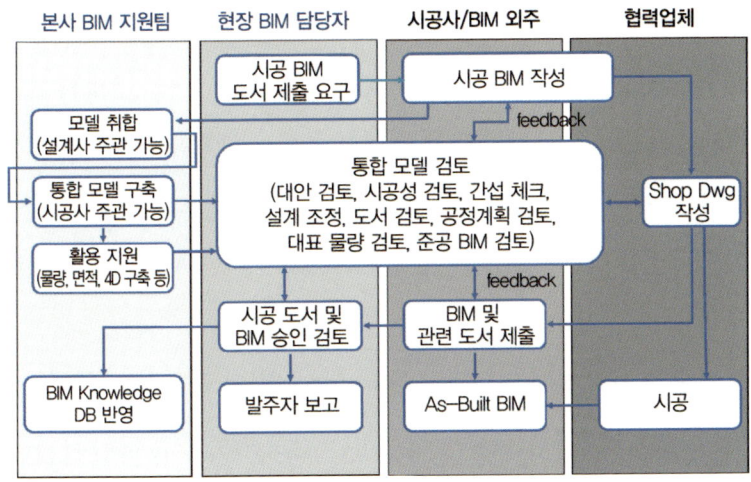

| 본사 BIM 지원팀 | 현장 BIM 담당자 | 시공사/BIM 외주 | 협력업체 |

CMr의 시공 단계 BIM 수행

되었다면 시공사는 설계 BIM을 바탕으로 시공성 검토를 통해 시공 성이 반영된 시공 BIM을 만든다.

전문건설사 또는 자재공급업체는 시공 BIM을 바탕으로 샵드로 잉을 작성하고 정확한 부재를 제작한다. 제작한 부재를 현장에 설 치하거나 시공을 실시하고 필요시 레이저스캐너를 이용한 실측을 통해 시공오차 범위에서 시공이 이루어졌는지 확인한다.

또한 시공 단계에서는 실질적으로 MEP 부분에 대한 상당한 BIM 데이터 구축작업이 수행된다. 왜냐하면 해당 분야 전문건설사가 정해져야 구체적인 배관, 덕트, 파이프, 전기케이블 등의 경로가 결 정되기 때문이다. 따라서 CM 관점에서 일정 기간의 리드타임을 가 지고 BIM 수행관리를 하는 것 역시 매우 중요하다.

예를 들면, 기계, 전기, 소화설비 분야의 샵드로잉을 BIM으로 대체하여 간섭 및 설계 조정 작업을 예정 공사일보다 2～3개월 전에 BIM으로 검증하고 해당 부위에 대한 공사를 진행하도록 관리할 수 있을 것이다. 만약 BIM 기반 샵드로잉이 현실적으로 어렵다면 2D 샵드로잉을 바탕으로 BIM 검토를 수행하기 위한 여유시간을 더 확보하는 것이 필요할 것이다.

이 과정에서 본사 BIM팀이 현장에서 협력업체로부터 취합된 모델을 기반으로 통합 모델을 구축하는 것도 가능하겠지만, 사업 특성에 따라 시공사가 주관하여 통합 모델을 구축하고 CMr은 구축된 통합 모델을 검토하고 분석하는 것을 중심으로 서비스를 제공하는 전략이 더 효과적일 수도 있다. 이러한 역할 분담은 해당 사업에 대한 BIM 수행계획 수립 시 명확히 해야 서로 혼선을 피할 수 있다.

CMr은 설계 단계에서와 마찬가지로 시공 단계에서 파악된 각종 문제점과 이슈들을 지식데이터베이스화하는 것이 중요하다. 더 나아가 준공 BIM As-Built BIM을 통하여 유지관리 단계에서 필요로 하는 각종 정보들이 BIM 데이터로 확보되었는지, 또는 실제 시공 상태와 준공 BIM의 정합성이 확보되었는지를 검증하여야 한다.

CHAPTER 08

BIM은 사람, 프로세스, 기술의 융복합체

01

BIM 인식 조사 분석

▎BIM 도입이 지지부진한 이유?

　BIM이 국내에 소개된 지 상당한 시간이 흘렀음에도, 우리 건설 산업에서는 아직 본격적인 활성화가 이루어지지 않고 있다. 이는 단지 기술이나 제도의 문제가 아니라, 산업 전반의 인식 부족과 실행 의지의 부재에서 비롯된 것으로 보인다. BIM 인식 실태 조사와 그 결과가 시사하는 점들을 바탕으로, 왜 BIM 도입이 어려운지를 분석하고 그 해법을 함께 고민해보자.

▍기대는 높지만, 실천은 중립적

우리 연구실은 2013년 발주자, 설계자, 시공자, 감리자, 그리고 엔지니어 등 건설산업 전반의 실무자 303명을 대상으로 BIM에 대한 인식과 사용 의도를 조사한 바 있다. 이 조사를 통해 BIM에 대한 기대와 실제 활용 사이의 간극이 얼마나 큰지를 확인할 수 있었다 (Kim et al. 2016).

조사 결과를 보면, 참여자들은 전반적으로 BIM에 대한 관심과 필요성은 높게 평가하고 있었다. BIM이 업무 성과를 높이고 리스크를 줄일 수 있다는 데에는 대체로 공감하고 있었던 것이다. 하지만 그럼에도 실제로 BIM을 적용해본 경험은 거의 없었고, 내부적으로 BIM 기반의 업무 프로세스를 갖춘 경우도 매우 드물었다.

응답자들은 BIM을 자발적으로 시도해보는 데 부담을 느끼고 있었으며, 배우기 어렵고 사용하는 데 불편함이 따른다는 인식을 갖고 있었다. 특히 건축설계자들의 경우, 다른 참여자들에 비해 BIM이 설계 프로세스 생산성 향상에 도움이 된다고 느끼는 정도가 낮았고, 사용 의지도 가장 낮게 나타났다. 이는 BIM이 건설산업에 단지 도입된 것이 아니라 실제로 정착되는 데 있어 핵심적인 장애요인이 무엇인지를 잘 보여준다.

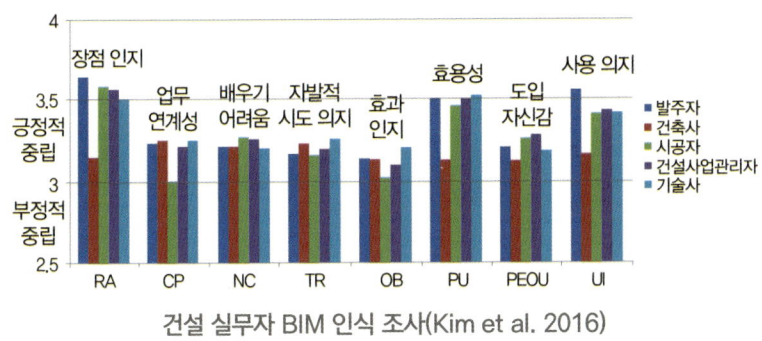

건설 실무자 BIM 인식 조사(Kim et al. 2016)

▋설계자가 변화의 첫 단추를 꿰어야 한다

BIM은 단순한 기술 도입이 아니라 업무 프로세스의 전환이며, 이는 설계자에게서 시작되어야 한다. 설계자는 건축 프로젝트의 가장 앞단에서 설계를 구체화하는 역할을 맡고 있기 때문에 BIM을 가장 먼저 적용하고 활용해야 하는 위치에 있다. 그러나 현실은 그 반대다. 설계자는 여전히 기존 2D 도면 중심의 방식에 익숙하고, BIM은 외주 업체가 처리하는 보조적인 수단으로 인식하고 있다. BIM은 '도구'가 아니라 '프로세스'라는 점에서, 설계자의 의지와 실천 없이 BIM 기반의 업무 전환은 요원한 일일 수밖에 없다.

더욱이 최근 수행된 또 다른 조사(경기주택도시공사 2024)에서도 이러한 인식은 별반 달라지지 않은 것으로 나타났다. 발주자는 BIM 도입에 있어 사내 전문가 부족, 학습 시간의 부족, 인허가 기준과 BIM 결과물 간의 불일치를 주요 어려움으로 꼽았고, 수급자는 발주처의 요구 사항이 불명확하고, BIM을 수행할 협력사가 부족하다는 점을 지적했다. 실무자들이 여전히 BIM을 직접 적용하기보다 외부에 맡기는 경향이 강하게 나타났으며, 이러한 현상은 결국 BIM의 내재화 실패로 이어지고 있다.

▎핵심은 BIM 거버넌스의 부재

BIM 도입이 정착되지 못하고 있는 근본적인 원인은 조직 내부에 실질적인 BIM 거버넌스Governance 체계가 마련되지 않았기 때문이다. 여러 기관들이 BIM 시범사업을 진행하고 적용지침을 만들어 배포하고 있지만, 실제로는 BIM을 위한 전사적 전략이나 체계적인 운영 시스템이 부재한 상태다. 단순히 BIM팀이 있다는 이유만으로 거버넌스가 구축되었다고 보기는 어렵다.

진정한 BIM 거버넌스란 경영진이 BIM을 기업의 전략적 도구로 인식하고, 전사적 차원에서 이를 도입·운영하며, 지속 가능한 방식으로 업무 프로세스를 개선하고 이를 위한 인프라와 조직, 교육체계를 구축하는 것을 의미한다. 이러한 체계가 없는 상태에서는 지침과 매뉴얼이 있어도 실무자들은 기존 방식을 고수하려 하며, BIM은 결국 외주업체에게 맡겨 '형식적으로만 수행되는 도구'로 전락할 수밖에 없다. 제8장 3절에서 이 주제를 좀 더 심층적으로 다룰 것이다.

▍설계자들이 BIM에 소극적인 이유는 무엇인가?

설계자들이 BIM 사용에 소극적인 데는 몇 가지 중요한 이유가 있다.

첫째, BIM이 무엇을 가능하게 하는지에 대한 명확한 인식이 부족하다. BIM이 효율을 높이고 오류를 줄이는 데 효과적이라는 사실은 알려졌지만, 이를 실제 업무 성과로 연결하기 위한 구체적인 그림이 그려져 있지 않다.

둘째, 제도적 변화가 뒤따르지 않고 있다. BIM 기반 성과물이나 결과물을 제도적으로 인정하지 않기 때문－물론 이 부분은 조금씩 바뀌고 있지만－실무자 입장에서는 BIM을 사용하더라도 기존 방식과 병행해야 하는 이중 작업이 발생하고 있다.

셋째, BIM을 배우고 활용하기 위한 진입장벽이 존재한다. 새로운 도구를 익히고 라이브러리를 구축하며 협업 방식까지 바꾸는 것은 중소 설계사무소에는 특히 큰 부담이 된다. 학습 곡선도 가파르고, 단기간에 효과를 내기 어렵다는 현실도 있다.

넷째, 설계 수주에서 BIM이 결정적인 요소가 아니다. 설계 아이디어와 영업력이 경쟁의 핵심이며, 초기 설계 단계에서는 SketchUp이나 Rhino 같은 툴만으로도 충분한 표현이 가능하다고 판단한다. BIM은 오히려 기본 설계 이후의 과정에서 필요하다고 여겨지는 경우가 많다.

▌ 변화의 시작은 자발적 실천에서 비롯된다

결국, 설계자들이 BIM을 실제로 활용하지 않는다면, 아무리 지침과 제도가 정비된다 하더라도 BIM은 여전히 병행 업무, 외주 중심의 형식적인 기술로만 남게 될 것이다. 실질적인 효과도 기대하기 어렵다. 제도적 강제가 일부 효과를 볼 수는 있겠지만, 핵심은 설계자들의 자발적인 실천과 태도 변화다.

이를 위해서는 BIM을 도입하겠다는 경영진의 확고한 의지와 비전 제시, 실무자가 신뢰할 수 있는 운영 조직의 존재, 체계적인 교육과 프로세스 개선을 통해 BIM 거버넌스를 정착시키는 것이 무엇보다 중요하다. 이 모든 요소들이 제대로 갖춰질 때 비로소 BIM은 조직 내에서 하나의 '일하는 방식'으로 자리 잡게 될 것이다.

02

BIM은 사람, 프로세스, 기술의 융복합체다

▌ BIM은 기술이 아닌 변화의 전략이다

많은 사람들이 BIM을 '기술'로 인식한다. BIM 기술, BIM 소프트 웨어라는 표현은 너무도 익숙하다. 그러나 이는 BIM의 본질을 오해하는 것이다. BIM은 단순한 기술 도입이 아니라 프로세스의 변화, 사람들의 인식 전환, 건설산업의 진화를 동반하는 복합적인 개념이다. 기술만 도입한다고 BIM이 성공하는 것이 아니라, 그것이 조직의 업무 흐름에 녹아들고, 그 프로세스 안에서 사람들이 적극적으로 수용해야 비로소 BIM은 실효를 갖는다.

이러한 접근은 IT 분야에서 널리 알려진 PPTPeople, Process, Technology 프레임 워크 개념과 일치한다. 이 프레임 워크는 Harold Leavitt(1964)

가 제안한 조직 변화의 Diamond 모델에서 출발하여, 사람, 기술, 그리고 구조와 과업Task을 아우르는 조직 변화 전략으로 발전해왔다. 이후 구조Structure와 과업이 통합되어 프로세스Process로 정립되며, 오늘날의 PPT 개념이 되었다.

▌ 기술(Technology)만으로는 부족하다

BIM 기술 자체는 이미 다양하게 발전해왔다. 하지만 한 가지 BIM 소프트웨어만으로 건설 프로젝트의 모든 업무를 처리하는 것은 불가능하다. 각 단계와 공종에 따라 필요한 기능이 다르기 때문이다. 따라서 특정 소프트웨어에 종속되지 않고 다양한 기술이 연계·호환될 수 있는 개방형 환경 구축이 필수적이다.

또한 특정 업체 중심으로 BIM 시장이 독점된다면, 기술 발전보다 가격 상승과 폐쇄적인 서비스 환경이 초래될 수 있다. 이러한 구조는 우리 산업과 사용자에게 불리하게 작용할 가능성이 크다. BIM 기술은 공정하게 경쟁할 수 있는 시장 구조 안에서 발전해야 하며, 기업은 각 프로젝트에서 수집되는 다양한 BIM 데이터를 축적하고 지식화할 수 있는 BIM 데이터 센터를 구축해야 한다. 이는 라이브러리, 템플릿, 수행 가이드 등을 포함한 디지털 지식 기반으로 발전할 수 있다.

▌ 프로세스(Process)의 혁신이 관건이다

BIM의 성공적인 도입을 위해서는 기존의 외주 중심 BIM 방식에서 실무자 중심 BIM 프로세스로의 전환이 필요하다. 이를 위해 BPRBusiness Process Reengineering 기반의 프로세스 혁신 전략이 요구된다. BIM을 통해 수집된 다양한 이슈들은 중요한 지식 자산이므로, 이를 축적하고 재활용하는 체계 또한 필수적이다.

또한 제도권의 유연성도 함께 요구된다. 발주자와 인허가 기관이 기존 도면 중심의 사고에서 벗어나, BIM을 기반으로 한 설계관리 및 심의 프로세스를 수용할 수 있도록 제도와 기준을 개선해야 한다. BIM이 효율을 가지려면 기존 업무를 대체할 수 있어야 하고, 그러기 위해선 이중 작업이 아닌 단일 프로세스가 운영되어야 한다.

더 나아가, 건설산업 전체가 2D 도면 중심의 언어에서 벗어나 BIM 중심의 언어와 표현 방식으로 전환되어야 한다. 이는 단순한 도구의 변화가 아니라, 산업 생태계 전반에 걸친 의사소통 문화의 전환을 의미한다.

▌ 사람(People)이 핵심이다

기술도, 프로세스도 결국 사람이 없으면 작동하지 않는다. BIM의 성공은 실무자의 이해, 수용, 실천에 달려 있다. 특히 최고경영자의 의지가 중요하다. 조직의 BIM 도입은 단순한 프로그램 구매가 아니라, 비전 설정과 전략 수립, 단계별 적용 로드맵 마련에서 시작된다.

BIM을 추진하는 조직은, 설계·견적·시공 등 분절된 조직 구조를 통합하고, 협업 중심의 유기적 조직으로 전환해야 한다. 또한 각 부서별 BIM 역량 정의와 수준 평가, 맞춤형 교육 및 피드백 체계를 통해 실무자들의 역량을 지속적으로 향상시켜야 한다. 이를 총괄하고 지원할 BIM 거버넌스 체계 또한 반드시 필요하다.

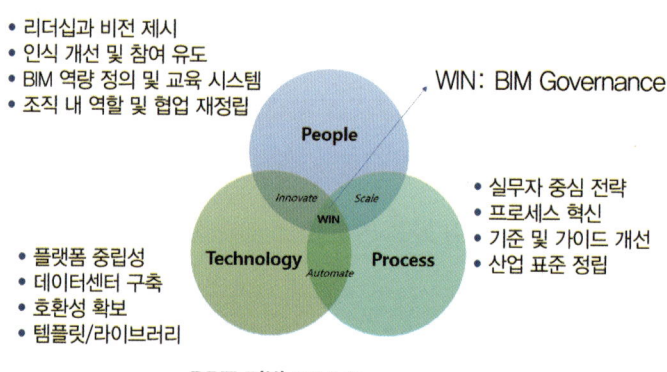

PPT 기반 BIM Governance

▌"구슬이 서 말이라도 꿰어야 보배다"

"구슬이 서 말이라도 꿰어야 보배다"라는 속담처럼 앞에서 언급한 3가지 요인이 서로 상호작용해야 BIM 도입을 성공적으로 이룰 수 있다. Christopher S Penn(2018)은 People과 Process의 연계를 통해 프로세스를 개선하고 생산성을 향상시키고Scale, People과 Technology를 연계하여 혁신적인 방법을 이끌어내며Innovate, Process와 Technology를 연계하여 자동화Automate하는 3가지 상호작용 전략이 중요하다고 강조하고 있다.

지금까지 국내에 적용된 BIM 사례를 보면 Technology를 중심으로 Process를 자동화하거나 People과 연계를 통한 혁신적인 방법이 일부 적용된 바는 있지만 People과 Process 연계는 실무자들의 참여가 저조하여 외주 업체가 실무와 병행한 이중 프로세스로 진행되고 있다. 이는 그림과 같이 아무리 성능이 뛰어난 자동차가 있어도 그것이 달리는 환경이 개선되지 않는 다면 아무 소용이 없다는 것을 의미한다. 기술 발전에 맞추어 기업 차원 또는 산업 차원에서 제도와 정책을 통해서 해결해야 할 사항이 많이 있는 것이다.

국내

해외

같은 기술이라도 프로세스, 사람, 환경에 따라 다른 결과를 낸다

▌BIM 국산 기술 활성화 열쇠도 PPT에 달려 있다

언제가 BIM 자문회의에 갔는데 그날 주제 중 하나가 BIM 국산 기술 활성화였다. 그날 참가한 여러 기업들이 자기네들이 개발한 제

품을 얘기하며 공공사업에서 국산제품 사용 의무화를 요청하였다. 하지만 나는 현 상태에서 이러한 요청은 실제로 별 효과가 없을 것이라 얘기했다. 왜냐하면 BIM 전환설계와 외주 또는 별도 조직에 의한 BIM 수행 프로세스에서는 국산제품 사용 의무화를 해도 매출 규모가 별로 크지 않을 것이기 때문이다.

국내에 종합건설사는 2024년 기준 1만 9천여 개(대한건설협회 2025)이고, 종합건축사사무소는 1만 3천여 개가 존재한다. 반면 빌딩스마트협회에 BIM 적용 용역실적을 등록한 업체는 2021년 기준 10개사다(빌딩스마트협회 2022). 아직도 건설사업체 대다수가 기존 방식에 의존하고 있으며, BIM은 별도 조직 또는 업체에게 외주를 주고 있는 현황이다. 1만 개가 넘는 시장 규모에서 단 10개사만이 잠재적 고객인 것이다. 이러한 상황에서는 BIM 관련 국내 기술 개발은 국가 R&D에만 의존될 뿐이다. 연구개발을 통해 상용화되면 매출이 일어나고 그 매출의 일부가 다시 업그레이드 비용으로 재투자되어야 하는데 시장 자체가 너무 작으니 그런 개발비용 순환이 이루어지지 못하는 것이다.

국가 차원에서도 R&D를 통해 개발된 국내 기술이 사업에 적용되고 활성화되기 위해서는 시장을 만들어줘야 한다. 그 시장은 건설산업 이해당사자들이 그들의 프로세스에 BIM을 태워야 활성화된다. 또 태우기 위해서는 그들의 인식이 변해서 업무 프로세스를 바꿔야 한다. 국가 차원에서도 PPT 관점에서 정책과 제도가 필요한

것이다. 설계 성과물에서만 BIM을 요구하지 말고 초기 설계 단계
부터 BIM을 안 쓰면 안 되는 상황을 유도할 수 있는 제도와 정책이
필요한 때이다.

03

BIM 거버넌스(Governance)

▍BIM 도입이 지지부진한 진짜 이유: 거버넌스 부재

BIM 도입이 산업 전반에 걸쳐 저조하고 인식의 전환이 미흡한 이유는, 많은 기업과 기관이 실질적인 BIM 거버넌스Governance를 구축하지 못했기 때문이라 생각한다.

Cambridge Dictionary(2025.05.18)에 따르면, 거버넌스는 '기관 또는 국가 차원의 최고 수준에서 목표를 달성하기 위해 운영되는 시스템 및 관리 방법'을 의미한다. BIM 또한 단순한 기술 도입이 아니라 전사적 전략 체계와 운영 시스템을 포함하는 구조적 변화로 접근해야 한다.

▎BIM 거버넌스의 핵심 구성: 조직+인프라+지침+교육

BIM 거버넌스는 다음 네 가지 요소로 구성된다.

1) 운영 조직: BIM을 수행하고 관리하는 내·외부 협업 지원 체계

2) 인프라 환경: 네트워크, 플랫폼, 표준 데이터 환경 등 기술적 기반

3) 지침과 가이드: 정책, 과업 범위, 외부 파트너 협업 기준 등 명
   문화된 기준

4) 교육 및 훈련 체계: 실무자 역량 강화 및 업무 적용을 위한 지속
   교육

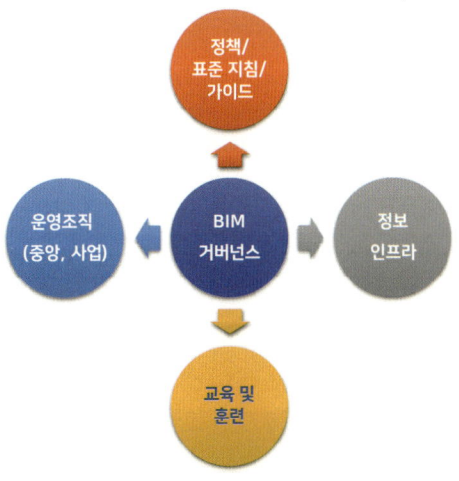

BIM 거버넌스 구성 요소

특히 최고경영자의 의지와 전략적 비전이 BIM 거버넌스의 출발점이다. 'BIM으로 소통하는 조직'이라는 명확한 목표와 방향성을 제시하고, 이를 뒷받침할 정책, 프로세스, 자원 배분이 병행되어야 한다.

▌ 지속가능한 운영 조직이 필요하다

BIM 거버넌스를 뒷받침하기 위해서는 지원 조직의 구성과 역할이 매우 중요하다. 이 조직은 BIM을 대신 수행하는 부서가 아니라, 전사적으로 BIM을 기반으로 한 프로세스를 구축하고 운영을 지원하는 중추적 역할을 맡는다. 또한 전사적 차원에서 BIM 가이드를 만들고 인프라 환경을 관리한다.

예를 들어, 각 사업부서가 BIM을 실무에 적용하고, 지원 조직은 기술적 지원, 외부 파트너 연계, 가이드 정비, 인프라 유지 등을 담당한다. 이 조직은 건축, 구조, MEP 등 다양한 분야를 조율할 수 있는 코디네이터 역할을 수행하며, 실무자뿐만 아니라 BSP 등 외부 파트너와의 협업도 조율한다.

공공기관의 경우 순환보직 제도 때문에 지원 조직 운영이 어렵다는 현실적 제약도 존재한다. 따라서 BIM 지원 조직의 보직 기간을 연장(예: 4년)하거나, 지속가능한 직종 신설을 고려해야 하며, 담당자들에게 인사상 혜택 및 인센티브를 부여해 지속가능한 조직 운영 모델을 마련해야 한다.

▌ BIM 교육을 통해 문화를 정착시켜야 한다

운영 조직은 사내직원 교육을 주도하고, 직원들이 자기 업무에서 BIM을 어떻게 적용할 수 있는지 스스로 고민하고 프로세스를 개선하도록 유도해야 한다. 이 과정에서 발생하는 시행착오나 문제를 두려워 말고 지원 조직과 함께 해결할 수 있어야 하며, 새로운 도전을 장려하는 보상체계(인센티브)도 병행되어야 한다.

궁극적으로는 사내 BIM 전략계획BIM Strategy Planning을 수립하고, 단기-중기-장기 로드맵에 따라 전략적으로 관리해야 한다. 그래야만 조직 전반에 걸쳐 BIM이 내재화될 수 있다.

▌ 기관 내 BIM 지침 및 가이드 그리고 선순환 개선체계 구축

기관 내 BIM 지침 및 가이드를 만드는 것 또한 필수적이다. 지침은 운영 지침, BIM 활용에 있어서 외부 파트너가 필요한 경우 이들과 계약 및 협업을 위한 과업 내용과 프로세스가 기술된 지침 등이 필요하며, BIM 활용 설명서나 실무 사례 등의 가이드도 필요하다. 이 지침과 가이드는 소위 선순환 개선형 체계를 통해 지속적으로 보완되고 개선되는 형태로 관리되어야 한다.

▎ BIM이 조직의 비전을 보여줘야 인재도 남는다

"BIM을 교육해놓으면 인재가 다 이직해버린다"는 우려도 있다. 하지만 이는 조직이 BIM을 통해 미래 비전과 개인 성장 기회를 제시하지 못했기 때문이다. BIM 거버넌스가 제대로 구축되어 있다면, 직원은 조직 내에서 성장할 수 있는 길을 보게 될 것이고, 오히려 이직률은 감소할 것이다.

설령 일부 인력이 떠나더라도, 표준화된 지침과 가이드를 기반으로 업무 인수인계가 원활하게 이루어질 수 있다. 이는 오히려 기업의 스마트 프로세스를 배우고자 하는 인재들이 몰리는 긍정적 효과로 이어질 수 있다.

BIM 거버넌스를 가진 조직은 스마트한 기업 이미지와 디지털 기반 경쟁력을 갖추게 되며, 내부 인재와 외부 고객 모두에게 신뢰받는 조직으로 자리매김할 수 있다.

BIM은 기술이 아니라 조직 전략이자 일하는 방식, 협업 문화, 프로세스, 사람의 역할까지 바꾸는 변화관리 시스템이기도 하다. 그 성공 여부는 단순한 도구 사용을 넘어서, 전사적 거버넌스를 갖추느냐의 문제다. BIM 거버넌스 구축은 디지털 전환 시대의 핵심 과제이며, 이제는 이를 실천에 옮겨야 할 때다.

CHAPTER 09

BIM 도입 성공 전략:
Reset A.P.P.L.E.

01
뉴노멀 시대 건설산업 대응 전략
Reset A.P.P.L.E.

▎BIM은 패러다임 전환이다

앞 장에서 언급했듯이, BIM이 실질적으로 성공하기 위해서는 단순한 기술 도입을 넘어서 기술, 프로세스, 사람이 융합된 체계를 구축하는 것이 핵심이다. 즉, BIM 기술만을 도입하는 것이 아니라, BIM이라는 새로운 문화와 사회를 만들어가는 것이다. 이러한 관점에서 나는 BIM 도입의 성공을 위해 필요한 5가지 전략을 제안하고자 한다.

BIM은 단순한 툴이나 기술이 아니다. 그것은 건설산업의 사고방식과 업무 방식 전반을 바꾸는 패러다임 전환Paradigm Shift이다. BIM은 3차원 형상이나 속성 정보뿐 아니라, 건설 생애주기 전반에서 이를 활용하는 이해관계자들의 요구 사항과 행위까지 포괄한다. 즉, 사람, 프로세스, 기술이 유기적으로 통합된 하나의 시스템으로 이해해야 한다.

그러나 현실은 아직 BIM의 기술 도입에만 초점을 맞추고 있다. 그 결과, 설계와 시공은 여전히 전통적 방식에 의존하고 있으며, BIM과 스마트 기술은 외주업체에 맡겨진 부가 서비스처럼 취급된다. 이중적인 프로세스로 인해 BIM은 본질적 변화를 이끌기보다는 주변부에 머물고 있다.

관련 연구들도 기술 중심에 치우쳐 있어, 논문 수나 연구 성과는 세계적 수준이지만 현장 적용력은 개발도상국 수준에도 못 미치는 실정이다. 외주 중심의 BIM 도입은 해당 프로젝트에의 기여도가 제한적일 수밖에 없고, 결국 수억 원을 들인 BIM이 대형 사업에서 '액세서리'로 전락하는 사례도 발생한다.

국내 건설산업은 오랫동안 안정적인 내수시장 덕분에 '먹을것이 많고 날씨가 좋은 나라'처럼 나태해졌다고 볼 수도 있다. 하지만 이제는 끓는 물 속 개구리 같은 상황의 위기를 자각하고 새로운 표준, 새로운 일상으로 나아가야 할 시점이다. 건설산업은 가장 오래된 산업 중 하나이기 때문에, 기존 방식에서 벗어나기 어렵다. 그렇기 때문에 더더욱 산업, 조직, 개인 등 다차원적인 혁신의 접근이 필요하다.

▌싫어도 할 수밖에 없는 BIM

설계자들은 BIM이 설계 초기 단계에서 더 많은 노력을 요구하기 때문에 부담스러워하는 경향이 있다. 반면 시공사들은 BIM을 통해 리스크를 사전에 식별하고 공사비 절감 방안을 찾을 수 있기 때문에 더욱 적극적으로 BIM을 수용하고 있다.

자금력 중심으로 형성된 국내 건설산업 구조에서 시공사의 영향력이 절대적인 만큼, 앞으로는 발주자뿐만 아니라 시공사들도 적극적으로 설계자에게 BIM 기반 설계를 요구하게 될 것이다. 특히, 건식공사의 비중이 커지고 설치 중심 시공이 확대되면서, 자재 공급업체 역시 보다 정확하고 정합성 있는 설계안을 요구하게 된다. 즉, 건설산업의 모든 가치사슬상의 참여자들이 BIM을 요구하는 시대가 도래하고 있는 것이다.

요즘 주목받고 있는 OSC Off-Site Construction나 모듈러 건축의 경우, 공장에서 미리 제작하고 설치하는 방식이기 때문에 정밀한 설계 정보가 필수이며, 이 또한 BIM이 필수적인 이유다.

이와 함께, 건축사와 설계자들이 법적 리스크에 노출되는 상황도 증가하고 있다. 예를 들어, 도면 불일치, 설계 오류, 시공과의 정합성 부족 등은 하자 발생 시 손해배상의 책임으로 이어질 수 있다. 실제로 2019년 법무법인 화인 주최로 열린 '공동주택 하자분쟁 해결방안 세미나'에서도 이러한 문제가 설계자의 책임과 직결됨이 강조된 바 있다. 이 같은 맥락에서도 BIM은 설계자의 리스크를 사전 관리할 수 있는 수단이 된다.

▎경쟁력 확보를 위한 5가지 혁신적 재설정 필요

내가 가장 자주 듣는 질문 중 하나는 "왜 BIM 도입은 아직도 지지
부진한가요?"라는 것이다. 사실, 이런 질문을 하는 이들이 BIM 도
입의 가장 큰 장애 요인이기도 하다. 그들은 질문을 통해 자신의 거
부감을 일반화하고 싶어 한다. 반면, 실제로 BIM 도입 의지가 있는
이들은 "BIM을 도입하고 싶은데, 이런 점들이 장애 요인입니다. 교
수님, 함께 고민해주세요"라고 말한다.

나는 그간의 경험을 통해 우리 건설산업이 글로벌 경쟁력을 확보
하려면, 5가지 관점에서의 혁신적 재설정이 필요하다는 결론에 도
달했으며 그것은 다음과 같다.

- Attitude (인식 변화)
- Process (프로세스 변화)
- Payment (대가 구조 변화)
- Language (언어 변화)
- Ecosystem (생태계 변화)

이 5가지 요소의 앞글자를 따서 나는 이를 APPLE 전략이라 명명
했다(진상윤 2021, 2022). 다음 절에서는 이 APPLE 전략에 대해 자
세히 설명하고자 한다.

02

Reset APPLE - A, Attitude
이해당사자의 인식을 바꾸자

▌Normal과 Abnormal을 구분할 수 있어야 한다

건설산업의 이해당사자들은 이제 뉴노멀 시대를 맞이하면서, 무엇이 Normal(정상)이고 무엇이 Abnormal(비정상)인지 명확히 구분할 수 있어야 한다. 뉴노멀 시대에는 기존과는 다른 방식과 프로세스가 등장하게 마련이며, 따라서 기존 방식에서 벗어나는 것이 오히려 정상적인 선택이고, 여전히 과거 방식에 집착하는 것이 비정상적인 행위가 되는 것이다.

예를 들어, 발주자는 기존의 2D 도면 중심 성과물에만 집중하던 관점에서 벗어나, BIM 기반의 협업과 참여 중심 사고로 전환해야 한다. 단순히 단계별 결과물만 검토하는 것이 아니라, 설계 및 시공

관리 프로세스 전반에 적극적으로 참여해야 하는 것이다.

설계자 및 실무자 또한 기존의 외주 중심 BIM 수행 방식에서 벗어나, BIM과 스마트 기술이 실무 프로세스 속에 자연스럽게 융합되도록 체계를 재설정해야 한다. 단순히 외부 전문가나 컨설턴트에게 의존하는 방식은 더 이상 지속가능하지 않다.

감사기관 및 감사권자 역시, 새로운 시대에 맞는 시각으로 변화할 필요가 있다. 기존 방식에 집착하여 현실과 맞지 않는 규제를 반복하는 것은 오히려 비정상적이며, 시대에 역행하는 행위다. 뉴노멀 시대의 감사는 변화하는 기술과 프로세스를 제대로 이해하고, 불필요한 제약을 걸러내는 능력이 필요하다.

즉, 정상과 비정상의 기준은 '과거'가 아니라 '미래 지향성'에 기반해야 한다. 변화와 혁신을 수용하는 것이 새로운 기준이 되어야하며, 이제는 기존 방식이 안전지대가 아니라 오히려 리스크가 될수 있다는 점을 모두가 인식해야 할 때이다.

▌ 외주 중심 BIM에서 실무자 중심 BIM으로

현재 국내 건설산업에서 BIM은 주로 외부 용역사 중심의 프로세스로 수행되고 있다. 이러한 방식은 기존의 설계 결과물을 바탕으로 별도로 BIM 모델을 구축하는 이원화된 흐름으로 진행된다. 결과적으로 BIM 수행에는 추가적인 용역 예산이 별도로 필요하게 되며, BIM이 본래 지닌 생산성과 효율성을 제대로 확보하기 어려운 구조가 된다.

BIM 전환설계를 비유한 상황

더 큰 문제는 설계도서와 BIM 간의 정합성 확보가 어렵다는 점이다. 설계와 BIM이 분리되어 개발되기 때문에, 실제로 BIM을 통해 얻을 수 있는 ROIReturn on Investment도 낮을 수밖에 없다. 용역사 입장에서도 설계를 대신해 BIM 모델을 구축하고 각종 도서를 생성하는 데 많은 인력이 투입되며, 수익성도 낮다.

게다가, 이처럼 외주에 의존한 BIM 수행 방식은 후속 단계에서 필요한 정보가 누락되는 경우가 많고, 수행 과정에서 발견된 이슈나 노하우가 조직 내부에 지식으로 축적되지 않는다. BIM이 그저 한 번 쓰고 마는 도구로 전락해버리는 것이다.

용역 중심의 BIM에서는
- 이원화된 프로세스
- 별도의 높은 BIM 비용 투입
- 낮은 ROI 실현
- 용역사의 역할은 컨설턴트+인력 공급
- 규모에 비례하여 많은 인원 투입
- 낮은 부가가치(낮은 수익 구조)
- BIM 프로세스 낭비 발생
- BIM 지식화 부재

실무자 중심의 BIM에서는
- 실무자에 의한 BIM 구축
- 상대적으로 낮은 BIM 비용 투입
- 높은 ROI 실현
- 용역사의 역할은 컨설턴트/ Coordination
- 용역사의 높은 부가가치 (낮은 총액, 높은 단가)
- BIM 프로세스 선진화
- BIM 지식화 가능

실무자 비중

용역사 비중

용역 중심과 실무자 중심의 BIM 차이

┃ 실무자가 주도하는 BIM으로 전환해야 한다

이러한 악순환을 끊기 위해서는, BIM 수행의 중심을 외부 용역이 아닌 실무자에게로 전환해야 한다. 각 분야의 실무자들이 자신이 맡은 영역의 BIM 모델을 직접 구축하고 관리해야 한다.

미국이나 유럽의 사례를 보면, 오랜 경력을 가진 건축사들뿐 아니라 샵드로잉Shop Drawing을 담당하는 기술자들까지도 과감히 2D CAD에서 BIM으로 전환해, 디테일 및 시공 도면까지 BIM으로 작성하고 있다. 이렇게 제작된 정밀 BIM 모델은 공장에서의 정확한 부재 생산으로 이어지고, 현장 피팅 없이 조립 중심의 시공이 가능해진다. 그 결과, 시공의 정밀도와 품질이 현저히 향상된다.

우리도 이제 실무자가 중심이 되는 BIM 체계를 갖추어야 한다. 각 분야의 설계자들이 자신의 설계 영역에 대한 BIM 데이터를 직접 구축하고 유지함으로써, 보다 적은 비용으로 더 큰 효과를 거둘 수 있다. 이는 곧 높은 ROI 실현으로 이어진다.

이러한 구조에서는 용역사의 역할도 재정립되어야 한다. 인력 파견이 아닌, 실무자들을 지원하는 전문 BIM 컨설턴트로서 기능해야 하며, 기술적 자문과 소프트웨어 활용 지원 등 고부가가치 서비스에 집중하게 된다.

실무자 주도의 BIM 수행은 단순히 비용 문제를 해결하는 데 그치지 않는다. IPD나 ECI와 같은 선진 프로세스 도입이 가능해지면서, BIM 기반 프로젝트 전반의 생산성과 협업 효율이 획기적으로 향상될 수 있다. 무엇보다 중요한 변화는, BIM 수행 과정에서 발생하는 다양한 이슈와 문제 해결 경험이 지식으로 축적되고 재활용될 수 있다는 점이다. 이처럼 실무 현장과 기술이 긴밀히 연결되어야, 비로소 우리 산업도 BIM을 '기술'이 아닌 '자산'으로 활용하는 지속가능한 BIM 생태계로 발전할 수 있는 것이다.

03

Reset APPLE – P, Process
프로세스를 바꾸자

❚ 기존 CAD 중심 프로세스는 Push 프로세스

기존의 CAD 기반 설계 프로세스는 흔히 'Push 방식'이라 불린다.
이는 후속 단계에서 어떤 정보가 필요한지를 고려하지 않고, 일단
자기 관점에서 성과물을 만든 뒤 전달하는 방식이다. 그 결과, 후속
단계에서 문제가 발생하면 다시 피드백을 통해 재작업을 하게 되
며, 일의 흐름은 끊기고 생산성은 저하된다.

이러한 방식에서 비롯된 대표적인 문제는 설계도서의 오류이다.
설계도면 간의 불일치, 정보 누락, 표현 미흡 등은 대부분 시공 단계
에서 발견되며, 이로 인해 재설계, 재시공, 공기 지연 등 큰 리스크
가 발생한다. 결국 Push 방식은 정보를 '전달'은 하지만, '활용'에는

최적화되어 있지 않다.

반면 BIM은 건설산업의 언어를 2D에서 3D로 바꾸는 것에서 출발해, 협업 구조와 의사소통 방식 전반을 혁신한다. 단순히 형상을 3차원으로 표현하는 것을 넘어, 설계 과정 전반을 정보 중심으로 재구성하며, BIM이 지향하는 것은 단순한 기술 변화가 아니라 산업 구조의 진화인 것이다.

그러나 이러한 전환이 어려운 이유는 분명하다. 설계자 입장에서 3D는 2D보다 훨씬 많은 고민과 노력이 필요하다. 부재의 앞뒤, 좌우, 위아래가 모두 맞아떨어져야 하며, 형상뿐 아니라 부재 코드, 재료, 성능, 열관류율, 공사 단가 등 다양한 정보를 추가로 고려해야 한다.

예를 들어, 4D BIM을 구현하려면 부재 종류, 시공 구역, 층별 정보와 시공 순서를 모델에 반영해야 하고, 5D BIM을 위해서는 내역서와 공사비 연동을 고려해야 한다. 에너지 분석을 위해서는 재료 특성과 열 성능이 포함되어야 한다. 즉, BIM은 처음부터 '이후 활용'을 고려한 설계여야 하며, 단순히 시각화된 모델을 넘어서야 하는 것이다.

이처럼 BIM은 Push 방식과는 반대로 Pull 방식에 기반한다. 후속 단계에서 무엇이 필요한지를 사전에 예측하고, 그것을 반영하여 정보를 구성하는 방식이다. 그래서 BIM의 기본 철학은 "끝을 염두에 두고 시작하라Begin with the end in mind"에 있다.

▌협업과 후속 활용을 고려한 Pull 기반 프로세스로 바꾸자

이제는 Push 기반에서 Pull 기반 프로세스로 전환해야 한다. 기존의 2D CAD 도면은 설계자 중심의 최적화 결과물일 뿐, 후속 활용을 충분히 고려하지 못한 채 전달된다. 이 때문에 설계도서는 수많은 해석의 여지와 질의, 오류, 재작업을 야기한다.

BIM은 단지 3D 형상을 구성하는 데 그치지 않고, 정보의 정확성과 활용성을 고려한 Pull 기반 정보 설계를 요구한다. 각 이해당사자의 요구 사항에 따라 정보를 끌어오듯 구성하는 구조인 것이다. 따라서 건설산업 전체는 Sequential(순차적) 프로세스에서 벗어나, Collaborative(협업형) 프로세스로 전환되어야 한다. 계약방식 또한 이를 뒷받침할 수 있도록 선진화되어야 한다.

물론 Pull 방식은 Push 방식보다 더 많은 고려와 책임이 따르는 구조다. 설계자는 단순히 자신을 위한 성과물이 아닌, 후속 단계의 활용자들을 고려해 정보를 준비해야 하며, 때로는 더 많은 서비스와 노력을 요구받는다. 그래서 단순히 프로세스를 바꾸는 것뿐 아니라, 그에 따라 향상된 서비스에 대한 정당한 대가도 새롭게 설정되어야 한다.

04

Reset APPLE – P, Payment
대가 산정 관점을 바꾸자

▌ 프로세스 변화 → 서비스 향상 → 대가 필요

이러한 이유 때문에 어떤 건축사 또는 여러 공종 분야의 설계자들은 BIM 도입과 더불어 현실적인 설계비와 설계 기간이 확보되어야 한다고 강조한다. 이를 뒷받침할 구체적인 국내 통계는 없지만, 외국 사례들을 보면 국내 건축사업의 설계 기간이 충분히 확보되지 못했다고 생각한다.

BIM과 설계비의 연관성을 두고 보면 '설계비를 더 줘야 한다'는 의견과 '그럴 필요가 없다'는 두 가지 의견이 존재한다. 건축사사무소 입장에서는 BIM을 위한 하드웨어 및 소프트웨어, 교육 그리고 BIM 프로세스 구축을 위한 학습 및 시행착오 등의 부담이 발생한다.

나는 개인적으로 더 쥐야 할 이유와 그럴 필요가 없는 두 가지 이유가 모두 존재한다고 생각한다. 만약 건축사사무소가 BIM 설계를 수행하지 않고 BIM 외주 때문에 비용을 더 요구한다면 그것은 프로젝트 전체 차원에서 낭비에 가깝다. 기존 2D 설계 프로세스에 기반한 BIM 외주 작업의 결과는 모델이나 정보 차원에서 보더라도 그 가치를 제대로 확보하기 어렵다.

반면 건축사사무소가 BIM 설계 프로세스를 구축하여 자신들이 직접 수행한다면 보다 많은 설계 정보를 준비하고 제공해야 하기 때문에 기존에 비해 더 많은 설계비를 요구할 타당성이 충분히 있다. 당연히 BIM 활용을 통해 발주자에겐 리스크가 해소될 수 있다. 몇십 또는 몇백 퍼센트 공사비 증가를 방지하는 효과를 공사비 1% 내외 BIM 대가로도 충분한 달성할 수 있는 것이다.

▎ 향상된 서비스와 증가된 책임에 대한 대가

앞서 얘기한 Pull 기반 프로세스가 갖추어졌을 때 그로부터 발생하는 서비스는 BIM 데이터로부터 고품질의 정보 추출이 무한대로 가능할 것이기 때문에 이에 대한 합당한 대가를 요구할 수 있다. 즉, 설계가 더 충실화되고 최적화되며 각종 리스크가 감소되고 품질과 가치가 향상된 설계서비스에 대한 대가인 것이다. BIM화되면서 설계자의 책임 또한 증가하는 것에 대한 대가도 되는 것이다.

90년대 초반 가계당 평균 통신비가 2~3만원대였던 데 비해 2020

년 기준 가계당 평균 통신비는 이미 12만원을 넘었다. 많은 비용을 지출하면서도 핸드폰을 가지고 있는 것은 과거에 비해 통화뿐만 아니라 수많은 서비스를 활용할 수 있기 때문인 것이다. 우리 산업도 통신비처럼 고객이 지출 증가에 동의할 수 있는 만큼의 만족도를 줄 수 있는 서비스로 발전시켜야 한다.

▌ 설계하도급 용역 Value Chain 전체에 대한 대가 산정 필요

BIM 기반 설계의 핵심은 단일 주체가 아닌, 다수의 전문 설계자들이 참여하는 협업 구조에 있다. 그럼에도 불구하고 현재의 대가 산정 체계는 대부분 최상위 수급자 중심으로 되어 있어, 실제 설계 작업을 담당하는 하위 설계자나 전문 엔지니어는 BIM 프로세스로 전환될 경우 그에 상응하는 대가를 받지 못하는 구조에 있다.

따라서 설계 용역 Value Chain 전체를 아우르는 재정의된 대가 산정 체계가 필요하다. 건축, 구조, 토목, 기계, 전기, 소방 등 각 공종의 설계 범위와 책임이 BIM 기반으로 재정립되어야 하며, 이에 맞는 대가 체계 또한 마련되어야 한다.

예를 들면 구조사무소의 책임범위는 구조 계산 뿐만 아니라 구조 BIM 데이터 구축도 포함해야 한다. 기계전기 분야에서는 기호와 단선 중심의 도면이 아닌 3차원 부재 중심의 기계 및 전기 관련 분야 BIM 데이터가 구축되어야 하며 더 나아가 2D 샵드로잉도 그 결과물로 대체될 수 있다.

지금의 설계 하도급 구조는 '박리다매'식 개념에 기반하고 있어, 고품질 설계를 지속하기 어려운 구조다. BIM 협업과 고도화된 설계 성과물을 현실화하기 위해서는, 설계 수급자 및 하도급자 전체에 대한 역할과 책임, 프로세스를 재정의하고, 그에 상응하는 대가 체계를 도입해야 한다.

05

Reset APPLE - L, Language
건설산업의 언어를 바꾸자

▌BIM 도입은 CAD 도입 때와 근본적으로 다르다

1980년대 중반부터 도입된 CAD는 도면 작성의 생산성을 비약적으로 높였지만, 기존 수작업 도면을 디지털로 전환한 것에 불과했다. CAD는 도구의 변화였지, 업무 방식이나 산업 구조의 전환은 아니었다.

2D 도면 중심의 설계 표현 방식은 건축사와 각 분야 설계자에게 익숙하고 효율적인 방식이었다. 모든 정보를 완벽하게 표현하지 않아도 되고, 도면을 해석하는 주체가 알아서 이해하거나 문의하는 방식으로 업무가 이어졌다. 솔직히 말하면, 시간이 부족하거나 상황이 복잡해도 일단 2D 도면만 제출하고, 문제는 나중에 해결할

수 있는 여지를 남겨두는 시스템이었다.

BIM은 설계도서 간소화가 아니라 설계 정보 충실화이다

BIM은 단순히 도면을 간소화하는 기술이 아니다. BIM 설계에서는 설계자가 자신에게만 최적화된 표현 방식에서 벗어나, 후속 단계와 협업자, 전체 생애주기를 고려한 정보 중심의 설계를 수행해야 한다.

BIM 소프트웨어의 자동 도면 생성 기능은 도면화 과정을 간편하게 만들지만, 그렇다고 설계자의 부담이 줄어드는 것은 아니다. 오히려 BIM 설계자는 더 풍부하고 정확한 정보를 담은 모델을 구축해야 하며, 그것이 곧 새로운 형태의 설계 성과물이 된다.

BIM이 정착된 환경에서는 2D 도면은 설계 내용을 보여주는 수많은 뷰View 중 하나일 뿐이다. BIM 모델은 무한한 시점과 단면을 제공할 수 있으며, 설계자는 이제 단순히 모양만이 아닌 정보와 의미가 담긴 고품질 설계를 제공해야 한다.

건설산업에서 사용하는 언어, 소통 및 표현 방법을 바꾸자

우리는 이제 건설산업의 언어를 2D 중심에서 BIM 데이터 중심으로 전환해야 한다. 도면을 해석하던 시대에서 벗어나, BIM 데이터를 읽고, 분석하고, 필요한 정보를 추출하는 역량이 요구되는 시대다.

발주자 또한 단순히 결과물로서의 BIM이 아닌, 설계와 시공 관리 전반을 BIM 기반으로 수행하겠다는 인식 전환이 필요하다. 인허가 요건도 2D 문서 위주에서 벗어나, BIM 데이터 중심의 스마트 기준으로 재정립되어야 한다.

BIM의 중심은 성과물이 아니라 프로세스 그 자체여야 한다. 도면을 그리는 것이 아니라, 정보를 생성하고, 이를 통해 협업하고, 소통하는 방식으로의 전환이 필요하다.

▌뉴노멀 시대에 맞는 Body of Knowledge(BOK) 재설정

이러한 전환을 가능하게 하려면, 뉴노멀 시대에 적합한 교육 기준과 직무 역량 체계BOK의 재정립이 필수적이다. 과거에는 졸업생이 2D 도면을 이해하는 것이 기본 소양이었다면, 이제는 다음과 같은 역량이 요구된다.

- 3D 모델을 활용한 공간 및 시스템 이해력
- BIM 데이터 기반 정보 추출 및 분석 능력
- 디지털 협업 환경에서의 설계 커뮤니케이션 능력

따라서 대학 교육과 직무 교육도 이러한 변화에 맞춰 개편되어야 한다. 스마트 시대의 변화에 맞춰 교육 콘텐츠를 개발하되 국가 차원에서 그것들을 효과적으로 공유할 수 있는 방법도 강구되어야 한다. 예를 들면, 공공건축 사업에서 활용된 설계 BIM 성과물의 일부를 IFC 형태로라도 교육 및 실습 콘텐츠로 활용할 수 있도록 하는 것도 한 방법일 것이다. 그런 IFC를 데이터를 통해 BIM 기반 설계 정보를 이해하고 정보를 분석할 수 있는 능력만 가져도 발주자나 건설사업관리자, 그리고 시공자에게까지도 큰 도움이 될 것이다. 또한 설계자들에게도 설계 단계별로 적정한 수준의 BIM 데이터 구축 방향을 이해시키는 데 도움이 될 것이다.

또한 각 기관과 조직은 개인 및 조직의 BIM 역량을 진단할 수 있는 지표와 경력 개발 로드맵을 마련해야 한다. 이를 통해 조직의 현재 수준을 파악하고, 향후 방향을 체계적으로 설정할 수 있으며, 성과 평가 및 보상 체계와도 연계할 수 있어야 한다.

06

Reset APPLE – E, Ecosystem
건설산업 생태계를 바꾸자

▍건설산업 생태계를 재설정하자

건설산업 생태계를 재설정해야 한다. 정치적 논리에 쫓기지 않는 충분한 설계 기간을 확보하고 이 세상에 하나밖에 존재하지 않는 것을 만드는 창의적인 과정을 철저히 준비할 수 있는 마인드를 가져야 한다.

예를 들면, 안전사고만 탓할 것이 아니라 설계 단계에서부터 가설을 포함하여 건설 전체 과정을 시뮬레이션하여 안전사고를 최소화할 수 있는 방법과 시공 리스크를 해소할 수 있는 충분한 설계 기간을 확보해야 한다. 프리콘Preconstruction service, ECIEarly Contractor Involvement 등 전문건설사의 설계 단계 조기 참여를 통한 효과가 국내외적으로 보고되고 있다. 선진화된 사업발주방식을 과감히 시도하고 사업주와 수급자가 Win-Win할 수 있는 사업조달 방식이 연구되어야 한다.

▌ 최저가 입찰제, 이제는 멈춰야 한다

그동안의 건설계약은 신뢰하기 어려운 2D 도면을 바탕으로 한 최저가입찰제에 의존해왔다. 당연히 설계 오류와 계약 변경이 반복되었고, 원도급사는 변경 없이 공사를 마치는 것이 불가능한 구조에 놓였다. 일부 발주자는 공사비 증액 금지를 계약 조건에 명시하지만, 이는 현실과 동떨어진 발상이다.

이제는 BIM을 기반으로 한 신뢰·가능한 3D 정보와 물량을 바탕으로, 합리적 대가와 정확한 예산을 산출하고 정당한 계약을 체결할 수 있는 체계로 나아가야 한다. BIM을 활용하면 건축사, 건설사, 발주자 모두 가상 공간에서 결과물을 검토하고 협의할 수 있으며, 공사비의 투명성과 신뢰성을 확보할 수 있다. 정확하게 일하고, 정당하게 보상받는 생태계가 BIM을 통해 가능해진다.

▌ 성과물이나 인허가 기준도 개선하자

성과물이나 인허가 측면 등에서 기존 도면과 비슷하게 만들기 위해 BIM에서 추출된 도면을 재가공하는 낭비가 없어져야 한다. 2D 도면이 아닌 BIM 데이터(3차원 부재 + 정보 + 2차원 뷰) 중심으로 인허가 및 각종 심의 절차를 수행하고 단계별 성과물에 대한 기준이 뉴노멀 시대에 맞게 재설정되어야 한다.

▎설계하도급 용역 범위와 대가의 변화가 필요하다

BIM은 단일 기업이나 프로젝트 차원에서의 변화뿐만 아니라 산업 구조 차원의 전환을 요구한다. 특히 설계하도급 체계는 BIM을 제대로 구현하는 데 걸림돌이 되고 있다.

예를 들어, 구조 분야의 경우 BIM을 통해 구조 설계, 물량 산출, 도면 생성, 철골이나 철근 배근 샵드로잉까지 전체 구조 프로세스를 수행할 수 있다. 하지만 실무 프로세스를 보면 건축설계사무소와 구조설계사무소의 계약 범위가 구조설계사무소에서는 구조설계를 하지만 구조계산 결과 정보만 제공하고 실제 구조 도면은 건축설계사무소가 만드는 것으로 되어 있다.

이러한 프로세스에서 본다면 BIM 설계를 하더라도 구조설계사무소의 계약 범위상 BIM을 사용할 이유가 없으며, 건축설계사무소에서 구조 BIM을 구축해야 한다. 구조 BIM 프로세스를 통해 얻을 수 있는 구조 및 거푸집 등 정확한 구조물량 정보와 같은 부가적인 정보를 얻을 수 없다는 것이다. 그러다 보니 건축 BIM과 구조 BIM을 건축설계사무소가 만든 후에 이를 기반으로 다시 물량을 산출하여 견적을 하는 비효율적인 프로세스가 진행되는 것이다.

이 이유를 업계에서는 설계비와 직접적인 관계가 있다고 한다.

건축설계비가 낮으니 건축설계 사무소로부터 용역을 받는 구조설계비용도 낮을 수밖에 없고 그에 맞춘 업무범위를 설정한 것이다.

효과적인 BIM 프로세스에서는 건축사가 만든 초기 BIM 설계를 가지고 구조 BIM 프로세스를 통해 구조 BIM이 완성되고 정확한 물량 정보가 더불어 제공되는 것뿐만 아니라 향후 시공 단계에서 구조부재의 샵드로잉까지도 연계될 수 있는 것이다.

▌계약방식이 BIM 도입에 미치는 영향이 크다

나는 여러 명의 건축 현장소장들로부터 MEP 관련 자재들에 대한 물량 검증의 어려움을 들었다. 현장에서 간섭이 발견되거나 기타 필요한 경우 부재 설치 루트를 우회하거나 여러 가지 상황에 대비하여 물량을 더 확보해야 하는 어려움뿐만 아니라 실제 필요한 물량이 얼마인지 자체도 알기 어렵다는 것이다. 더 이상한 것은 BIM을 제대로 활용한다면 이러한 문제들을 효과적으로 해결할 수 있음에도 활용되지 않고 있다는 점이다.

국내 대형 건설사에서 수년간 일을 한 Denis Leff는 이를 미국과 우리나라의 계약방식이 다르기 때문이라고 지적하였다. 즉, 우리는 원도급사가 직접 모든 공종에 대한 물량을 산출하고 이를 기반으로 얼마에 공사할 것인지를 전문건설사와 계약하는 반면(물량에 대한 책임이 전문건설사에게 없다), 미국의 경우에는 해당 사업에 대한 설계 정보를 제공하고 얼마에 공사할 수 있는가를 바탕으로 전문건설사와 계약하는 것이 차이인 것이다.

　미국의 MEP 분야의 전문건설사는 해당 사업의 계약에서 물량과 가격에 대한 책임이 있기 때문에, 자신들이 스스로 BIM을 통해 간섭이나 각종 문제점을 철저히 파악하고 심지어 모듈화를 기반으로 정확한 부재 제작과 공기단축 등을 통해 공사비를 최소화하여 경쟁력을 높이고자 할 수밖에 없다.

　반면 물량에 대한 책임이 없는 국내 전문건설사는 오히려 현장 피팅으로 인한 리스크 물량까지 고려하고 있는 상황이다. 이로 인해 노무비까지 포함한 외주비 인상 효과가 있기 때문에 자발적으로 BIM을 도입하여 정확한 물량을 파악하고자 하는 이유가 없는 것이다. 건축공사의 경우 MEP 분야는 총공사비의 절반 이상 차지할 만큼 그 비중이 크고 이는 계속 증가할 것인데, 아직 제자리에 머물고 있다.

　MEP 분야 전문가들 의견에 따르면 이 분야에서 BIM을 제대로 활용할 수 있다면 해당 분야 공사비의 10% 정도는 절감할 수 있다고 한다. 건축이나 구조 분야는 이미 물량에 대한 투명화가 확보된 만큼, BIM의 실질적인 활용 분야가 사업 전체로 확대된다면 BIM 도입으로 인한 투자 대비 회수효과도 훨씬 크게 나타날 것으로 기대할 수 있다. 이를 위해서는 계약 문화의 변화 또는 진화가 건설산업 차원에서도 필요하다.

▌ Win-Win 기반의 새로운 계약방식을 도입하자

최저가낙찰제의 품질저하 등 문제를 해결하기 위해 종합심사낙찰제가 적용되는 등 업체 선정 및 계약방식이 계속 개발되고 진화하고 있다. 그럼에도 불구하고 나는 그동안의 계약방식은 2D 도면 중심에서 가격의 적정성에 대한 불확실성이 야기한 리스크가 반영된 방식이라 생각한다.

BIM은 발주자와 원도급사뿐만 아니라 이해당사자들이 모두 Win-Win할 수 있는 기반을 제공할 수 있다. 3차원 모델과 관련된 정보를 통해 투명하고 객관적인 프로세스를 지원하고 합리적이고 최적화된 의사결정을 지원할 수 있기 때문이다.

이 책의 BIM 사례에서 언급했듯이 국내외 건설산업에서 설계사, 건설사, 전문건설사 등 다양한 조직의 역할과 협업의 중요성이 커지면서 시공책임형 CM, IPD, ECI 등의 융복합형 발주방식의 도입이 추진 또는 고려되고 있다.

▌ 전문건설사의 설계 단계 조기 참여도 필요하다

이러한 발주방식들은 전문건설사들이 시공 이전 단계에 참여하여 시공성을 고려한 도면 최적화, 설계와 시공의 연계 추구, 최적 공기 및 예산 산출 등의 업무를 수행하는 프리콘 서비스 개념을 포함하고 있다. 이때 BIM은 참여자들 간 설계안 공유 및 협업 그리고 정보의 체계적 관리 체계를 조성하는 수단이자 프로세스인 것이다.

또한 BIM을 통해 시공 단계 이전에 리스크를 해소하고 사업비 절감방안을 통해 이해당사자들이 그 이익을 공유한다는 데 기본을 두고 있다. 시공 단계에 원도급사에 의해 결정되는 전문건설사가 아니라 설계 단계에 전문지식을 가지고 사업의 가치를 높이는 주체가 되어 참여하는 형태로 산업이 진화하고 있는 것이다.

이와 같은 변화에 대한 산업 차원 그리고 법과 제도 차원의 진화도 필요한 때이다. 이제 우리 모두 끓는 물속 개구리처럼 안주하지 말고 Reset APPLE 해야 할 차례이다.

참고문헌

1. 경기주택도시공사 (2024). GH 건축 BIM 적용지침, 2024년 9월.

2. 권순욱 (2016). [BIM Practices] FAB 건설 프로젝트의 BIM에 대한 니즈, 그리고 적용방안, 한국BIM학회, KIBIM Magazine Vol.6 No.3(2016-09).

3. 국토교통부 (2020). 건축 BIM 활성화 로드맵 ('21-'30), 국토교통부 건축정책관, 2020년 12월.

4. 국토교통부 (2021). BIM 기반 건설산업 디지털 전환 로드맵, 국토교통부 기술안전정책관, 2021년 6월.

5. 국토교통부 (2022a). 건설산업 BIM 시행지침 발주자편, 2022년 7월.

6. 국토교통부 (2022b). 건설산업 BIM 시행지침 설계자편, 2022년 7월.

7. 국토교통부 (2022c). 건설산업 BIM 시행지침 시공자편, 2022년 7월.

8. 국토교통부 (2022d). 스마트 건설 활성화 방안 추진, 2022년 7월.

9. 국토교통부 (2023). 제7차 건설기술진흥 기본계획(2023~2027), 국토교통부 기술정책과, 2023년 12월.

10. 국토교통부 (2023). 건축물의 설계도서 작성기준 일부개정고시안, 국토교통부 건축정책과, 2024년 12월.

11. 김경래 (2018). 시공책임형 CM 공동부문 도입을 위한 제도적 기반 수립 연구, 아주대학교 산학협력단 연구 최종보고서, 2018년 9월.

12. 김경훈 (2020). [특집] 디지털 레이아웃의 건설현장 활용, 설비 / 공조·냉동·위생, 한국설비기술협회, 2020년 2월 호.

13. 김이제 , 진상윤 (2019). BIM의 효율적 활용을 위한 전문협력업체 조기참여 필요성과 적용 방안, 한국 CDE 학회 논문집, March 2019 24(1):19-29.

14. 김홍민, 전재일 (2024). 사회연결망 분석을 통한 한국과 미국

건축설계사무소의 BIM 조직 구성과 BIM 매니저 역할에 관한 연구, 대한건축학회논문집, Vol.40 No.9.

15. 박규현·강명래·이병화·진상윤·김성현 (2014). [BIM Practices] 진주 LH 신사옥 BIM 적용사례 및 효과 분석, 한국BIM학회, KIBIM Magazine Vol.4, No.1, 2014년 3월.

16. 박규현·진상윤 (2015). 공공공사 BIM 발주지침 문제점 분석을 통한 입찰안내서 개선방안 도출, 대한건축학회 논문집-계획계, March 2015, 31(3): 57-68.

17. 신태홍 (2014). [BIM Practices] 반도체 FAB 유지관리를 위한 BIM 정보 변환 기술 개발, 한국BIM학회, KIBIM Magazine v.4 n.2(2014-06).

18. 안용한, 신현규, 김수영 (2017). 모듈러 공법의 시공 프로세스 기반 시공 오차 관리 의사 결정 모델, 한국건설관리학회 논문집, Vol.18, No.6, 2017년 11월.

19. 윤수원·진상윤 (2011). RFID와 BIM을 활용한 건설 자재 물류 및 진도관리 시뮬레이터 개발, 한국건설관리학회 논문집, Vol.12, No.5, 2011년 9월.

20. 위드웍스 (2008). Tri Bowl_인천도시축전기념관, 디지털건축연구소 Withworks, 2008년 1월, https://www.withworks.kr/

21. 위드웍스 (2014). 국내 비정형 건축물 시공불량 사례-1_2014 인천 아시안게임 경기장, 디지털건축연구소 Withworks, 2014년 5월, http://withworks. blogspot.com/2014/05/2014.html

22. 이문규, 진상윤 (2013). BIM 기반 공동주택 마감 물량 산출 정확도 연구, 한국건설관리학회 논문집, Vol.14, No.1, 2013년 1월.

23. 이병진 (2023). BIM Design Process & Net Zero, 11th Plot Forum, 어반플롯건축사사무소, 2023년 5월 22일.

24. 정용채 , 진상윤 (2015). 건설사업관리자의 BIM 수용에 영향을 미치는 요인 연구, 한국건설관리학회 논문집, 제6권, 제3호, 2015년 5월.

25. 조달청 (2019). 시설사업 BIM 적용 기본지침서 v2.0, 2019년 12월.

26. 진상윤 (2010). P-M-C-A 기반의 BIM 기업인증제 제안, 건축, 54(01), 대한건축학회, 2010년 1월.

27. 진상윤 (2015). BIM은 독일까 약일까?, 건축문화신문, 2015년 3월 호, 대한건축사협회.

28. 진상윤 (2016). [BIM Practices] BIM과 2D 도면화의 진실, KBIM Magazine, Vol.6, No.4, 한국BIM학회, 2016년 12월.

29. 진상윤 (2017a). BIM 연재 01: 아직 BIM 안 하세요?, 월간 건축사, 2017년 1월 호, 대한건축사협회.

30. 진상윤 (2017b). BIM 연재 02: BIM의 다양성, 월간 건축사, 2017년 2월 호, 대한건축사협회.

31. 진상윤 (2017c). BIM 연재 03: 당신의 BIM이 어디에 활용될지 먼저 생각하세요, 월간 건축사, 2017년 3월 호, 대한건축사협회.

32. 진상윤 (2017d). BIM 연재 04: BIM과 2D 도면화, 월간건축, 2017년 4월 호, 대한건축사협회.

33. 진상윤 (2017e). BIM 연재 05: 제4차 산업혁명과 BIM, 월간건축, 2017년 5월 호, 대한건축사협회.

34. 진상윤 (2019). [논단] Smart Construction 비전 달성 전략, 콘크리트학회지, Vol.31, No.2, 한국콘크리트학회, 2019년 3월.

35. 진상윤, 김길채, 최종천 (2012). 전략적 BIM 활용을 위한 비전 '열린 BIM 생태계', 한국BIM학회 정기학술발표대회 논문집, Vol.2, No.1, 2012년 5월.

36. 진상윤, 김이제 (2019). [특집] 설계 BIM과 시공 BIM, 건축, Vol.63, No.06, 대한건축학회, 2019년 6월.

37. 진상윤 (2021). 건축 생태계의 The Great Reset, buildingSMART FORUM&CONFERENCE, 빌딩스마트협회, 2021년 8월.

38. 진상윤 (2022). 뉴노멀 시대 BIM전략-Reset APPLE, 한국건설기술연구원, KICTzine 2022. Vol.4.

39. 차유나 , 김성아, 진상윤 (2014), BIM 기반의 공간객체를 이용한 물량 산출 정확성 분석, 한국BIM학회 논문집, Vol.4, No.4, 2014년 12월.

40. 코오롱글로벌 (2018), 코오롱 One & Only 타워 건축이야기, 코오롱글로벌㈜, 2018년.

41. 한국건설관리학회 (2019), 건설관리학 총서 2 설계/정보 관리 & 가치공학 및 LCC, 씨아이알, 2019년 2월.

42. 한국공항공사 (2020), BIM정보관리 국제표준인증 ISO19650 획득, 2020년 1월 30일 연합뉴스.

43. 한국토지주택공사 (2022). LH 건설산업 BIM 적용지침(단지분야 토목부문), 한국토지주택공사 단지기술처, 2022년 12월.

44. 한국토지주택공사 (2024a). 공동주택 BIM 적용지침, 한국토지주택공사 주거혁신처, 2024년 6월.

45. 한국토지주택공사 (2024b). 공동주택 BIM 설계도면 작성 가이드 건축/구조, 한국토지주택공사 공공주택본부, 2024년 11월.

46. 한국토지주택공사 (2024c). LH공동주택BIM실무요령 발주자편/설계자편/시공자편 Version 1.0, 한국토지주택공사, 공동주택본부, 2024년 3월 26일.

47. 한국BIM학회 (2025). GH 건설(건축·토목) BIM운영방안 연구용역 최종보고서, 경기주택도시공사, 2025년 1월.

48. Ai et al. (2015). Value Analysis of Lean IPD and TVD, PDC Summit 2015, https://www.slideshare.net/CADREResearch/lean-ipd-pdc2015?from_action=save

49. AIA (2022). The Business of Architecture: 2022 AIA Firm Survey Report, The American Institute of Architects, Nov. 2022.

50. AIA (2007). National | AIA California Council, Integrated Project Delivery: A Guide version 1, The American Institute of Architects, 2007.

51. Autodesk (2014). White Paper, BIM in Practice, 2014.

52. Autodesk (2018). Daylight Analysis in BIM, Autodesk Knowledge Network, Apr. 29, 2018,

    https://knowledge.autodesk.com/support/revit-products/getting-started/ caas/simplecontent/content/daylight-analysis-bim.html

53. Autodesk (2025). Forma Product Description,

    https://www.autodesk.com/products/forma/, Feb. 2025.

54. Baan, I. (2018). National Museum of Qatar NMoQ-Jean Nouvel, 2018,

    https://iwan.com/portfolio/national-museum-of-qatar-nmoq-jean-nouvel/

55. BCA (2020). Integrated Digital Delivery(IDD), Building and Construction Authority, Mar. 15, 2020,

    https://www1.bca.gov.sg/buildsg/digitalisation/integrated-digital- delivery-idd

56. Bexel Manager (2025). Bexel CDE Integrated Cloud-based Ecosystem,

    https://www.bexelmanager.com/bexel-cde, Bexel Manager. May, 2025.

57. BIM전문부회 (2018). 시공 BIM스타일 사례집 2018, 일반사단법인 일본건설업연합회, 2018년 7월, http://www.nikkenren.com/kenchiku/bim

58. Bernstein, H. M. et al. (2014). The Business Value of BIM for Construction in Major Global Markets: How Contractors Around the World Are Driving Innovation With Building Information Modeling, SmartMartket Report, McGraw Hill Construction, 2014.

59. BIM Forum (2017). LEVEL OF DEVELOPMENT SPECIFICATION PART

I, BIMForum, Nov. 2017. www.bimforum.org/lod

60. BrydenWood (2017). Delivery Platforms for Government Assets Creating a marketplace for manufactured spaces, 2017, brydenwood.co.uk.

61. Chin S, and Choi, C. (2015). BIM Issues & Value Analysis on the New HQ Construction Project of Korea LH, BIM Forum 2015, AGC & AIA, Orlando, Florida US.

62. Chin S, Yoon S, Choi C, and Cho C (2008). RFID + 4D CAD for progress management of structural steel works in high-rise buildings. Journal of computing in civil engineering. March 2008, 22(2):74-89.

63. Churcher, D., Davidson, S., Kemp (2019). A., Information management according to BS EN ISO 19650 Guidance Part 1: Concepts, 2nd Ed., UKBIM Alliance Jul. 2019.

64. Corney (2018). A., A Detailed Methodology for Cloud-Based Daylight Analysis, SketchUp Blog, Nov. 28, 2018, https://blog.sketchup.com/article/detailed-methodology-cloud-based-daylight-analysis.

65. Crawford, M. (2018). The Mindset of an Effective Big Room, Lean Construction Institute, http://leanconstruction.org/media/learning_laboratory/Big_Room/Big_Room.pdf, May 30, 2018.

66. Davis, J., Edgar, T., Porter, J., Bernaden, J. and Sarli, M. (2012). Smart manufacturing, manufacturing intelligence and demand-dynamic performance. Computers & Chemical Engineering, 47, pp.145-156.

67. East, W. (2016), Construction-Operations Building Information Exchange(COBie), Whole Building Design Guide, Oct. 16, 2016, https://www.wbdg.org/

resources/construction-operations-building-information-exchange-cobie

68. East, W. (2020). Common Building Information Model Files and Tools, Mar. 15, 2020, https://www.nibs.org/page/bsa_commonbimfiles

69. Eastman, C. et al. (2008). BIM Handbook, John Wiley & Sons, Inc., 2008.

70. Eastman, C., Techolz, P., Sacks, R., and Liston, K. (2011). BIM Handbook: a guide to building information modeling for owners, managers, designers, engineers and contractors, 2nd Ed., John Wiley & Sons, 2011.

71. Hamil, S. (2014). BIM Levels of Maturity, Construction Code, Aug. 31, 2014, https://constructioncode.blogspot.com/2014/09/bim-levels-of-maturity.html

72. John Egan (1998). Rethinking Construction, the Construction Task Force, Department of Trade and Industry, UK, 1998.

73. FFKR (2020). Utilizing Virtual Reality to Enhance the Architectural Design Process, FFKR Architects, Mar. 15, 2020, https://www.ffkr.com/virtual-reality-in- the-design-process/

74. Gartner (2018)., Understanding Gartner's Hype Cycles, Gartner Research, Aug. 20, 2018, https://www.gartner.com/en/documents/3887767

75. Gartner (2019). Gartner Says 5.8 Billion Enterprise and Automotive IoT Endpoints Will Be in Use in 2020, Gartner Newsroom Press Releases, Egham, UK, Aug. 29, 2019, https://www.gartner.com/en/newsroom/press-releases/2019-08-29-gartner-says-5-8-billion-enterprise-and-automotive-io

76. GE (2018). The Digital Twin: Compressing time-to-value for digital industrial companies, General Electric, 2018, https://www.ge.com/digital/

77. Gilbane (2018). VDC Brochure, Gilbane Building Company, https://www.gilbaneco. com/assets/VDC_Brochure.pdf, Nov. 19, 2018.

78. GSA (2020). BIM Guides, U.S. General Services Administration, Mar. 15, 2020,

https://www.gsa.gov/real-estate/design-construction/3d4d-building-informati
on-modeling/bim-guides

79. IBM (2008). Making Change Work: Continuing the enterprise of the future conversation, IBM Corporation 2008, https://www.ibm.com/thought-leadership/ institute-business-value/report/making-change-work

80. Jernigan, F. (2007). Big BIM little bim: the practical approach to building information modeling: integrated practice done the right way!, 2nd Ed. 4Site Press, 2007.

81. Jones, S. (2010). IPD, Integrated Project Delivery, McGraw-Hill Construction, 2010.

82. Kajima (2018). Kajima Smart Future Vision, Kajima Corp., Dec. 17, 2018, https://www.kajima.co.jp/english/tech/smart_future_vision/index.html

83. Kim, S., Chin, S., Han, J., and Choi, C. H. (2017). Measurement of Construction BIM Value Based on a Case Study of a Large-Scale Building Project. Journal of Management in Engineering, 33(6), p.05017005.

84. Kim, S., Chin, S. and Kwon, S. (2019). A discrepancy analysis of BIM-based quantity take-off for building interior components. Journal of Management in Engineering, 35(3), p.05019001.

85. Kim, S., Park, C. H., & Chin, S. (2016). Assessment of BIM acceptance degree of Korean AEC participants. KSCE Journal of Civil Engineering, 20(4), 1163-1177.

86. Kim, Y., Chin, S., & Choo, S. (2022). BIM data requirements for 2D deliverables in construction documentation. Automation in Construction, 140, 104340.

87. Koskela, L., Howell, G., Ballard, G. & Tommelein, I. (2002). Foundations of Lean Construction. In Best, Rick; de Valence, Gerard(eds.). Design and

Construction: Building in Value. Oxford, UK: Butterworth-Heinemann, Elsevier. ISBN 0750651490.

88. Kymmell, W. (2008). Building Information Modeling: planning and managing construction projects with 4D CAD and simulations, The McGraw-Hill Companies, Inc., 2008.

89. Leavitt, H.J., (1964). Applied organization change in industry: Structural, technical and human approaches.

90. Marr, B., 7 Amazing Examples of Digital Twin Technology In Practice, Forbes, Apr. 2019, https://www.forbes.com/sites/bernardmarr/2019/04/23/7-amazing-examples-of-digital-twin-technology-in-practice/#121b4a16443b

91. McGraw-Hill Construction, SmartMarket Report: The Business Value of BIM in North America, 2012.

92. McKinsey (2020). Executive Summary: The next normal in construction, McKinsey & Company, June 2020.

93. NBS (2020). BIM(Building Information Modelling), Mar. 15, 2020, https://www. thenbs.com/knowledge/bim-building-information-modelling

94. Newman, D. (2017). Innovation Vs. Transformation: The Difference In a Digital World, Feb. 16, 2017, Forbes, https://www.forbes.com/sites/danielnewman/2017/02/16/innovation-vs-transformation-the-difference-in-a-d

95. NIBS (2020). National BIM Guide for Owners, Mar. 15, 2020, https://www.nibs. org/page/nbgo

96. OSCC (2020). Glossary Of Off-Site Construction Terms, Off-Site Construction Council, National Institute of Building Sciences, Mar. 16, 2020, https://www. nibs.org/page/oscc_resources

97. Paulson Jr, B. C. (1976). Designing to reduce construction costs. Journal of the

construction division, 102(4), 587-592.

98. Penn, C.S. (2018). Transforming People, Process, and Technology, Part 1. Awakening, Business, Marketing, Strategy. Jan. 2018, https://www.christopherspenn. com/2018/01/transforming-people-process-and-technology-part-1/

99. Pottmann, H., Eigensatz, M., Vaxman, A. and Wallner, J. (2015). Architectural geometry. Computers & graphics, 47, pp.145-164.

100. Qatar Museums (2014). National Museum of Qatar, Jun. 4, 2014, https://www. youtube.com/watch?v=Xxz33itieBs

101. QNM (2010). Architecture Design Report, Qatar National Museum, Dec. 2010.

102. QNM (2011). BIM Manual, Qatar National Museum, Feb. 2011.

103. QNM (2011). Revisions to Tender Documents, Qatar National Museum, Mar. 10, 2011.

104. Quirk, V. (2017). Disrupting Reality: How VR Is Changing Architecture's Present and Future, Jun. 1, 2017, Metropolis, https://www.metropolismag.com/ architecture/disrupting-reality-how-vr-is-changing-architecture-present-future/

105. Rafael Sacksk, Ghang Lee, Luciana Burdi, Marzia Bolpagni (2025). BIM Handbook: A Guide to Building Information Modeling for Owners, Designers, Engineers, Contractors, and Facility Managers 4th Edition, Wiley, May, 2025.

106. Saddik, A. E. (2018). Digital Twins: The Convergence of Multimedia Technologies. IEEE MultiMedia. 25 (2): 87–92. doi:10.1109/MMUL.2018.023121167. ISSN 1070-986X. Apr. 2018.

107. SRI Internationa (2017). Augmented Reality Solutions for Construction Inspection, YouTube, Oct. 23, 2017, https://www.youtube.com/watch?v=8lY4qaVvR8c

108. Sterner, C. (2018). How Moseley Architects Uses Analysis to Leverage Design Creativity, SketchUp Blog, Aug. 7, 2018, https://blog.sketchup.com/article/how-moseley-architects-uses-analysis-leverage-design-creativity

109. Statsbygg (2011). BIM Manual 1.2, Statsbygg, Norway, 2011.

110. Sutter Health (2018). Sutter Medical Center Castro Valley, IPD Process Innovation with Building Information Modeling, Dec. 5, 2018, https://network.aia.org/technologyinarchitecturalpractice/viewdocument/ipd-process-innovation-with-bim-sutter-medical-center-castro-valley

111. Tang, P., Huber, D., Akinci, B., Lipman, R., & Lytle, A. (2010). "Automatic reconstruction of as-built building information models from laser-scanned point clouds: A review." Automation in Construction, 19(7), 829–843.

112. Turner (2012). New York City Department of Buildings Approves First Three Dimensional BIM Site Safety Plans, Turner Construction Company, May. 30, 2012, http://www.turnerconstruction.com/news/item/2dc5/New-York-City-Department-of-Buildings-Approves-First-Three-Dimensional-BIM-Site-Safety-Plans

113. UKBIM (2019). Information Management according to BS EN ISO 19650 Guidance Part1: Concepts, UKBIM Alliance, cdbb, bsi, July 2019.

114. UKBIM (2020a). Information Management According to BS EN ISO 19650 Guidance Part 2: Processes for Project Delivery Edition 4, UK BIM Framework, April 2020 Mar. 15, 2020, https://ukbimframework.org/

115. UKBIM (2020b). Information Management According to BS EN ISO 19650 Guidance Part 3: Facilitating the common data environment (workflow and technical solutions, September 2020, https://ukbimframework.org/

116. VA (2010). The VA BIM Guide v1.0, Department of Veterans Affairs, Apr. 2010, https://www.cfm.va.gov/til/bim/BIMguide/lifecycle.htm

117. Wassell, P. (2019). Digital Twin City: Virtual Singapore, Augmate, Jan. 2019, https://augmate.io/digital-twin-city-virtual-singapore/

118. Yori, R. (2011). SOM BIM 3.0: an evolution from too to process, 1st International Symposium of KIBIM, 한국BIM학회, 2011년 11월 18일.

찾아보기

스토리텔링 BIM

초 판 발 행 2020년 5월 25일
개 정 판 발 행 2025년 8월 5일

저　　　　자 진상윤
펴　낸　이 김성배
펴　낸　곳 도서출판 씨아이알

책 임 편 집 심재경
디　자　인 백정수, 안예슬, 엄해정
제 작 책 임 김문갑

등 록 번 호 제2-3285호
등　　록　　일 2001년 3월 19일
주　　　　소 (04626) 서울특별시 중구 필동로8길 43(예장동 1-151)
전 화 번 호 02-2275-8603(대표)
팩 스 번 호 02-2265-9394
홈 페 이 지 www.circom.co.kr

Ｉ　Ｓ　Ｂ　Ｎ 979-11-6856-349-0 93540
정　　　　가 25,000원